엄마의
유전학
이야기

엄마의 유전학 이야기

김경희

2013
문화체육관광부
우수교양도서

고려의학
KOMB Korea Medical Book Publishing Company

머리말...

옛말에 '호랑이는 죽어서 가죽을 남기고, 사람은 죽어서 이름을 남긴다.'고 했지만, 요즘 세상에는 '호랑이와 사람 모두 죽어서 DNA를 남긴다.'라고 해도 틀리는 말은 아니다. 불로불사(不老不死)를 꿈꾸었던 진시왕은 역사 속으로 묻혀갔으나, 그의 유전자는 누군가의 몸속에 영원히 존재할 것이다.

'유전(遺傳)'은 자식이 부모를 닮는 것으로 유전을 신기하게 여기는 사람은 없으며, 오히려 아이들의 생김새나 행동을 두고 나를 혹은 너를 닮았느니 하면서 옥신각신하는 부부들을 흔히 볼 수 있다. 이 모습들은 언제부터라고 말하긴 어렵지만, 옛날이나 지금이나 별반 차이가 없을 것이다. 그리고 모든 부모들은 유전자를 조금 더 업그레이드시켜 더 나은 자손을 낳기를 갈망한다.

사람은 엄마와 아빠의 유전자를 반반씩 물려받아 미지의 세계인 엄마의 자궁에서 10개월 동안 자란 후 이 세상에 태어난다. 세상에 나오면서 가장 처음으로 만나고 먹을 것을 주며, 애정을 형성하는 사람 그리고 가장 처음에 하는 말 그것이 엄마이다. 여자는 약하지만 엄마는 위대하다고 하는데, 사람마다 엄마의 존재가치는 다르며 위대한 엄마가 되는 길엔 연습이나 정답은 없을 것이다.

최근 몇 년 전부터 우리나라에서는 '엄친아'라는 용어가 대유행하고 있다. 엄친아는 '엄마 친구의 아들'의 줄임말이며, 주로 엄마들이 생각하는 여러 가지 조건을 갖춘 완벽한 남자를 은유하는 말로 사용된다. 부모들이 원하는 엄친아는 유전학적으로 엄마 친구의 유전자를 물려받은 아들을 친구 부부가 잘 키운 것으로, 엄친아는 우리나라의 많은 부모들이 자녀들에 대한 욕심 때문에 생겨났을 것이다.

내가 낳은 자식이 세상에 나와 부모를 제일 많이 보고 자라면서 내가 물려준 유전적 성향에 따라 스스로 살아가는 법을 터득하는 것인데, 엄친아 · 엄친딸 이야기를 들을 때는 같은 부모로서 가슴이 내려앉는다. 물론 내 아이를 우등생으로 키우는 것은 모든 엄마들의 로망이다. 그러나 이제는 엄친아만을 볼게 아니라 엄친아를 키워낸 부모를 보면서 엄마 스스로에 대해 돌아봤으면 좋겠다.

나는 엄마이기 이전에 부모님의 자식이고, 사랑으로 만든 아내의 자리 그리고 사랑의 결실인 아이들의 엄마이며, 소중한 가족을 비롯하여 많은 사람들과 더불어 모험 같은 삶을 헤쳐 나가는 사람이다. 또한 내가 행복하고 의미 있는 삶을 위하여 정진할 때, 주변 사람들까지도 행복해질 수 있다는 사실을 깨달았다. 나와 같은 사람이 없는 이 세상에 가치관이나 행복의 기준도 천차만별이겠지만, 건강하게 사는 것은 나뿐만 아니라 모든 사람의 바람일 것이다.

최근에는 하루도 빠짐없이 신문이나 방송 같은 대중매체를 통해 우울증 유전자의 발견에서부터 각종 유전자관련 정보들을 쉽게 접하게 된다. 이처럼 현대의 유전학은 매우 넓은 연구 분야를 이루고 있으며 사람을 중심으로 생활 주변에 많은 변화를 가져왔지만, 누구나 쉽게 접할 수 없는 상황이다.

이 책은 20여 년간의 유전자 관련 실무를 경험하면서 보고 배우고 느꼈던 내용들을 엄마의 마음으로 적은 기록들이며, 현실적으로 실생활에 필요한 유전학 관련 이야기들을 골라볼 수 있도록 주제별로 짧게 정리하였다.

끝으로 이 책이 생명현상과 유전학에 대해 관심이 많으신 분들, 특히 세상의 다양함을 안내해주는 이 시대의 멘토인 엄마들에게 많은 도움이 되길 간절히 바란다.

참 재미있다 경고와 호기심

연세대학교 사회학과
宋 復 명예교수

나는 생물학자가 아니다. 더구나 이 책의 중심내용인 유전학에 대해선 더 더욱 아는 바가 없다. 그런데 무얼 안다고 자기 울타리 안의 밭갈이는 제쳐두고 남의 울타리를 기웃거리며 그 울타리 넘어 밭농사 이야기를 늘어놓는가. 거기에는 우연이 있다. 우연히 이 책을 들면서 참 재미있다, 생물학이 이렇게 재미있는 학문인가, 유전학이 이렇게 쉽게 설명될 수 있는가, 이 책의 저자는 그 신기한 것들을 어쩌면 이렇게 누구나 잘 알 수 있도록 잘 풀어 가는가를 감탄하면서다.

우선 「사람의 발생」이란 말이 재미있다. 우리는 지금까지 사람에 대해서는 「발생」이라는 말을 쓰지 않았다. 「발생」은 인간 외의 다른 모든 것의 시작에 대해서만 썼다. 그런데 「사람의 발생」이라고 하니까, 정말 생물학 냄새가 물씬 나고 유전의 신기성이 강하게 느껴진다. 「아, 그렇구나. 나는 정자와 난자가 수정되면서 발생했구나, 그래서 발생한 나는 그 다음 어떻게 되는가?」 가 이 책의 시작에서 끝까지 아주 흥미롭게 전개된다.

부모로부터 발생한 나는 부모를 닮는다. 그것은 하나도 이상할 것도 신기할 것도 없다. 그런데 정말 나는 부모를 닮는가. 사회학자인 나는 자식은 부모를 닮는다고 버릇처럼 말한다. 정말 사회학적으로 자식은 부모를 닮는가, 아니 사회학보다 생물학적으로 정말 자식은 부모를 닮는가. 사회학보다는 생물학에 그 답이 먼저 있다. 생물학에서 닮는다는 것은 선천적인 것이고 사회학에서 닮는다는 것은 후천적인 것이기 때문이다.

이 책에서 보면 자식이 부모를 닮기는 하지만 비슷할 뿐이지 결코 같지는 않다. 비슷하지만 같지는 않는 것을 우리는 사이비(似而非)라 한다. 사이비라 하면 우리는 좀 부정적인 의미로 많이 쓰지만, 이 책에서 말하는 것처럼 세상에 그 많고 많은 사람이 살지만 절대로 똑같은 사람이 없다는 점에서 「사람의 발생」은 참으로 경이로운 것이다. 만일 내 자식이 나와 꼭 같다고 상상해보라, 그 자식이 아무리 「엄친아」일지라도 그 부모와 꼭 같다면 어떻게 되겠는가. 닮았다는 것은 괜찮지만 같다는 것은 실은 저주나 다를 바 없다. 인간은 누구나 이 저주를 가지고 태어나지 않았다는 것. 그것이야말로 엄청난 생물학적 행운이다. 이 책에서는 이 같은 생명 발생의 행운이 많다.

「사람의 발생은 사람의 죽음을 수반한다. 죽음은 삶이 만든 최고의 발명」이라는 말부터가 참 재미있는 말이다. 죽음을 발명품으로 생각하는 생물학적 기발성이 참으로 놀랍다. 누가 죽음을 발명했을까. 생물학적으로는 삶이 발명했다. 만일 삶이 죽음을 발명하지 않았다면 어떻게 되었을까. 말할 것도 없이 삶도 없는 것이다. 그렇다면 삶이 삶이되기 위해서 죽음을 발명한 것인가. 이쯤 되면 생물학이 아니라 철학이다.

이 책은 이렇게 재미가 있다. 그냥 우리가 죽는다는 것은 심장, 뇌, 허파 중 어느 하나가 죽는 것을 죽는다고 한다. 이 중 어느 하나가 죽으면 나머지 다른 2개도 기능이 정지한다는 것이다. 우리는 보통 죽는 것을 호흡이 끊어진 것이라 하는데, 이 세 장기 중 어느 하나가 죽으면 나머지 둘도 죽고 자동적으로 호흡도 정지한다. 그래서 이 세 장기를 「3대 생명 유지 장기」라고 한다는 것이다. 그러나 죽음을 이렇게 세 장기의 기능정지를 가지고 말하면 죽음은 너무 메마르다. 영어로 너무 드라이dry하다. 적어도 죽음은 이미 말한 대로 「발명품」이어야 한다.

누구나 죽는 죽음, 그것은 누구나 사는 그 삶이 발명한 「최고의 발명품」이라는 표현, 이 표현만큼 이 책은 재미있다. 다른 누구보다 내 손자 손녀에게 먼저 읽게 하고 싶다. 다른 사람들도 구미가 돈다면 먼저 자식들에게 읽게 해 보라. 경고도 있고 낭만도 있다. 호기심도 일고 지식도 많아진다. 함부로 놀면 안되겠다, 태만해서도 안되겠다, 오만해서도 안되겠다, 겸손해야겠다. 자제해야겠다…. 그런 생각이 자꾸 인다.

생명현상과 유전학의 이해에 필요한 내용들을 실생활과 접목

고려대학교 생명과학대학 생명공학부

고 용 교수

현대생명과학의 최첨단 분야 중의 하나인 유전학은 생명현상을 이해하는데 매우 중요한 역할을 하고 있다. 인간게놈의 완전 해독과 더불어 급속하게 발전하고 있는 유전자관련 기술은 사람들의 건강을 비롯하여 환경뿐만 아니라 궁극적으로 사회 전반에 걸쳐 점점 더 많은 영향력을 끼치고 있다. 불과 10여년 전만해도 유전학이 대중적으로 알려지지 않았지만, 이미 사람들에게는 복제동물, 줄기세포, 유전자치료 등과 같은 용어에 친숙해 지고 있다. 뿐만 아니라 많은 사람들이 유전자관련 기술의 무한한 가능성에 열광을 했지만, 한편으로는 너무 빠른 속도로 사회·경제 영역에 진입함에 따른 불안감과 의심이 표출되면서 두려움의 대상이기도 하다. 이처럼 유전학은 우리의 가치관뿐만 아니라 사회의 현재와 미래까지 바꿀 수 있는 생명과학의 한 분야이다.

최근엔 유명 일간지나 잡지 같은 대중매체를 통해 유전학관련 기사들을 자주 접하게 되면서 유전자에 대한 관심이 점점 높아졌고, 평균 수명이 높아지면서 앞으로의 '인생 100세 시대에 젊고 건강하게 사는 것'은 모든 사람의 바람일 것이다. 이러한 상황에서 유전학 전반에 대해 설명한 〈엄마의 유전학이야기〉는 시대적 요청에 부응하는 책이라고 할 수 있다. 현재 유전학관련 책은 많지만 너무 학문적으로 접근하여 일반인들이 접하기에는 많은 어려움이 있었는데, 저자는 20여 년 동안의 유전학분야 연구와 실무 경험을 바탕으로 생명현상과 유전학의 이해에 필요한 내용들을 실생활과 접목하여 일반인들도 편하게 접할 수 있도록 아주 쉽게 정리하고 있다. 또한 생명과학의 다양한 최신 정보를 심도 있게 기술함으로써 유전학관련 종사자들 및 학생들에게도 유익한 정보를 제공하고자 노력하고 있다.

많은 사람들이 이 책을 통해 실생활 및 건강과 관련된 유전자와 유전현상에 대하여 좀 더 편하게 접하고, 재미있게 읽고, 쉽게 이해할 수 있기를 바란다.

유전학에 대한 이야기를 역사와 시대의 흐름과 함께 담아내고 있다.

이화여자대학교 의학전문대학원 의학교육학교실
어은경 교수

유전학은 현대사회 전반적으로 지대한 영향을 끼쳐왔는데, 특히 의학 부분에서 큰 영향력을 행사하였다. 당뇨나 고혈압, 암 등을 포함한 많은 질병들이 유전자와 환경의 복합작용의 결과라고 해도 과언이 아닐 정도이며, 이러한 질병들이 유전자의 이상발현에 의한다는 것이 밝혀지면서 유전학은 질병의 예방과 진단 그리고 치료 등 점점 의료에서 중요한 원칙으로 자리잡아가고 있다. 특히 21세기 의학은 맞춤의학(Tailor made medicine)의 시대가 될 것이라고 모두들 예견하고 있는 시점에서 의료분야 종사자를 비롯하여 관련 분야 전문인들 그리고 환자와 가족들까지도 유전학적 지식을 이해할 필요가 있다.

최근에는 사람의 다양한 특성을 설명하는 데 있어서 육체적 특징뿐만 아니라 지능이나 적성, 심리적 특징까지도 유전자의 차이에 원인을 돌리는 경향이 있을 정도로 유전자의 중요성이 강조된다. 반면에 비만유전자, 체력유전자, 장수유전자, 지능유전자 등이 알려지면서 유전자의 역할과 중요성에 대한 오해는 일반인들을 오도하고 사회적 부작용을 유발시킬 소지가 있다. 사람의 지적 능력이나 성격과 같이 고도로 복잡한 정서나 행동에 대해서는 현재로서는 유전자로 설명하기는 어렵다. 이러한 상황에서 유전학적 지식의 유용성을 많은 사람들이 누리기 위해서는 유전학을 이해할 필요성이 있다.

유전학이라는 거대한 학문이 자칫 까다롭고 난해한 이야기로 지루하게 흐르기 쉬운 주제임에도 불구하고 〈엄마의 유전학이야기〉는 엄마가 아이들에게 세상의 이러저러한 얘깃거리를 들려주듯 쉽고도 다양한 접근으로 방대한 유전학에 대한 이야기를 역사와 시대의 흐름과 함께 담아내고 있는 책이다. 두 딸의 엄마이며, 한 남자의 아내이며, 또한 직장에선 팀의 리더로서, 개인의 삶에 주어진 여러 개의 역할을 모두 거뜬히 해치워 온 저자의 악바리 근성이 지금 이 책의 구석구석에 고스란히 배어나오는 것 같다. 이러한 그녀의 정성이 이 책으로 승화하여 유전학에 관심이 있거나 생명현상과 유전자를 이해하기 위해 애쓰는 사람들에게 많은 도움이 될 것이다.

01 세포 · 1

03 생명의 탄생 • 75

07 생활 속에서의 돌연변이와 방사선 • 221

01 세포

들어가며

우리는 스스로를 하나의 독립된 개체로 생각할 수 있다. 그러나 우리 몸은 약 60조 개의 세포로 이루어져 있는 공동체이다(그림 1-1). 60조라는 수는 천문학적인 숫자이며, 각각의 세포들은 자신의 독립성을 버리고 다세포 공동체의 구성원으로 자기 역할을 수행한다. 이처럼 세포 하나하나는 인체의 축소모형이라고 할 수도 있다.

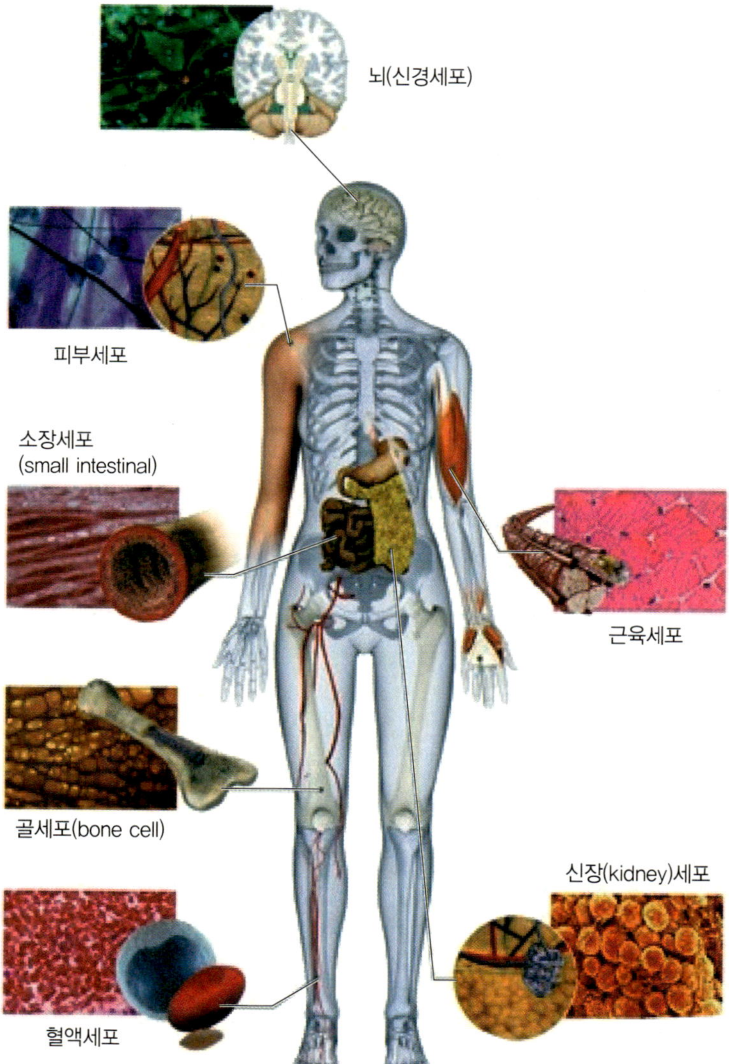

그림 1-1. 우리 몸의 조직과 세포

1. 세포란

세포는 인체의 가장 기본적인 기능적 구성요소로서 독립적으로는 온전한 생명체의 구실을 할 수는 없지만, 주변의 세포들과 협동하며, 한 생명의 구성원으로 능동적인 역할을 한다(그림 1-1). 즉 성장과 번식 및 정보를 처리하고, 자극에 반응하며, 화학반응을 수행함으로써 생명유지에 관여한다.

2. 세포의 발견

현미경의 발명은 과학의 발전에 획기적이었는데, 광학현미경의 발명으로 세포를 발견할 수 있었고, 현미경 렌즈의 발달과 함께 세포생물학이 발전할 수 있었다. 가장 초기의 현미경 학자로 알려진 영국의 로버트 후크에 의해 세포가 알려지기 시작했다(그림 1-2).

후크는 영국의 과학학회인 '왕립 협회'에서 실험 장치를 관리하면서 배율 30배 정도의 현미경을 직접 조립해서 곰팡이나 벼룩 등의 생물을 관찰하였고, 1665년 현미경 관찰화보 「마이크로그라피아(Micrographia)」라는 저서를

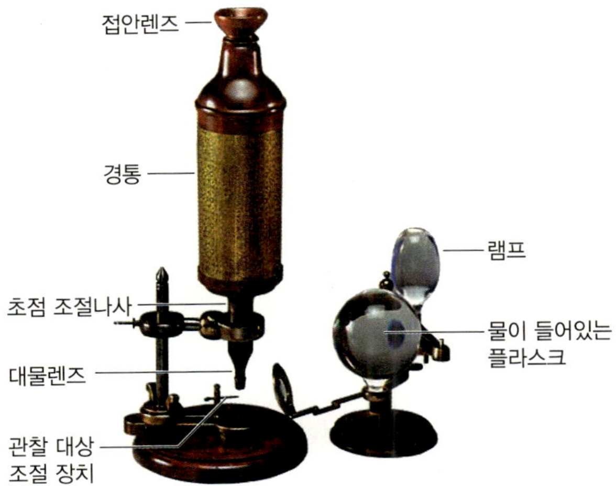

그림 1-2. 로버트 후크의 현미경

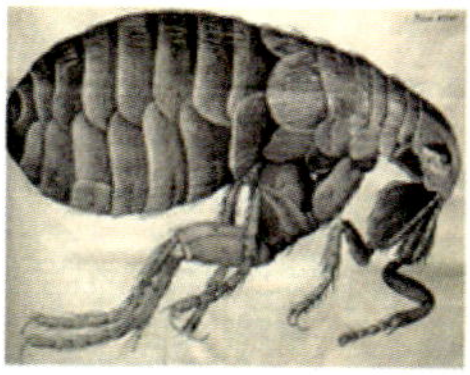

로버트 후크가 관찰한
벼룩의 구조

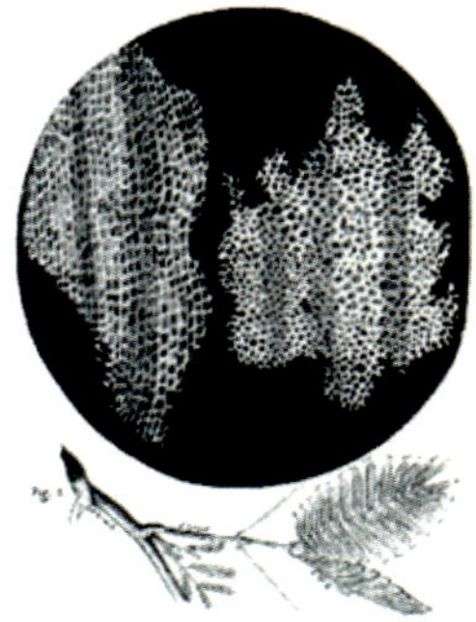

코르크 단면 그림

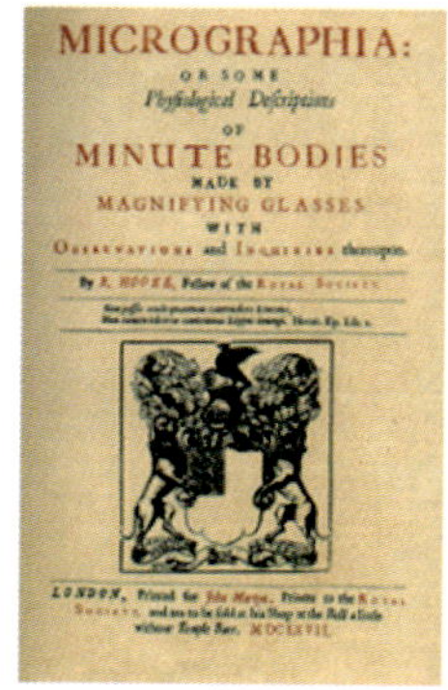

그림 1-3. 후크의 마이크로그라피아

통하여 세포를 관찰한 결과를 최초로 기록하고 있다(그림 1-3). 후크는 코르크 조각을 관찰한 후 구멍 또는 세포(cell)라는 용어를 처음으로 사용하였으며, 눈의 결정체를 비롯하여 곰팡이, 이끼, 식물, 종자 그리고 벼룩을 현미경으로 정밀하게 관찰하고, 관찰한 생물학적 특성을 자세하게 설명하였다.

1670년대 네덜란드의 레벤후크(Anthony van Leeuwenhoek)는 고배율의 단일 렌즈를 사용하였는데, 렌즈의 배율은 약 300배나 되어서 1,000분의 1mm 정도의 피검체 관찰이 가능하였다(그림 1-4). 레벤후크는 이 현미경을 사용하여 원생동물, 정자, 적혈구, 세균 등을 관찰하였고, 1683년 『자연의 비밀』이라는 책을 통해 세계에서 최초로 원생동물 및 세균에 대한 그림을 발표하여 박테리아의 존재를 알렸다.

그림 1-4. 레벤후크의 현미경

3. 사람의 일생을 결정하는 세포

사람으로 태어나기 위한 하나의 세포는 엄마 자궁 내의 수정란이며, 그것이 분열해 2개의 세포가 되고 4개, 8개, 그 이상으로 늘어나는 세포의 수는 최종적으로 60조 개나 된다. 결국, 수정란으로부터 분열해서 사람의 몸이 이루어진다.

하나의 수정란은 세포분열을 하는 과정에서 특수해지면서, 다른 기능을 가진 세포로 분화하며, 분열한 세포들은 결합해서 피부나 근육, 소화관 등의 조직이나 기관을 만든다. 이처럼 사람이 태어나서 자라고 점점 늙다가 병들어 죽음에 이르는 것을 세포가 관여한다고 할 수도 있다(그림 1-5).

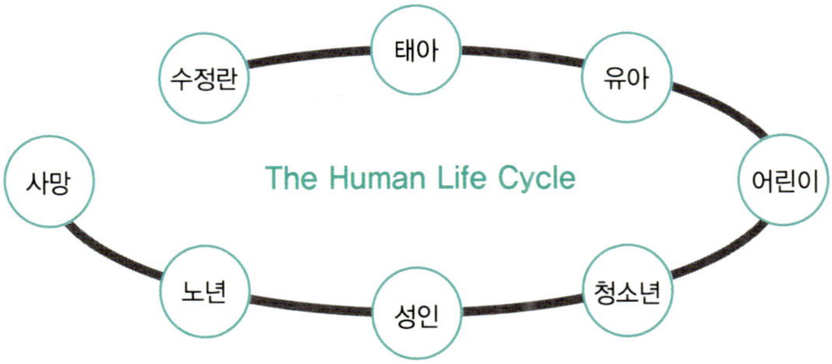

그림 1-5. 사람의 생활사

4. 생물 종에 따라 다양한 세포의 크기

세포의 크기는 현미경으로나 관찰할 수 있을 정도로 매우 작은데, 1μm 정도인 박테리아에서부터 수십 cm나 되는 타조의 난세포 등 생물의 종에 따라 다양하다(그림 1-6).

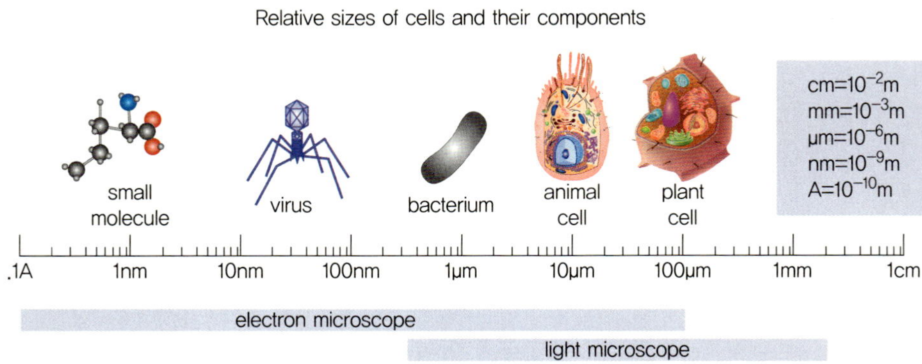

그림 1-6. 세포의 크기와 종류

5. 세포의 구조

일반적으로 세포의 종류는 크게 핵막의 존재 유무에 따라 원핵세포와 진핵세포로 구분한다. 원핵세포는 고세균과 진정세균 영역으로 분류되며, 진핵세포에는 단세포성 원생생물, 곰팡이, 조류와 다세포성 동 · 식물이 포함된다.

진핵세포는 핵과 다양한 세포 소기관들을 가지고 있으며, 이들의 대부분은 막에 의해 둘러싸여 있다(표 1-1).

표 1-1. 세포의 구조

- 세포(cell)
  - 세포막 (plasma membrane)
  - 원형질 (protoplasm)
    - 핵 (nucleus)
    - 세포질 (cytoplasm)
      - 세포골격 (cytoskeleton)
      - 세포소기관 (organelles)

세포 전체 부피의 50%를 약간 넘는 세포질은 세포막과 핵 사이의 부분을 말하는 것으로 세포 내 대사과정이 일어나는 주요 장소로서 다양한 효소들을 포함하고 있으며, 액체 부분의 세포질액과 소기관들이 존재한다.

세포내 소기관에는 골지체, 리보솜, 미토콘드리아, 리소좀, 소포체 그리고 퍼옥시좀 등이 있다. 이외에도 세포골격을 이루는 미세섬유, 중간섬유, 그리고 미세소관이 있다(그림 1-7)(표 1-2).

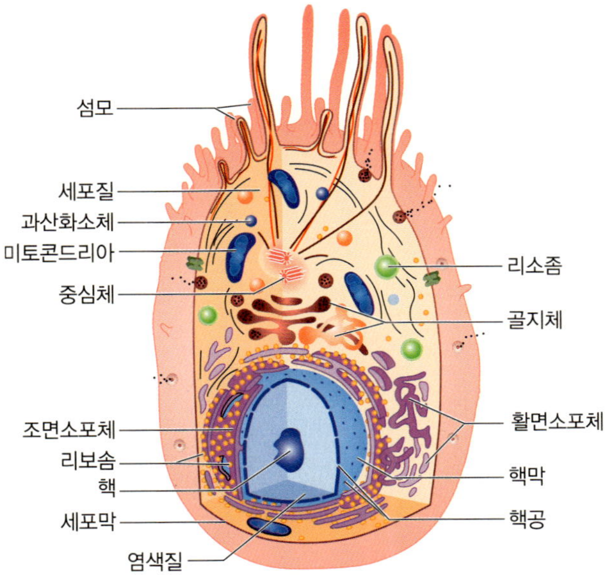

그림 1-7. 세포의 구조

표 1-2. 주요 세포들의 기능

기관	위치	모양	기능
핵	세포 내	흔히 둥글지만, 다양	유전형식을 비롯한 세포의 통제
소포체	핵 근처	막에 둘러싸인 넓적한 층 모양	골지체로 단백질을 운반
골지체	핵 근처	막에 둘러싸여 포개진 주머니 모양	단백질의 유통센터
리보솜	세포질	작은 과립(100-300 Å)	단백질 생산
미토콘드리아	세포질	타원형 모양의 이중막	에너지의 생산 공장, ATP 생성
리소좀	세포질	막으로 싸인 주머니	가수분해 효소 함유
세포질 메트릭스	소기관과 소기관 사이의 공간	다양한 물질로 채워져 있으며, 물이 가장 많음	다양한 물질들을 이용해 생명활동을 유지

6. 기름과 세포막

모든 세포는 공통적으로 막에 의해 둘러싸여 외부환경과의 경계를 이룬다. 세포막은 지질과 단백질로 구성되어 있으며(그림 1-8), 물질을 주고받음에 따라 세포 구성원으로서의 역할을 한다. 세포막의 기능은 필요로 하는 물질을 외부에서 흡수하거나 내부의 물질을 배출하는 물질수송을 담당하며, 외부환경에서 주는 신호를 내부로 전달하는 기능도 있다.

지방이라면 기름기가 많고, 느끼한 음식을 떠올리겠지만, 우리가 섭취한 지방은 몸속에서 에너지를 만들거나, 소장세포에 흡수되어 중성지방이나 인지질 그리고 콜레스테롤로 바뀌어서 세포막의 성분이 된다.

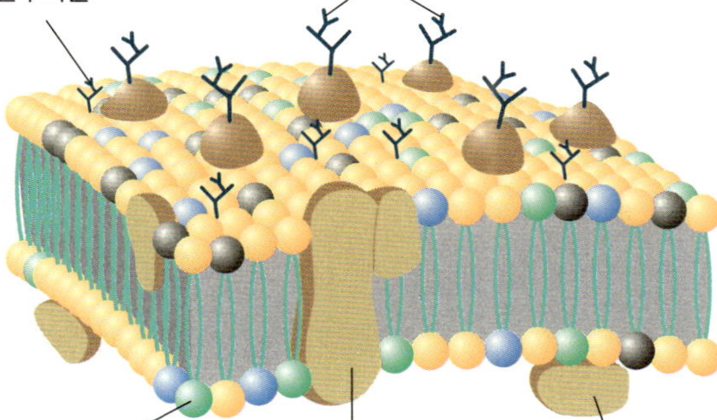

그림 1-8. 세포막의 구조

7. 핵의 라민 유전자 돌연변이와 허친슨-길포드조로증후군

정보의 보관처라고 할 수 있는 핵은 대부분의 유전자인 DNA를 가지고 있으며, 세포에서 일어나는 모든 대사과정을 조절하고 생명유지에 관련된 단백질 합성에 대해서도 명령을 하고 조절을 할 뿐만 아니라 세포분열의 과정을 총괄하는 등 세포의 조절센터 역할을 한다.

핵의 구조에서 DNA복제에 필수적인 역할을 하는 라민 유전자의 돌연변이에 의해 발생하는 허친슨-길포드조로증후군은 400만 명에 1명 정도의 비율로 나타나는 질병이다. 노화가 급속도로 진행되어 평균 수명이 13세 정도인 희귀 유전병이며, 이 질병을 가진 아이는 한 살이 될 무렵까지는 정상으로 성장하는 것처럼 보이지만, 그 후로는 머리카락이 빠지면서 피부에 주름이 생기고 지방질이 빠지는 등 노화의 증상이 급속하게 나타난다. 그리고 12세 정도가 되면 노화에 따른 심혈관계 질환이 발생하며 사망하게 된다.

8. 엄마 미토콘드리아와 인류의 조상

미토콘드리아는 세포호흡이 일어나는 장소로서, 탄수화물과 지방산이 분해될 때 생성되는 에너지를 산화적 인산화 과정을 통해 ATP로 전환시키는 대사에너지 생성에 매우 중요한 역할을 한다.

미토콘드리아는 엄마로부터만 유전되기 때문에 인류의 어머니를 추적하는 연구가 가능하다. 2010년 미국과 폴란드 통계학 연구팀이 조사한 자료에 따르면 전 세계에 존재하는 모든 인류의 미토콘드리아의 원형을 가진 여성은 약 20만 년 전에 존재했으며, 이 시기는 현생 인류가 지금의 모습으로 등장하는 때와 거의 동일하게 일치한다는 것이다. 이러한 결과를 토대로 인류의 조상을 약 20만 년 전 아프리카 대륙에 살았던 것으로 추정하여 소위 말하는 '미토콘드리아 이브(Mitochondrial Eve)' 라고도 부른다. 또 다른 연구 결과에서는 선충을 이용한 실험에서 아버지의 정자에 들어가 있는 미토콘드리아는 수정 후, 수정란 안에서 특정효소가 먹을 수 있도록 분해되어 소멸하는 모습을 확인했다고 보고하였다(그림 1-9).

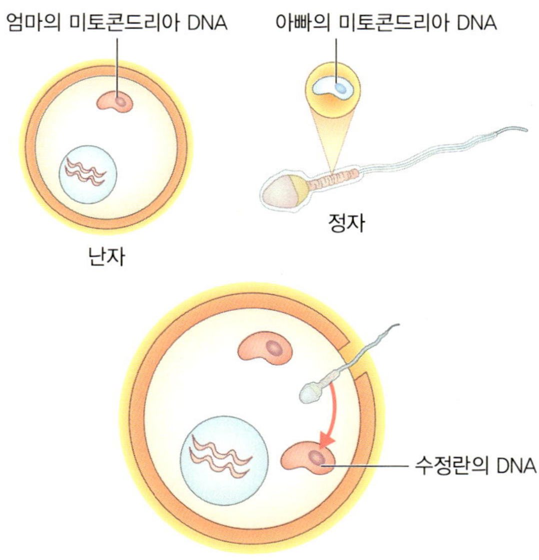

그림 1-9. 수정란의 미토콘드리아 DNA

9. 부신백질영양장애와 '로렌조 오일'

성염색체 열성으로 유전되는 부신백질영양장애(ALD)는 포화장쇄지방산이 분해가 안 되어서 뇌와 부신 등 체내에 축적되어 대사성 뇌증으로 진행되며 결국은 사망하게 되는 질환이다. 최근에 X 염색체 q28에 위치한 *ABCD1* 유전자의 돌연변이와 관련된 것으로 밝혀졌다. 1923년 처음으로 보고된 후, 1963년에 염색체 열성으로 유전된다는 것으로 밝혀진 희귀병으로 '로렌조 오일병'으로도 알려져 있다.

로렌조 오일은 올레산과 에루크산을 4:1로 섞은 혼합물이며 부신백질영양장애(ALD) 예방 약품으로 이용된다. 이는 부신백질영양장애에 걸린 아들 로렌조(Lorenzo)를 치료하기 위해 아버지 오거스토와 어머니 미카엘라가 올리브유와 평지씨기름으로 만든 것을 '로렌조 오일'로 부르면서 유래되었다. 이 이야기는 1992년 닉 놀테와 수잔 서랜던이 주연한 '로렌조 오일'이란 영화로 제작되면서 많이 알려지게 되었다.

10. 리소좀과 고셔병

리소좀은 다양한 산성 가수분해효소를 함유하기 때문에 단백질, 핵산, 탄수화물, 그리고 지질을 가수분해할 수 있다. 일반적으로 쇠퇴한 세포소기관을 파괴하거나 외부에서 탐식작용을 통해 흡수한 바이러스나 박테리아 같은 외부 물질, 음식물 조각들을 소화시킨다.

리소좀과 관련된 대표적 질환으로는 고셔병이 있다. 1965년 Brady 등에 의해 처음으로 확인되었고, 1882년 프랑스 의사인 Philippe Gaucher가 설명하였다. 유전적인 대사저장장애로서 남녀 모두에게 같은 비율로 나타나며, 유태인 2,500명 중 1명꼴로 발병하는 흔한 상염색체 열성질환으로, 1번 염색체 장완 21에 있는 *GBA* 유전자의 돌연변이에 의한다. 일반적으로 골수 내에 고셔 세포의 존재, 췌장 비대, 간 비대 및 골반뼈 겉질 침식 등이 있다.

11. 세포외 기질

세포 분비물에 의해 만들어지는 세포외 기질은 세포와 세포 사이의 공간을 채워 조직을 구성하는데, 골격, 치아, 힘줄, 피부 등에 많이 포함되어 있다 (그림 1-10). 세포외 기질의 주성분인 콜라겐은 사람 생체 단백질의 약 30%를 차지하는 섬유성 단백질이며, 주로 뼈와 피부에 있지만 혈관, 관절, 치아의 상아질, 각 장기의 막, 머리카락 등 우리 몸 전체에 분포되어 있는 성분이다. 콜라겐은 체내에서 가장 넓게 존재하는 결합조직섬유로서 골격구조의 유지, 각종 세포의 흡착, 세포의 분화·증식 등에도 관여한다. 콜라겐 대사는 나이와 질병에 따라 달라지는데, 젊을 때는 피부 속에서 빨리 만들어지지

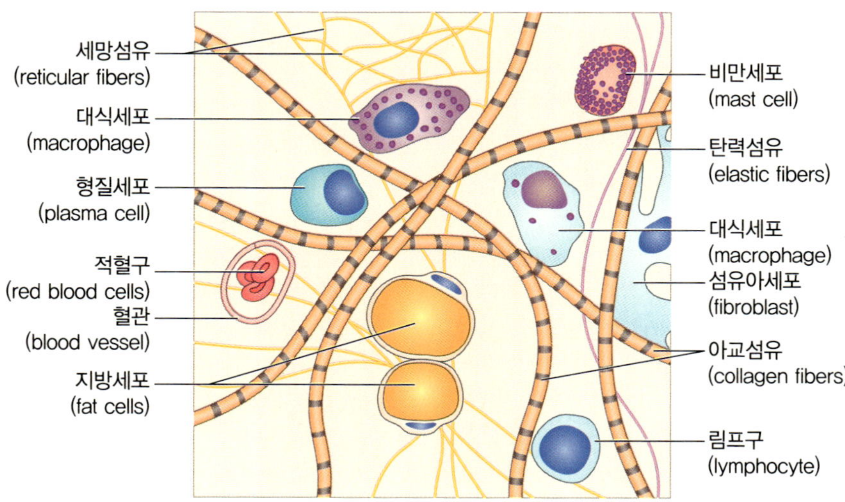

그림 1-10. 세포외 기질

만, 나이가 들수록 생산량이 감소한다. 콜라겐의 합성에는 비타민 C가 매우 중요한데, 결핍되면 비정상의 콜라겐을 합성하게 되어 혈관 손상이나 치아가 빠지기도 하며, 치료하지 않을 경우는 괴혈병의 증상을 보일 수도 있다.

12. 콜라겐 음료와 화장품

콜라겐은 아미노산이 이어져 만든 단백질의 실이라고 할 수 있으며, 그 실들이 모여서 콜라겐 섬유가 된다. 피부에는 콜라겐 섬유로 만든 1~3mm의 막이 있어 피부의 탄력을 만들어 낸다. 요즘 피부노화와 관련하여 콜라겐 음료와 화장품에 관심이 많은데, 먹는 것은 소장에서 흡수되는 과정에서 아미노산으로 분해되기 때문에 먹는 것으로 재이용되지 못한다. 특히 콜라겐을 바르거나 팩을 하는 경우에도 콜라겐은 분자량이 크기 때문에 피부를 통과하지 못해 콜라겐을 생성시킬 수가 없다. 따라서 피부의 콜라겐은 유지하는 것이 최선의 방법이고, 건조한 바람이나 자외선에 노출되지 않도록 해야 한다.

13. 세포의 일생

세포의 일생은 처음 모세포로부터 분열되어 세포가 형성된 순간부터 그 세포가 분열되어 2개의 세포를 형성할 때까지라고 할 수 있으며 이를 '세포주기(cell cycle)'라고 한다. 우리 생명의 연속성은 세포가 성장하고, 유전물질을 복제하며, 세포분열을 통해서 유지되는데, 세포분열 과정은 세포주기의 필수적인 구성요소이다. 세포 한 주기는

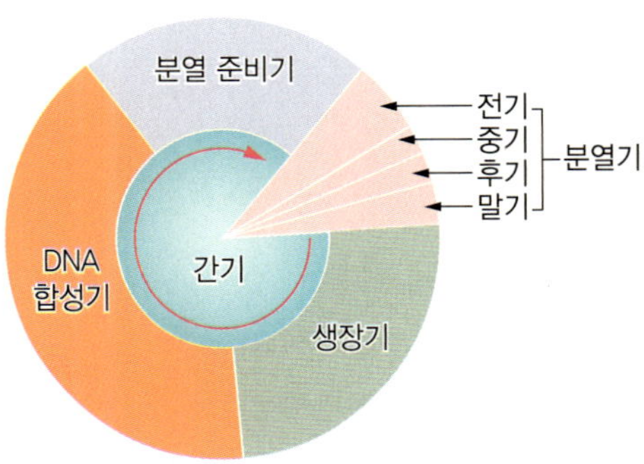

그림 1-11. 세포 주기

약 22~24시간이며, 여러 단계로 나누어져 있다(그림 1-11).

일반적으로 세포주기는 세포성장, DNA복제, 딸세포로의 염색체 분배, 그리고 세포분열 등 4과정으로 나눌 수 있는데, 이러한 과정은 매우 복잡하지만 정확하게 순차적으로 일어나야 한다.

14. 생식세포와 체세포의 차이

다세포 생물은 생식세포와 체세포를 가지고 있다. 사람의 생식세포인 정자와 난자가 수정된 수정란이 분열되면서 몸의 기관을 이루는데, 더 이상 분열이나 변화를 할 수 없는 최종단계의 세포가 체세포이다. 생식세포를 만들 때에 일어나는 감수분열은 피부와 근육 등의 체세포분열 방법과는 다르다(그림 1-12). 생식세포가 종족번식을 위한 것이라면 체세포는 증식을 통해 생명유지에 관여한다.

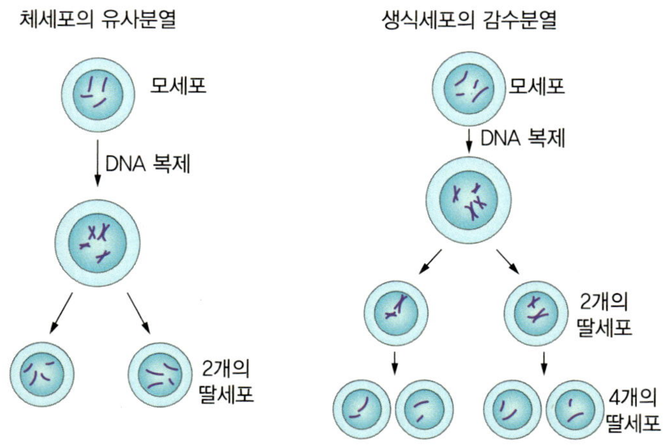

그림 1-12. 생식세포와 체세포의 분열

15. 세포의 종류

우리 몸에는 약 270여 종의 세포들이 다양한 기관에 분포해 있다(표 1-2). 그 세포들은 각각의 위치에서 고유한 역할을 하며, 다른 세포의 역할은 대신할 수 없다(그림 1-13).

표 1-2. 기관별 세포의 종류

기관	세포의 종류
외피	피부, 손톱, 털, 젖샘
호흡기	기도, 폐
소화기	구강, 이, 혀, 식도, 위, 소장(십이지장), 소장(공장, 회장), 대장, 항문, 간, 쓸개, 췌장(이자)
비뇨기	신장(콩팥), 방광, 요도
감각기	외이(겉귀), 고막, 내이(속귀), 코, 눈, 눈꺼풀
내분비	뇌하수체 전엽, 뇌하수체 중엽, 뇌하수체 후엽, 부신, 갑상샘, 상피소체(부갑상샘)
혈액, 혈관	혈액, 혈관
림프성	가슴샘, 비장(지라), 림프관
신경	중추신경, 말초신경
뼈, 근육	뼈, 연골, 힘줄, 민무늬근, 심장근육
남성 생식	정소, 정소 상체, 정소망, 정낭, 전립샘(전립선)
여성 생식	난소, 난관, 자궁, 질
기타	백색지방, 갈색지방, 섬유아세포, 복막

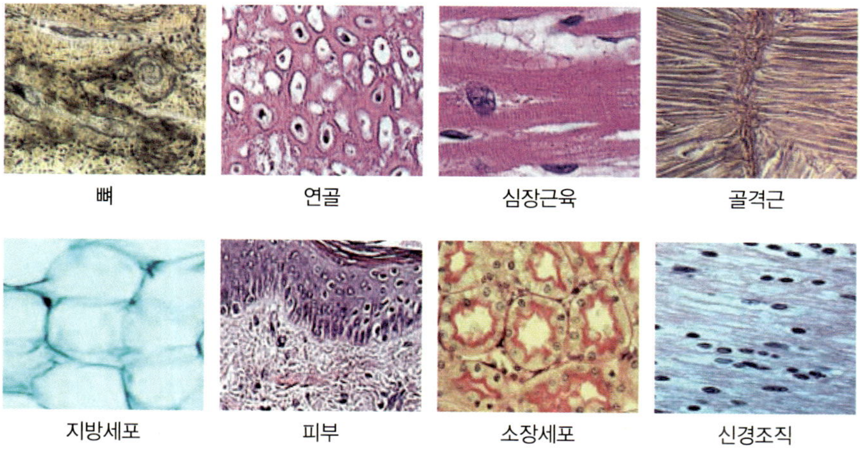

그림 1-13. 몸을 이루는 세포

16. 혈액의 흐름

혈액은 몸 안의 혈관 속을 끊임없이 순환하는데, 온몸의 혈관을 연결하면 약 9만km 정도이며, 이 길이는 지구를 두 바퀴 도는 거리와 비슷하다. 혈액은 골수에서 생성되고, 우리 몸은 약 4~6L(체중의 6~8%) 정도를 보유하며, 크게 혈구 성분과 혈장 성분으로 나누어진다. 혈구 성분은 적혈구, 백혈구, 및 혈소판으로 이루어져 있고(그림 1-14), 혈장은 약 90% 정도가 수분이고, 이 밖에 소량의 단백질과 지방, 포도당, 나트륨, 칼륨, 칼슘, 호르몬 등으로 이루어져 있기 때문에 혈액 검사를 통해 사람의 건강상태를 특정할 수 있는 중요한 기준이 된다. 혈액은 각각의 장기에 산소와 영양소를 공급하고, 세포의 신진대사에 의해 발생하는 이산화탄소와 노폐물 회수 및 운반하는 역할을 통해 생명을 지키고 유지하는 중요한 역할을 한다. 특히 백혈구는 몸 안에 침입한 이물질이나 미생물들을 식균하여 생체를 보호하는 역할을 한다.

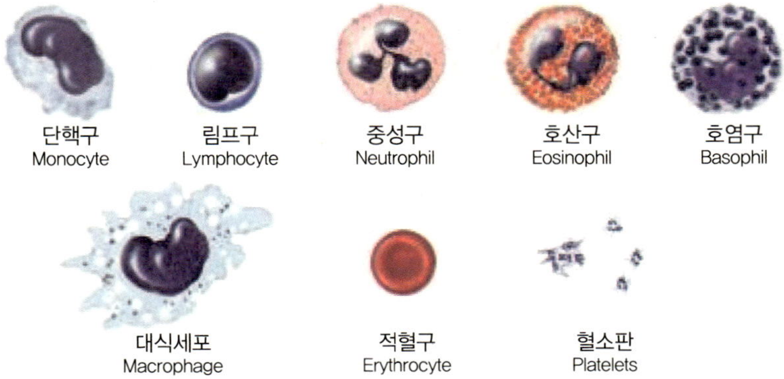

그림 1-14. 혈구 세포의 종류

17. 적혈구와 빈혈

적혈구는 우리 몸에서 유일하게 핵이 존재하지 않는 세포이며, 산소와 결합하는 헤모글로빈을 많이 함유한 세포질뿐이다. 핵이나 기타 소기관들이 없어서 유연하게 모양을 바꿀 수 있기 때문에 모세혈관을 이동할 수 있다. 적혈구의 가운데가 움푹 파인 도넛 모양은 같은 부피의 공 모양에 비해 표면적이 넓어서 산소를 받아들이는 데 효과적이며, 혈장이 옮기는 산소량의 65배 정도의 산소를 운반할 수 있다. 빈혈이란 혈색소(헤모글로빈)의 양이 감소된 것을 의미하며, 피부는 창백해지고, 7g/dL 이하일 때는 손톱의 핑크빛이 없어진다. 호흡 곤란과 두통, 현기증, 이명 등과 불안증 등이 나타날 수도 있다. 식욕 부진이나 월경 장애, 남자의 경우 성욕 감퇴가 올 수도 있다. 정상치는 남자(14~18g/dL), 여자(12~16g/dL) 이다.

18. 체온을 조절하는 대식세포(macrophage)

우리 몸은 기온이 내려가면 교감신경에서 분비되는 카테콜아민이라는 물질의 작용에 의해 지방이 연소되어 열을 발생시킴으로써 체온을 유지한다.

그러나 최근 미국 캘리포니아 대학의 연구진은 마우스를 대상으로 갈색지방의 작용 기전을 연구하던 과정에서 면역세포 중의 하나인 대식세포가 추위에 대한 반응으로 갈색지방을 활성화시켜 에너지를 태워 열을 발생시킨다는 결과를 발표하였다. 이 연구가 발표되기 전까지는 '갈색지방의 대사가 전적으로 뇌에 의해 조절된다'고 알려져 있었다.

원래 대식세포는 세균, 곰팡이, 바이러스와 같은 미생물에 감염되면 크기가 커지고 포식능이 증가되면서 살균능력을 가지는 면역세포로 알려져 있다(그림 1-15). 또한 항균작용뿐만 아니라 NADPH 산화효소에 의해 생성된 반응산소 중간물질이 중요한 역할을 하며 산화질소와 그 대사물들은 세포정체 역할을 매개하여 종양세포를 선택적으로 살생하기도 한다.

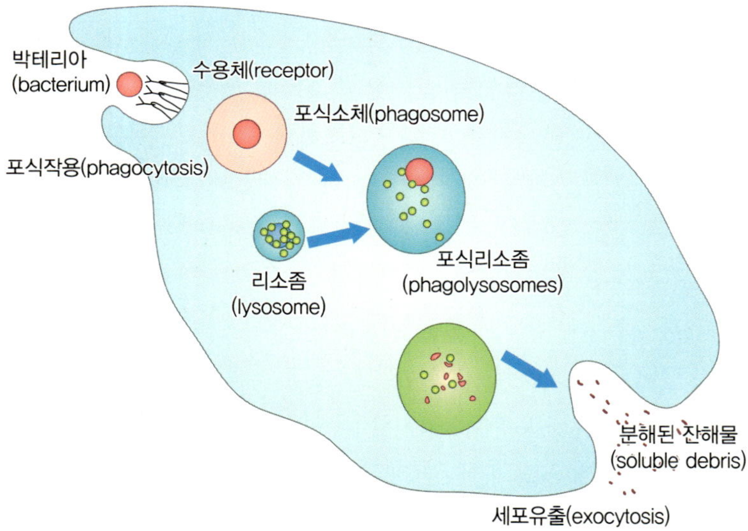

그림 1-15. 대식세포의 탐식과정

19. 척수의 신경세포 손상

신경 세포는 신경계를 구성하는 주된 세포이며, 한 세포에서 받은 자극(정보)을 다른 세포로 전달하는데, 사람의 몸에는 약 1,400억 개의 신경세포가 있다고 하며, 뇌는 250억 개의 신경세포로 구성되어 있다고 추정된다. 신경세포는 신경세포체, 수상돌기, 신경돌기 등으로 이루어지며, 크기나 모양은 다양하지만 핵이 있는 신경세포체에서 수상돌기와 신경돌기라는 두 종류의 돌기가 뻗어 나가는 형태를 하고 있다. 수상돌기는 다른 세포에서 자극을 받아들이는 돌기이며, 신경돌기는 다른 세포에 자극을 주는 돌기이다(그림 1-16).

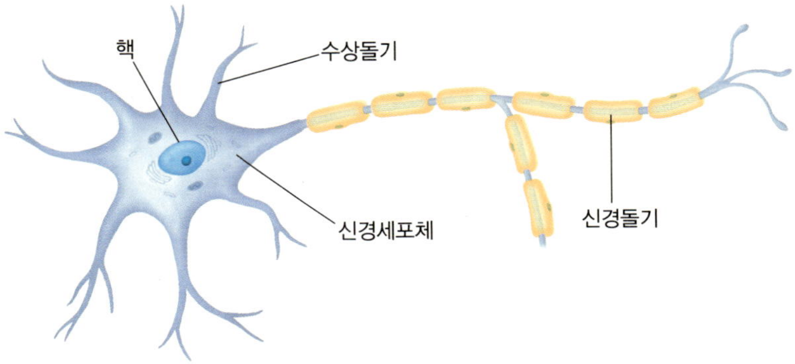

그림 1-16. 신경세포

척수란 등뼈의 안쪽을 지나는 신경다발로 뇌와 더불어 우리 몸의 중추 신경이며, 대뇌의 명령을 신체 각 부위에 전달하는 중요한 연결 통로이다. 우리가 팔을 움직이려고 할 때 뇌에서 움직이라는 신호를 보내면, 그 신호는 척수를 타고 우리 팔로 신호가 전달되면서 팔의 근육이 작용하여 팔을 움직이게 된다. 사람은 살면서 질병이나 교통사고, 추락사고 등으로 인하여 척수에 손상이 가해질 수 있는데, 척수의 세포가 손상을 입게 되면 재생되지 않으므로 손상된 부위 이하에서 감각신경이나 운동신경, 자율신경계의 여러 가지 장애를 초래하게 된다.

20. 새로 태어나는 신경세포

일반적으로 성인이 된 뇌의 신경 세포는 새로 만들어지지 않는다고 알려져 왔지만, 1990년대 이후 기억에 관여하는 '해마'나 냄새의 정보를 전달하는 세포를 만드는 '뇌실하대' 부위에서는 성인이 된 이후에도 신경세포가 왕성하게 만들어진다고 밝혀졌다. 해마는 기억이 저장되고 다시 회상되는 과정에서 매우 중요한 기관이며(그림 1-17), 스트레스 호르몬 수용기가 매우 풍부하기 때문에 장기간 스트레스를 받으면 크기가 줄어드는 위축현상이 나타난다.

실제로 해마가 손상을 받거나 신경에 문제가 생기면 알츠하이머병이나 여러 신경정신병에 걸릴 수 있다.

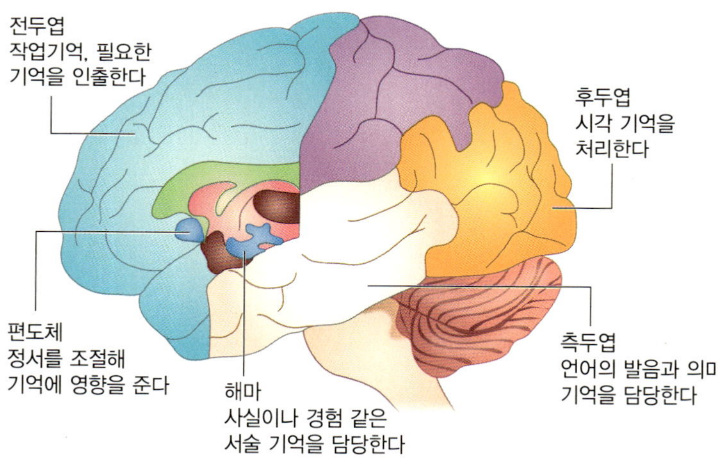

그림 1-17. 사람의 대뇌구조

21. 폐 세포와 호흡

폐에는 산소와 이산화탄소를 교환하는 허파꽈리(폐포)가 약 6억 개가 있으며, 그 지름은 0.1~0.3mm의 작은 주머니로 주위를 모세혈관이 둘러싸고 있다(그림 1-18). 폐포의 공간과 혈액을 사이에 둔 폐포의 벽은 약 5,000분

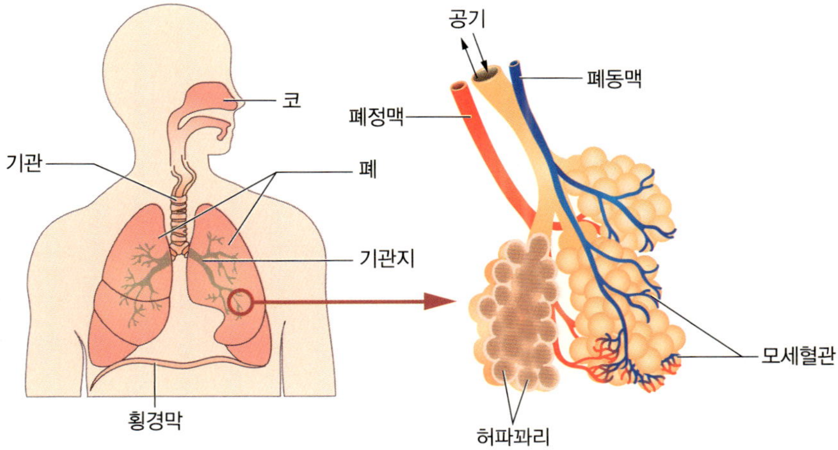

그림 1-18. 폐와 허파꽈리

의 1mm 정도밖에 되지 않으며, 이 벽을 통해 산소가 유입되고 이산화탄소가 배출된다.

사람이 호흡을 하기 위해서는 하루에 1만 1,000L의 공기가 폐로 보내지고 있는데, 공기 중에는 많은 세균과 바이러스가 떠다니고 있기 때문에 폐에는 끊임없이 병원체가 침입한다. 이런 병원체에 의해 폐렴에 노출될 수 있으며, 특히 결핵균이 사망의 원인이 되는 경우가 많다. 이처럼 항상 위험에 노출되는 폐는 표면이 점액으로 덮여 있는 기관과 기관지에 의해 감염되지 않도록 면역시스템이 발달되어 있다.

22. 피부상처의 회복

피부는 몸 안쪽을 보호하는 일 외에, 땀을 분비해서 체온을 조절하며, '표피' '진피' '피하조직'의 3개 층으로 구성되어 있다(그림 1-19).

표피는 표면에서부터 '각질층' '과립층' '유극층' '기저층'으로 나눌 수 있다. 기저층의 기저세포에는 줄기세포가 포함되어 있어 새로운 기저세포를 만

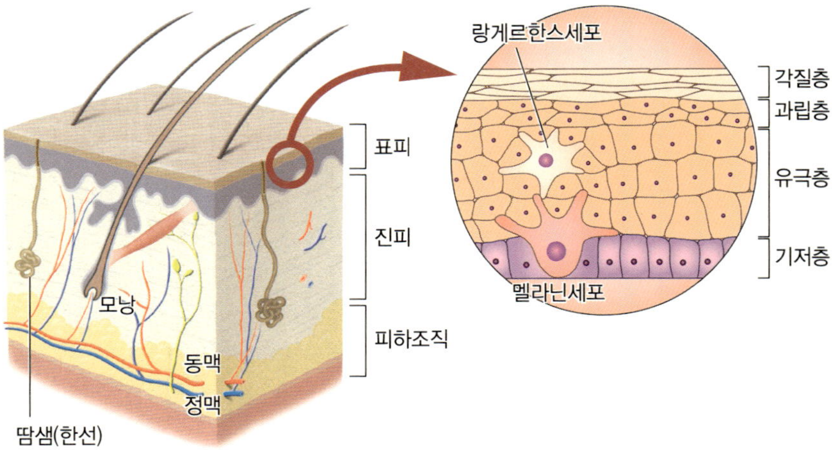

그림 1-19. 피부의 세포

들어 낸다. 표피의 바깥쪽에 있는 각질세포는 '케라틴'이라는 단백질로 채워진 편평한 세포이며, 세포가 비늘 모양으로 겹쳐 쌓인 것으로 이미 죽어 있으며 때가 되면 차례로 씻겨 나간다.

피부에 상처가 나면 피가 나고, 혈전으로 덮이면서 면역을 담당하는 대식세포 등이 상처 자리로 이동하여 염증반응을 일으킨다. 진피로부터 섬유아세포가 상처 자리에 와서 콜라겐을 만들어 내고, 표피의 새로운 바닥을 형성한다. 다음은 기저세포가 증식을 하고, 늘어난 표피 세포는 서서히 밖을 향해 재생되면서 각질층이 완성된다. 표피의 재생이 끝나면 각질층에 있는 세포는 평상시에 '때'로 떨어져 나간다.

23. 간세포의 역할

사람의 간은 다목적 화학공장이라 일컬으며, 오른쪽 젖가슴 아래에 있는 갈비뼈의 안쪽에 위치하는 가장 큰 기관으로 성인의 경우 1.2~1.5kg 정도이고, 간에 공급되는 혈액은 1분당 1~1.8L나 된다. 간을 구성하는 세포는 간실질을 구성하는 간세포, 담관을 구성하는 상피세포인 담관세포가 있고 이외에 이물질을 포식하는 기능을 가진 쿠퍼세포 등이 있다(그림 1-20).

간세포 한 종류의 세포는 세 가지 역할을 한다. 첫째는 대사기능으로 지질과 당질을 저장했다가 필요에 따라 방출하거나 단백질을 합성하는 것이고, 둘째는 쓸개즙(담즙)의 합성과 방출이며, 하루에 약 1L의 쓸개즙을 분비한다. 마지막은 독성물질의 독성을 해독한다.

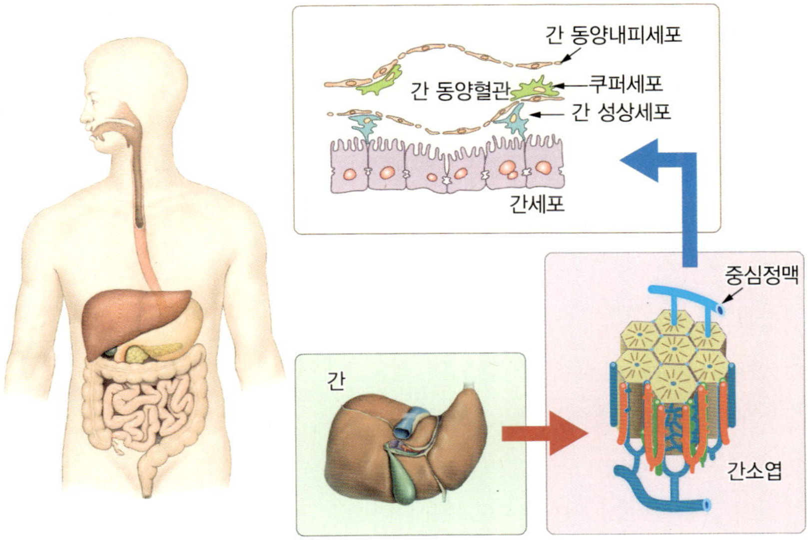

그림 1-20. 간세포의 구성

24. 간의 피로회복제

우리가 쉽게 사서 복용할 수 있는 간의 피로회복제는 술을 마신 뒤 복용하면 음주로 손상된 간의 회복이 다소 빨라질 수는 있으며, 약간의 알코올성 지방간 치료 효과도 기대된다. 그러나 한두 알 복용했다고 술이 깨거나 간세포 파괴를 막는 효과가 당장 나타나지는 않는다. 특히 간의 피로회복제를 간질환 치료제로 여기는 사람이 많지만, 전문가들은 치료 효과에 대한 검증이 되지 않았기 때문에 간질환 치료제로 인정하지 않는다. 간염을 일으킨 실험동물에 간의 피로회복제를 먹여 병이 호전됐다는 연구논문이 발표되기는 했지만, 사람도 치료할 수 있는지는 밝혀내지 못했다. 간의 피로회복제는 간세포의 손상을 줄이고 새로운 간세포의 재생을 도울 수 있지만, 간의 피로회복제의 피로 해소 효과를 입증하지 못했기 때문에 피로를 풀기 위해 복용하는 것은 넌센스이다. 또한, 피로의 원인은 매우 다양하기 때문에 피로의 원인이 간 기능 이상이 아닌 경우에는 간의 피로회복제로 전혀 효능을 볼 수가 없으며, 임신부나 수유 여성, 심한 담도 폐쇄 환자, 대장 · 소장염 환자는 주의해서 복용해야 한다.

25. 소변을 만드는 신장세포

신장은 세포활동의 결과로 혈액에 생긴 노폐물을 소변으로 분리하는 역할을 한다. 신장에서 소변을 만드는 것은 '네프론'이라는 단위체이며, 네프론은 신소체(말피기소체), 세뇨관(근위 세뇨관, 헨레 고리, 원위 세뇨관)으로 구성된다(그림 1-21).

신소체는 혈액에서 원뇨를 여과하는 역할을 하는데, 신소체의 사구체에서는 문어발 모양의 세포가 모세혈관과 얽혀있으며, 이것이 필터의 역할을 한

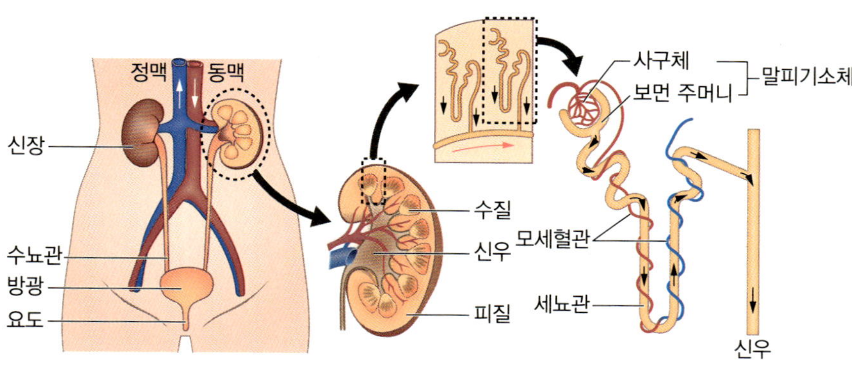

그림 1-21. 신장과 네프론

다. 사구체는 하루에 150L 정도의 액체를 혈액에서 분리하여 원뇨를 만들고, 원뇨는 그대로 배출되는 것이 아니라 세뇨관에서 99% 정도는 재흡수되고, 1.5L(1%)만이 소변으로 배출된다.

26. 칼슘의 과다섭취와 요로결석

칼슘은 에너지를 내지 않는 영양소 가운데 다량 무기질에 속하며 하루 섭취 권장량은 700~1,000 mg(최대 상한 섭취량 : 2500 mg)이다. 칼슘은 골밀도를 높이고 골다공증을 예방하며, 콜레스테롤 감소, 신경 안정의 효과도 있다. 최근의 연구결과에 따르면 칼슘은 체지방을 연소해 비만을 감소시키는 것으로 나타났으며, 머리카락을 만드는데도 중요한 역할을 하기 때문에 결핍이 되면, 탈모가 유발될 수 있고, 노화가 빨리 올 수도 있다. 반대로 과다 섭취를 했을 때 혈액 속의 칼슘이 많아지면 쉽게 피로를 느낄 수 있고, 화를 잘 내는 공격적인 성향을 보일 수도 있다. 심하면 부정맥이 생길 수 있고, 요오드와 결합해서 요로결석의 원인이 되기도 한다. 7세에서 12세 아이들에게 적정한 칼슘양은 700~800 mg이지만, 칼슘이 포함된 성장 보조제, 특히 젤리나 사탕 모양으로 되어있는 것은 맛있다고 많이 먹으면 자칫 적정 수치를 넘을 수 있다.

27. 뼈의 세포

사람의 기본적인 모습은 뼈에 의해 만들어지고, 여러 가지 행동은 근육에 의해 일어난다. 뼈는 특수한 형태의 결합조직이며(그림 1-22), 치아와 함께 인체에서 가장 단단한 조직의 하나로서 혈구세포를 생산하는 골수를 포함하고 있다.

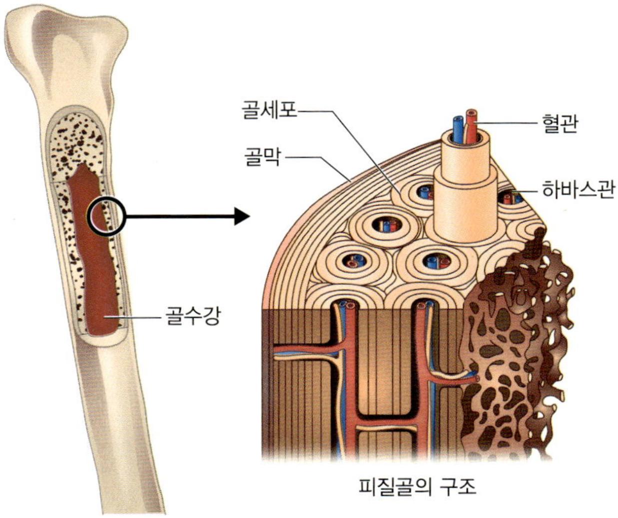

그림 1-22. 뼈의 구조

뼈는 몸을 지탱할 뿐만 아니라 칼슘의 저장이라는 중요한 역할을 한다. 다른 조직과 마찬가지로 오래된 뼈는 파골세포에 의해 부서지고, 골아세포는 스스로 분비한 칼슘에 파묻혀 새로운 뼈세포가 된다. 골막에는 혈관과 신경이 많이 분포하고, 콜라겐 섬유에 의해 뼈의 골격이 만들어진다.

28. 근육세포

근육에는 '골격근', '심장 근육', '민무늬근'의 세 종류가 있다(그림 1-23). 뼈에 붙어서 손발 등을 움직이는 골격근은 자신의 의지대로 움직일 수 있으며, 심장을 박동시키는 심장 근육 세포의 작용으로 심장은 박동리듬을 정상으로 유지한다. 심장근육 세포는 I, Y, X형을 하고 있으며, 이들이 그물 무늬와 같이 연결되어 둥근 자루 모양의 심장을 만드는 것이다. 식도나 위, 기도, 방광, 자궁, 정관 등에 존재하는 민무늬근은 자신의 의지대로 멈출 수가 없는 근육이다.

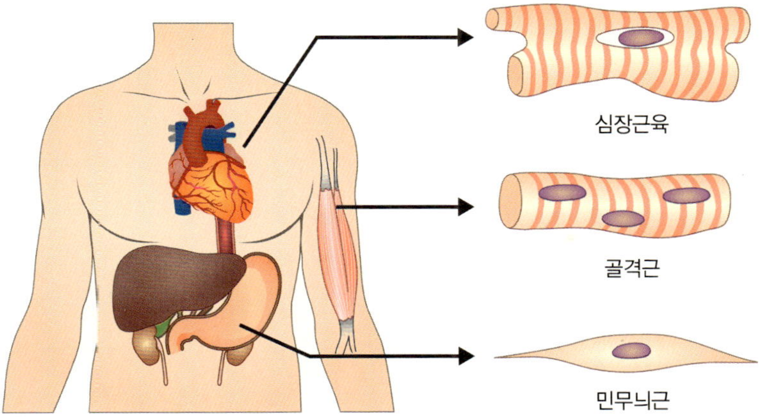

그림 1-23. 근육의 종류

29. 대머리와 유전의 상관성

머리카락은 두피(피부 부위)와 피부 밑에 있는 모낭부위 그리고 피부 바깥으로 자라는 모발부위의 3가지로 나눌 수 있다(그림 1-24).

일반적으로 대머리는 유전성이 강하다고 알려져 있다. 그러나 대한모발학

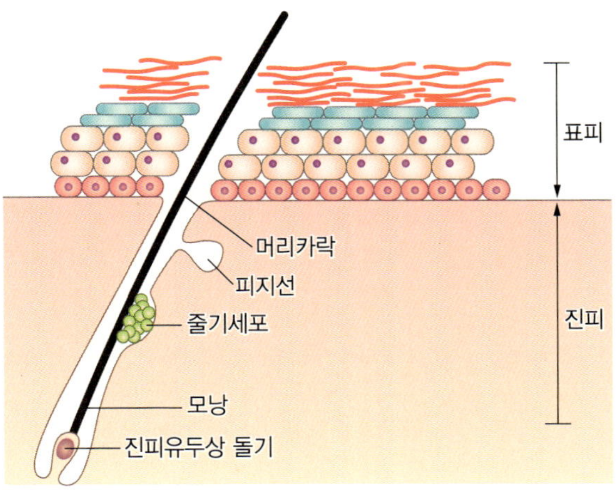

그림 1-24. 머리카락 세포

회의 연구결과에 따르면, 남성은 아버지 쪽의 영향을 가장 많이 받고(47.1%), 여성은 가족력에 크게 영향을 받지 않는다고(47.9%) 나타났다. 이러한 결과를 통해서 현대인들에게 남녀를 불문하고 발생하는 탈모는 유전에 의한 문제만은 아니다. 한편 유전과 관련하여서는 최근 Nature지에 발표된 'Wnt 신호 억제에 관여하는 *APCDD1*와 탈모의 상관관계' 라는 연구결과에 의하면, 염색체 18p11.2에 위치하는 *APCDD1* 유전자는 사람의 모낭세포에서 다량으로 발현되는 세포막 결합 당단백질을 암호화하는 것으로 알려졌다.

이 유전자의 돌연변이에 의해 상피조직 및 줄기세포들이 감소하고, 머리카락이 가늘어지고, 솜털과 같은 상태로 변화된다. 이러한 현상은 남성형 탈모에서 관찰되는 현상이지만, 유전성 단순 감모증(hereditary hypotrichosis simplex, HHS)에서도 관찰된다. 사람은 하루에 약 50개 이상의 머리카락이 빠지지만, 성장단계의 모발이 70%이고, 퇴화 단계의 모발이 30%이기 때문에 대머리가 되지는 않는데, 이 수치가 역전되는 현상에 의해 대머리가 되는 것이다. 동물은 계절마다 털이 한꺼번에 빠지는 털갈이를 하기 때문에 대머리가 되지 않는다.

30. 머리카락의 유전자 검사

머리카락은 약물복용검사, 미네랄검사와 유전자 검사가 가능하다. 술이나 담배, 마약 등을 복용할 경우에는 케라틴 단백질층에 그 성분이 남기 때문에, 약물복용 정보는 모근이 없는 머리카락만으로도 알 수 있다. 머리카락 모근은 모낭세포이며 DNA를 충분히 가지고 있기 때문에 세포가 죽었다 할지라도 유전자 분석이 가능하다. 머리카락 끝의 모근 세포핵에 있는 DNA를 분석해 친자 확인이 가능하지만, 머리카락 자체는 케라틴이라는 단백질로 구성되어 있기 때문에 잘린 머리카락은 유전자 분석에 사용할 수 없다.

31. 지방세포의 종류

지방세포는 지방을 저장 또는 비축하는 세포가 아니라, 갑상선과 마찬가지로 다양한 생리활성물질을 분비하는 내분비 기관이라고 할 수 있으며, 크게 백색지방세포와 갈색지방세포로 나뉜다(그림 1-25). 몸매를 중요시하는 사람들이 싫어하는 백색지방세포는 주로 피하(특히 배와 엉덩이)나 장기 주변에 퍼져 있으며, 연료의 저장고 역할을 한다. 반면에 갈색지방세포는 목 근처, 신장, 부신 등에 발달되어 있으며, 미토콘드리아가 존재하고, 열을 생산하는 기능을 한다. 백색지방세포는 갈색지방세포보다 10배 정도 크다.

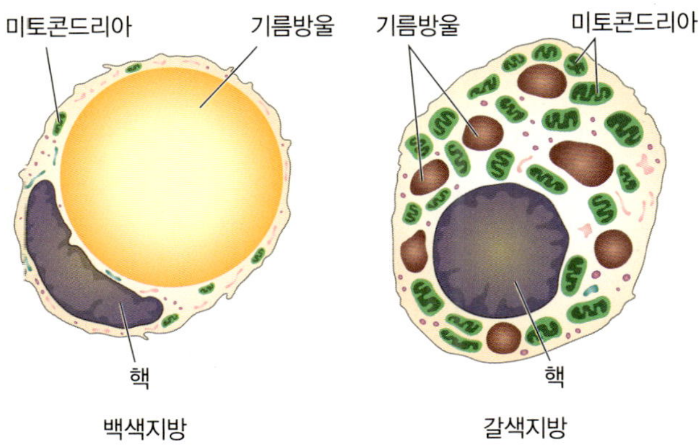

그림 1-25. 지방세포의 종류

날씨가 추우면 우리 몸은 갈색지방이 증가하면서 체지방(백색지방)을 연소시켜 체온을 높이기 때문에 체지방을 줄이고 싶다면 서늘하게 지내는 것이 좋다. 이처럼 지방세포는 우리 몸에 꼭 필요하지만, 내장지방이 과도하게 축적이 되면 지방세포에서 분비되는 생리활성물질의 변화에 의해 질병이 유발될 수 있다.

32. 비만과 지방세포

만병의 근원이라고 알려진 비만이 되면 백색지방세포가 크게 부풀고, 많은 지방이 축적되면서 에너지의 과잉 공급으로 인해 고혈압, 고지혈증, 동맥경화, 심장질환 등으로 발전할 수 있다. 어른 1명이 가진 지방세포는 개인차가 있지만, 약 300억 개이다. 우리 몸은 지방량이 증가하면 지방세포가 '렙틴'이라는 호르몬을 분비하고, 뇌의 만복중추가 렙틴을 받으면 식욕억제가 되는데, 비만인 사람의 경우에는 제대로 작용되지 않는다. 특히 복부비만은 인슐린 저항성을 초래하여 내당능 장애를 유발하고, 지질대사 이상, 심장질환 등을 초래하는데, 내장지방이 과도하게 축적된 경우에는 치료가 필요하다.

33. 정자세포와 난자세포

정자는 남자의 정소(고환)에서 만들어지며, 난자로의 침투 효소가 포함된 첨체의 형성, 핵의 응축, 세포질 대부분의 흘림, 목과 몸통, 꼬리의 형성, 그리고 세포질 탈락의 과정을 통해서 정자로 완성이 된다(그림 1-26).

일반적으로 정자의 크기는 0.5~70μm, 수명은 2~3일이며, 한 번 사정할 때 2억 개 정도로 일생동안은 10^{12}개 정도로 추정할 수 있으며, 연속적으로 수

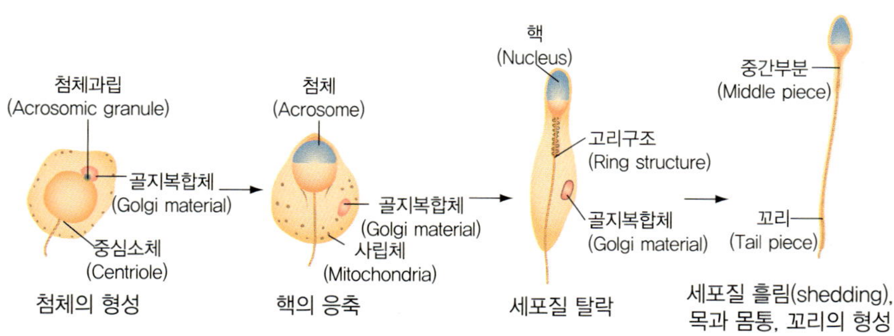

그림 1-26. 정자의 성숙과정

백 번 이상 유사분열을 한다. 특별한 발정기가 없는 사람의 경우, 정자는 성적으로 성숙한 상태에서는 계속 만들어지지만, 중년 이후에는 세정관의 퇴화가 뚜렷하게 나타난다.

난자가 되기 전의 세포를 난모세포(난포)라고 하는데, 사람의 난모세포의 직경은 일반적인 체세포보다 100배 정도 큰 100μm정도이다. 난소에서는 일정한 주기로 반복해 난모세포가 성숙하며, 난모세포는 성숙과정에서 커지다가 마지막에는 난모세포의 상피가 얇아지면서 터지고 난소 밖으로 배출되는데 이를 배란이라고 한다. 사람의 배란 주기는 약 28일이며, 수정이 이루어지지 않을 경우 이차 난모세포는 배란 후 24시간 내에 퇴화한다.

34. 정자를 만드는 줄기세포

남자가 하루에 만들 수 있는 정자의 수는 약 1억 마리로, 이처럼 막대한 양의 정자를 만들 수 있는 것은 정자를 만들어 내는 정조세포가 자기복제를 하는 줄기세포이기 때문이다.

35. 세포의 자살 프로그램

수명이 한정되어 있는 세포들은 언젠가는 죽고 새로운 세포로 대체되는 과정이 연속으로 이루어진다. 발생학적 측면에서 올챙이의 변태 과정에서 꼬리가 사라지는 현상이나 사람의 손가락 발가락 사이의 조직이 없어지는 것들은 신체 각 부위의 형태가 다듬어지는 과정에서 볼 수 있는데, 모두 세포사멸(아포토시스)로 이루어진다(그림 1-27). 많은 종류의 질병과 기능 이상들은 세포사멸과 관계가 있으며, 파킨슨병이나 알츠하이머병과 같은 퇴행성 신경질환은 세포사멸로 인해 뉴런이 소실되어 발생한다.

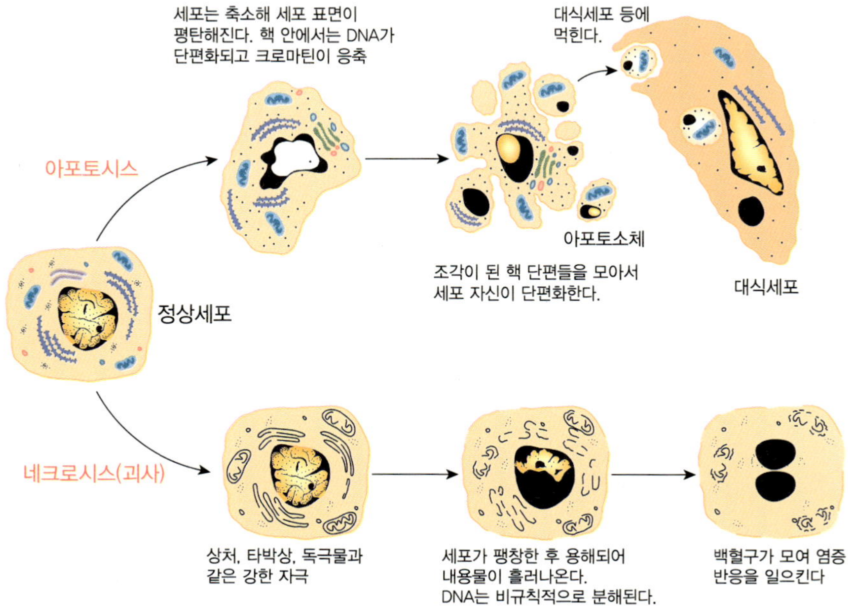

그림 1-27. 아포토시스와 네크로시스

우리 몸속에서는 하루에 약 3,000~4,000억 개의 오래된 혈구세포나 간세포, 표피세포 등이 아포토시스에 의해 제거되고, 새로운 세포로 바뀌면서 생명 유지를 수행한다. 이처럼 모든 생물들은 기본적으로 세포를 생산하고 필요한 것만을 취한 뒤 여분의 것은 아포토시스로 없앤다. 한편 세포의 괴사(네크로시스)는 수동적인 세포의 붕괴 과정을 나타내며, 상처나 타박상 독물과 같은 강한 자극에 의해 세포가 팽창 용해되면, 백혈구가 모여서 염증반응에 의해 처리된다.

36. 세포 하나하나에 존재하는 성차

우리 몸을 구성하는 약 60조 개의 세포들은 하나하나에 성(性)을 가지며, 성이 생명을 이어나간다. 사람의 성의 기본이 되는 것은 X와 Y의 성염색체로 성염색체는 생식과도 밀접한 관계가 있으며, 종의 보존이라는 의미에서 그 역할이 매우 크다.

37. 사람의 노화

사람은 누구나 태어나서 죽음에 이르기까지의 생명현상에 의해 성숙기를 지나고 나면 모든 기능이 저하되고, 약화되어 죽음을 맞이한다. 이러한 과정을 노화라고 하며 노화에 따라 신체기능이 변화하는 것을 노화현상이라고 하지만, 노화와 노화현상은 구분하지 않으며 뭉뚱그려 '노화'라고 한다(그림 1-28).

그림 1-28. 사람의 노화

사람은 나이가 증가함에 따라 많은 장기의 점진적인 쇠약이 나타나며, 노화는 생리적인 과정에서 전신 쇠약, 골다공증, 근육량, 체력, 인지능력감소, 성기능장애, 성욕저하, 불면증, 불안, 우울증, 과민, 홍조, 발한 그리고 지방량 증가 등으로 정의된 광범위한 객관적 또는 주관적 변화를 동반한다.

노화 과정의 원인이 되는 기전을 밝히는 작업은 매우 어려운 일로 지난 세기 동안 동물실험을 통해 노화의 속도와 수명은 인슐린양 성장인자 I와 인슐린의 유전적인 차이에 의해 조절될 것이라는 결과를 얻었다. 성장호르몬은 탄수화물, 지질과 단백질 대사에 영향을 미쳐서 신체조성, 육체적인 운동과 삶의 질에 변화를 주는데, 성장호르몬의 분비는 출생 시에 일시적으로 증가하고, 사춘기에 매우 증가하다가 노인이 되면 최저 농도까지 감소한다.

38. 줄기세포

사람의 세포 중에 분열을 계속할 수 있는 세포가 있는데, 이를 줄기세포라고 한다. 줄기세포는 살아있는 동안 어느 정도 특수화가 진행되지만, 최종적인 형태나 기능에 도달하지 않은 미분화된 세포이며, 자기복제가 가능하고, 강력한 증식과 더불어 여러 세포로의 분화가 가능하며, 조직이나 장기가 손상되었을 때 복원할 수 있는 능력을 가지고 있다.

39. 사람의 줄기세포 비교

줄기세포의 종류에는 수정란에서 유래하는 배아줄기세포와 출생 후부터 몸에 있는 여러 종류의 조직에 존재하는 성체줄기세포 그리고 2006년 이후에 알려진 유도된 다능성 줄기세포가 있다(표 1-3).

표 1-3. 사람의 줄기세포 비교

	수정란 배아줄기세포	체세포 복제 배아줄기세포	성체 줄기세포	유도된 다능성 줄기세포
분화능력	매우 우수함	매우 우수함	조직에 따라 다름	매우 우수함
이식응용	필요한 장기나 조직세포로 변화시켜야 함	필요한 장기나 조직세포로 변화시켜야 함	직접 이식 가능	필요한 장기나 조직세포로 변화시켜야 함
이식 후 거부반응	있음	없음	없음	없음
바이러스 감염	위험함	위험함	없음	위험함
암 발생 가능성	위험함	위험함	없음	위험함
생명윤리	배아의 파괴문제	배아의 파괴문제	없음	없음

40. 유도된 다능성줄기세포

일본 교토 대학의 야마나카 신야 교수팀은 어른 생쥐의 피부세포에 4개의 유전자를 주입해 온갖 조직과 장기의 세포로 변화할 수 있는 세포를 만들었는데(그림 1-29), 이를 유도된 다능성줄기세포라고 하며 2006년 Cell지에 발표하였다. 2007년에는 어른의 피부세포를 이용하여 iPS세포를 만드는 데 성공하였고, 유전자 활성은 배아줄기세포와는 동일하지 않으며, 다만 유사할 뿐이라고 발표하였다. 그러나 사람 iPS세포는 배지에서 분화하여 3개의 배엽층을 형성하였으며, 사람의 모든 조직과 기관을 생성하게 된다.

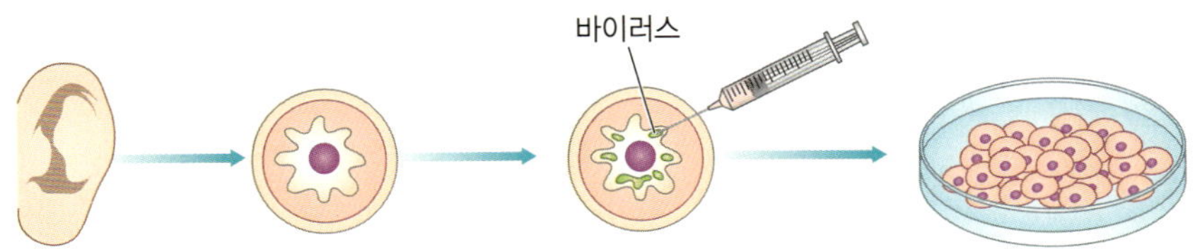

그림 1-29. 유도된 다능성 줄기세포 만드는 방법

iPS세포는 사람 배아줄기세포와는 분명하게 다르지만, 난자제공이나 배아파괴의 윤리문제를 피해가면서 '재생의학'과 '환자 맞춤형 의학'의 기반을 제공하였다는 면에서 중요한 의미를 갖는다.

41. 줄기세포 만드는 과정

줄기세포는 크게 세 가지 방식으로 만들어지는데(그림 1-30), 체세포를 복제하거나, 불임치료 후 남은 수정란을 조작해서 만들 수 있고, 피부나 탯줄 혈액에서 줄기세포를 분리해내는 방법도 있다.

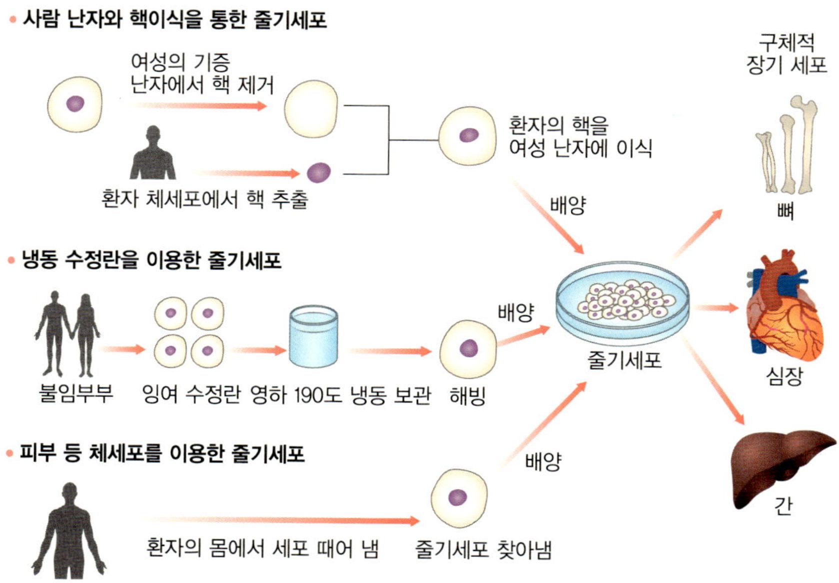

그림 1-30. 줄기세포 만드는 과정

42. 체세포 복제배아줄기세포 치료제의 가능성

체세포 배아줄기세포란 핵을 제거한 난자에 체세포의 핵을 이식해 만든 배아에서 추출한 줄기세포로서 황우석 전 서울대 교수가 시도한 방식이다. 핵이식 기술은 복제양 '돌리'를 탄생시켰으며, 면역거부반응이 없고 분화 능력도 뛰어난 세포를 만들게 했다(그림 1-31). 그러나 배아를 파괴해야 한다는 생명윤리 문제와 난자 제공자에 대한 부담 그리고 인간복제라는 새로운 문제는 해결할 수 없다.

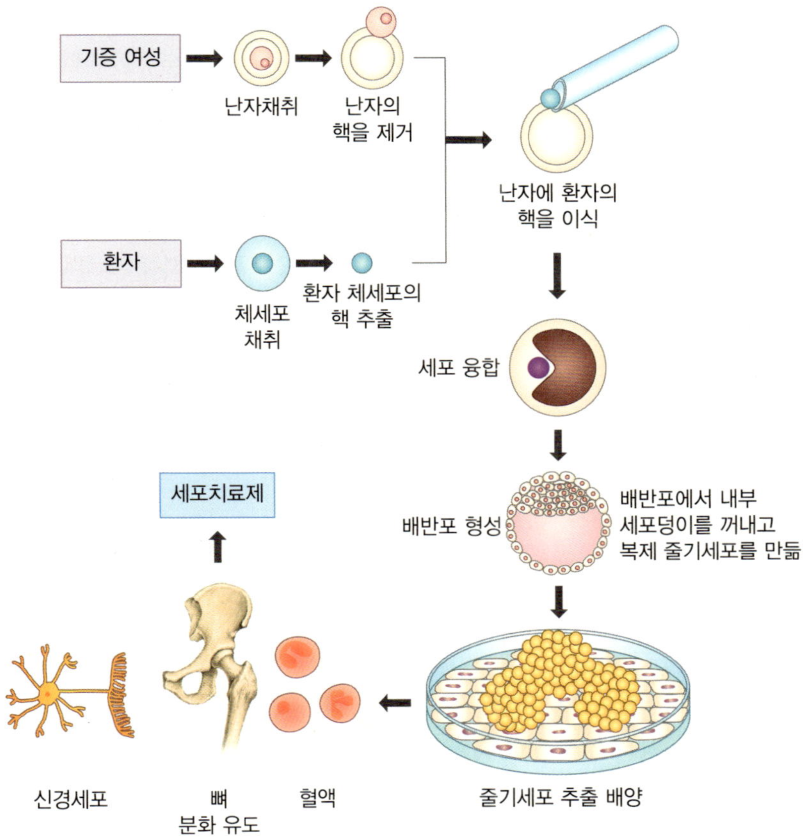

그림 1-31. 체세포 복제배아줄기세포 치료제 만드는 과정

43. 세포치료의 정의와 분야

세포치료는 손상된 조직을 복원하거나 특정 세포성분을 환자에게 주입하는 치료법으로 성분수혈, 조혈모세포이식, 세포면역치료, 줄기세포이식 등으로 구분할 수 있다(표 1-4). 줄기세포 치료는 심장 및 혈관질환(심근경색증, 심근염, 혈관염), 뇌질환(뇌졸중, 파킨슨 병 등), 연골 및 뼈질환(관절염, 골수염) 등과 간, 췌장, 신장, 폐 등의 장기손상에도 적용이 시도되고 있다.

식품의약품안전청 규정에 따른 세포치료의 정의는 "조직의 기능을 복원시키기 위하여 살아있는 자가, 동종 또는 이종 세포를 체외에서 증식, 선별하거나, 다른 방법으로 세포의 생물학적 특성을 변화시키는 등의 일련의 행위를 통하여 치료, 진단 및 예방의 목적으로 사용되는 의약품"이라고 되어 있다.

표 1-4. 세포치료의 분야

분야	세포
성분수혈 이식	적혈구, 백혈구제제, 혈소판 등
조혈모세포 이식	골수이식, 제대혈 이식, 말초혈액조혈모세포이식 등
세포면역 치료	자연살해 세포치료, 수지상세포를 이용한 세포면역치료
줄기세포 치료	배아줄기세포, 성체줄기세포 치료, 제대혈 줄기세포 치료

44. 성체줄기세포를 이용한 치료

성체줄기세포는 배아줄기세포와 기원이 다르며, 출생 후부터 특정한 기관이나 조직에 존재하는 소수의 세포로 신경, 골수, 혈액, 제대혈, 혈관내피, 근육 그리고 피부에 광범위하게 분포한다. 배아줄기세포에 비해 증식 능력이 작고 분화해 갈 수 있는 세포의 종류가 정해져 있다. 성체줄기세포에는 조혈모세포(조혈줄기세포), 중간엽줄기세포, 신경줄기세포 등이 있다.

신경줄기 세포는 뇌질환(뇌졸중, 파킨슨병이나 알츠하이머병), 척수손상과 같은 퇴행성 신경계 질환에 이용되고, 혈액줄기세포는 혈액질환이나 자가면역질환, 면역결핍질환, 백혈병, 그리고 분화 유연성을 이용하여 간질환이나 심장질환(심근경색증, 혈관염, 심근염), 중간엽줄기세포의 경우도 신경계, 골격계, 근육계 등의 다양한 장기세포로 분화할 능력이 있어 이들에서 발생하는 각종 선천성 퇴행성 질환이나 손상에 대해 세포치료법이 개발되고 있다(그림 1-32).

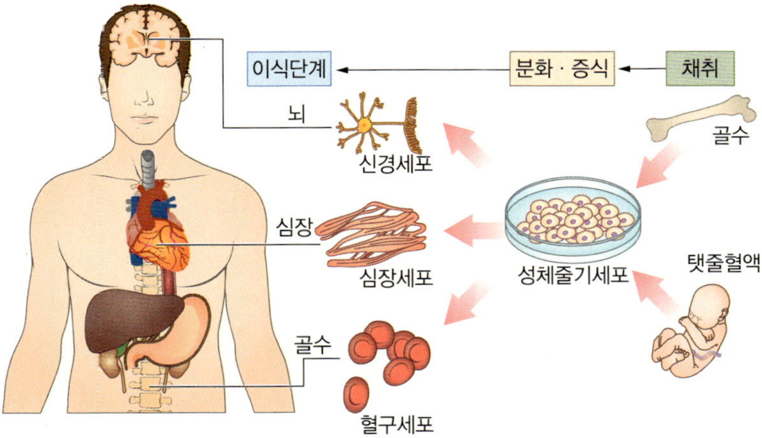

그림 1-32. 성체줄기세포를 이용한 치료

45. 조혈모세포와 이식

조혈모세포는 조혈의 근간이 되는 세포로서 주로 골수에 존재하며, 골수 외에 태반과 제대의 정맥에 남아 있던 태아의 혈액에도 존재하는데, 골수를 찾아가는 특성 때문에 골수이식이 가능하다. 조혈모세포이식은 골수이식을 포함하여 말초혈액과 제대혈 내에 존재하는 모든 형태의 조혈모세포들을 이식하는 것이다. 골수이식은 1950년대 초에 제이콥슨(Leon Jacobson)과 로렌즈(Egon Lorenz)에 의해 골수이식을 위한 최초의 동물실험이 시행되었고, 1958년 마테(George Mathe) 등은 유고슬라비아 원전사고에 의한 피해자에게 골수세포를 투여하였으나, 면역억제제나 인간백혈구항원(HLA) 등의 개념이 없는 상황에서 이식이 되었기 때문에 치료 성과를 거둘 수 없었다. 조혈모세포이식은 초기에는 HLA가 일치하는 형제 사이에서만 시행되었지만, 면역억제제의 발전으로 현재는 비혈연 간 이식이나 HLA 불일치 상황에서도 이식이 이루어지고 있다. 또한 환자 자신의 말초혈액 내 조혈모세포(PBST)도 시행되고 있다.

46. 암세포의 특징

우리 몸은 특정한 역할을 할 수 있도록 분화한 세포들이 모인 '세포의 사회'라고도 할 수 있으며, 정상적인 세포들의 조화가 유지되면서 생명이 지속된다. 그러나 암세포는 이 조화를 교란시켜 정상세포가 있어야 할 자리를 빼앗고 무한히 증식하여 조직이나 기관을 파괴시킨다.

암세포는 주위 세포와는 상관이 없이 독립적으로 성장하고 무제한적으로 증식을 할 뿐만 아니라 세포분열을 억제하는 신호와 세포가 죽어야 할 시기를 감지하지 못하기 때문에 계속 살아있는 불멸화의 특성을 가지고 있다(그림 1-33). 또한 암세포는 유전자의 변이에 의해 본래의 성질이 변하였으며, 정상조직에 존재하던 혈관에서부터 뻗어 나와 새로운 혈관을 생성하면서 다른 조직으로 옮겨가기도 한다.

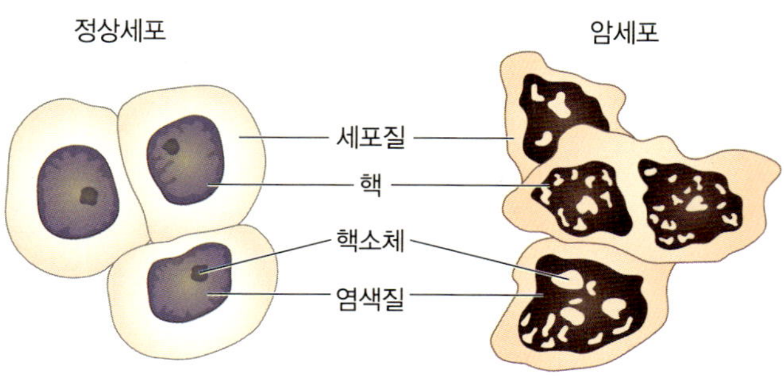

그림 1-33. 정상세포와 암세포의 모양

47. 암세포에서 암이 되기까지

암세포는 매 10회 분열할 때마다 수적으로 1,000배로 증가할 수 있다. 예를 들어, 1개의 암세포가 30회 분열을 한다면 그 수는 10^9(10억)이 되며, 일반적으로 이때 임상적으로 종양으로 인지할 수 있다(그림 1-34). 40회 분열을 하는 경우는 10^{12}(1조)에 달하게 되고, 무게로 약 1kg의 종양이 될 수 있

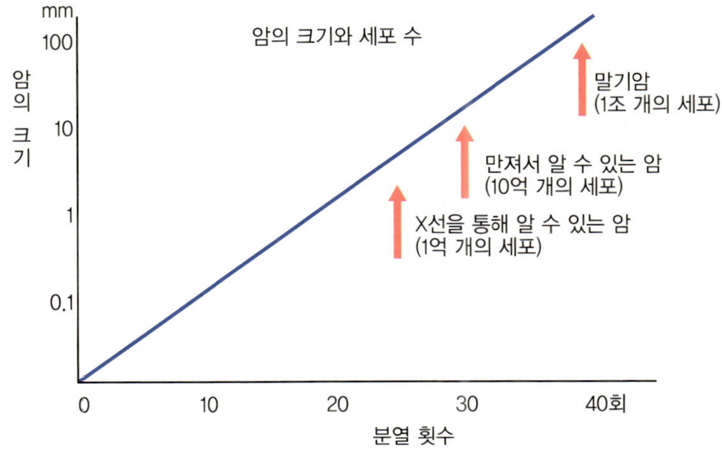

그림 1-34. 암의 크기와 세포 수

는데, 이때는 매우 치명적인 단계이다. 암의 가장 기본적인 특성 중의 하나는 한 개의 비정상적인 세포가 증식하기 시작하여 암이 발생하는 것이기 때문에 암세포가 암으로 진행되기까지는 오랜 시간이 필요하다. 대장암의 경우 대장폴립증이라고 하는 양성종양에서 기인하며 결장암이 진행되어 악성종양으로 진행되기까지는 약 10~35년 정도 걸린다.

48. 암세포와 줄기세포의 차이점

줄기세포와 암세포는 산소나 영양 등의 조건만 갖추어지면 죽지 않고, 무한히 증식할 수 있다. 그러나 이들의 차이점은 줄기세포는 다른 세포로 분화하는 능력이 있지만, 암세포는 암세포밖에 생겨나지 않는다.

49. 흑인 여성의 헬라(HeLa)세포

연구에서 세포 선택은 연구의 성패를 결정할 수 있는 중요한 요소이며, 연구의 목적과 세포의 특성을 고려해서 신중하게 선택을 해야 한다. HeLa 세포는 증식양상이나 DNA수복능력 그리고 대사경로 등의 연구에 폭넓게 사용되고 있으며, 사람의 백혈병 유래의 세포인 HL-60도 많이 사용되고 있다.

사람의 세포를 처음으로 실험실에서 배양할 수 있게 된 것은 1952년이며, 가이 박사는 랙스(Henrietta Lacks)라는 흑인 여성에게서 유래한 자궁경부암 세포를 최초로 배양하여 그녀의 이름에서 두 글자씩 따서 '헬라세포(HeLa cell)' 라고 명명하였다. 랙스는 진단 후 8개월 만에 사망하였고, 악성종양세포인 HeLa 세포는 현존하는 인체 유래 조직 배양주에서 가장 오래된 것이며, 전 세계로 퍼져 다양한 과학 연구에 활용되어 세포 복제, 유전자 지도, 소아마비 백신 개발 등 중요한 과학적 성과의 토대가 되었다. 또한, 방사선이 세포에 미치는 영향을 조사하기 위해 우주로 보내지기도 했다. 이처럼 HeLa 세포는 소아마비 백신을 비롯하여 수많은 약물을 개발할 때 사람을 대신하는 모델로 이용돼 왔지만, 당시에 동의 없이 진행되었기 때문에 랙스의 유족들은 24년 동안 HeLa 세포에 대한 내용을 몰랐다. 사람으로부터 생체조직을 얻어서 연구 목적으로 실험할 때는 제공자의 동의를 반드시 받아야 한다는 법칙은 한참 후에 제정되었다. 2011년 초에 과학저널리스트 레베카 스클룻(Rebecca Skloot)은 '헨리에타 랙스의 불멸의 삶(The Immortal Life of Henrietta Lacks)'이란 책을 통해 HeLa 세포에 관한 주제를 논한다.

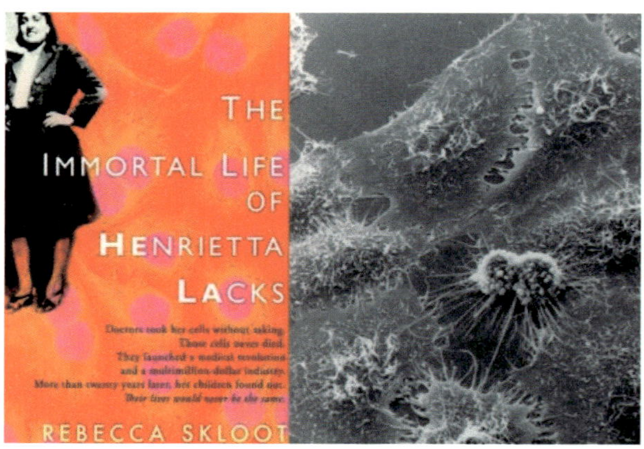

02
염색체와 유전자

들어가며

사람은 아빠와 엄마로부터 절반의 유전자들을 받아서 이 세상에 태어난다. 그 유전자들은 일생을 통해 다양한 생명현상을 조절하다가 자식에게 자신의 유전자 절반을 물려주고 결국은 죽음을 맞이한다. 이처럼 유전자는 탄생에서부터 죽음까지의 생명을 지배하는 분자라고 할 수 있다. 이러한 유전자를 난해하고 어렵게만 생각하는 많은 사람에게 '나 자신의 DNA를 생각해볼 수 있는 기회'가 되었으면 하는 바람을 가져본다.

1. 유전자로 포장된 염색체

염색체는 '색이 있는 덩어리'라는 그리스어에서 유래한 것으로, 유사분열 때에 모습을 나타내고, DNA가 모여서 이루는 막대 모양의 구조물로서 핵 속에 위치한다(그림 2-1).

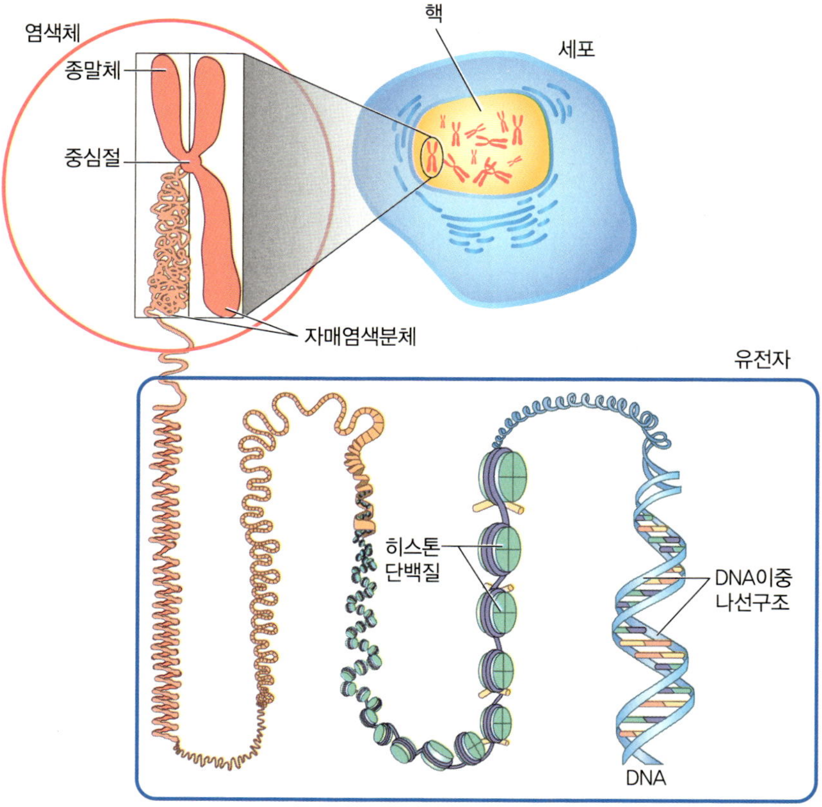

그림 2-1. 염색체의 구성

사람의 경우 약 2m나 되는 DNA를 작은 핵이란 공간 속에 보관하기 위해 만들어진 구조를 이루며, 체세포분열을 통해 세포에서 세포로 그리고 감수분열을 통해 부모에서 자손으로 DNA를 전달하는 역할을 한다. 사람의 세포

1개에는 46개의 염색체가 있으며, 염색체의 DNA에는 약 3만 4천 개의 유전자가 있는데, 이들 유전자들은 주로 단백질 정보들을 가지고 있다.

2. 염색체의 발견

사람의 염색체는 약 100년 전 독일의 연구원에 의해 처음으로 관찰되었다고 하며, 1923년에는 패인터(Theophilus Painter)에 의해 염색체 수가 48개임이 보고되었고, 1956년에 치오(Joe Tjio)와 레반(Albert Levan)에 의해 사람의 염색체는 46개임을 처음으로 확인하였다.

3. 염색체의 특성

사람의 염색체는 성숙한 적혈구를 제외한 모든 체세포의 핵 안에 위치하며, 정자와 난자를 제외한 각각의 세포에는 46개의 염색체가 존재한다. 핵분열의 과정을 거치더라도 성질이 변하지 않는 연속성을 갖는 특징이 있어서, 적혈구를 제외한 우리 몸을 이루는 모든 세포의 염색체는 동일하다.

염색체는 헤마톡실린이나 카민과 같은 염기성 색소에 염색된다는 뜻으로 붙여진 이름이며 수, 모양 및 크기 등은 생물 종에 따라 다르다.

4. 염색체의 구성

염색체는 순수하게 DNA 이중나선으로만 구성된 것은 아니라, 8개의 히스톤이라는 단백질로 구성된 구형접합체 주위를 DNA 가닥이 감아 전체적으로 구슬이 꿰어진 실 모양 구조의 뉴클레오좀을 형성한다(그림 2-2).

5~6개의 뉴클레오좀들은 코일모양으로 감겨 섬유를 형성하며 관형 구조를

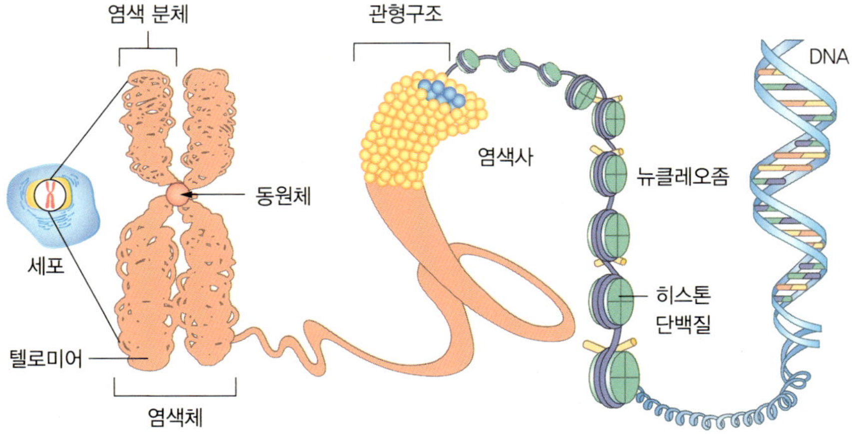

그림 2-2. 염색체의 구성

이루는데, 이 구조는 DNA 가닥을 효과적으로 줄어들게 하는 것으로 더욱 응축이 되면 처음 길이의 1만분의 1까지 수축된 염색체의 구조를 보이게 된다. 염색체는 동원체, 그리고 텔로미어 등으로 구성되어 있다.

5. 보통 염색체와 성염색체

사람의 염색체는 46개인데, 44개는 남자와 여자가 공통적으로 가지고 있는 보통염색체(상염색체)라고 한다. 보통염색체는 22종류가 2개씩 짝을 이루며, 국제통일 명명법에서 염색체의 크기 순서대로 1번부터 22번까지 번호가 붙여졌다. 나머지 2개의 X, Y염색체를 성염색체라고 하는데(그림 2-3), 여자는 2개의 X염색체를 가지며, 짝을 이루고 있다. 반면에 남자는 X염색체와 여자에게는 없는 Y염색체를 가지고 있다. X염색체는 '정체를 알 수 없다'는 뜻에서 이름 지어졌으며, X 모양과는 관계가 없다.

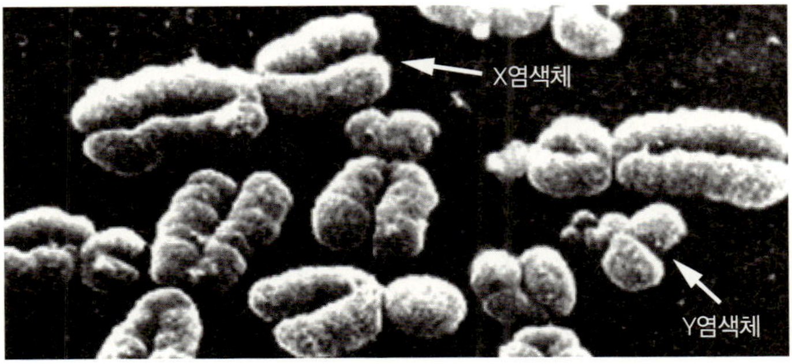

그림 2-3. 사람의 성 염색체(전자현미경 사진)

6. 염색체의 교환

부모로부터 물려받은 염색체가 자식에게 넘겨질 때는 조금씩 바뀌어 넘어가기 때문에 일란성 쌍둥이를 제외하고, 똑같은 부모에서 태어난 형제라고 해도 세상에서 자신과 같은 유전정보를 가진 사람은 존재하기 어렵다.

감수분열이 진행되면 상동염색체끼리 함께 달라붙어 서로 교차하는데, 교차가 일어나는 부분을 키아즈마라고 한다(그림 2-4). 이처럼 상동염색체끼리의 교차는 염색체를 다양하게 조합시키는 결과를 나타내기 때문에 세대를 넘어 개체의 다양성은 증가한다.

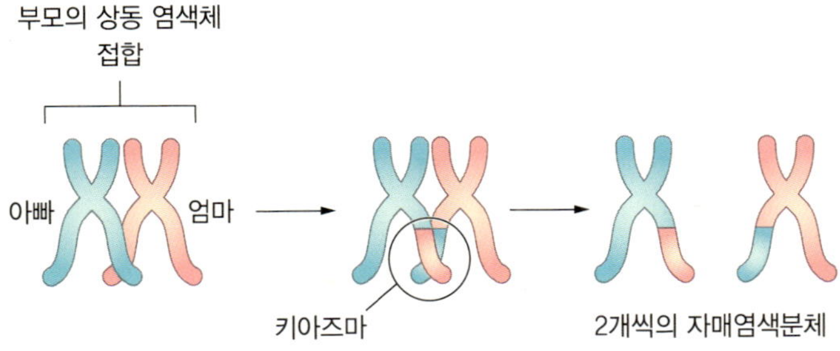

그림 2-4. 염색체의 교차

7. 각 염색체의 크기와 유전자의 수

사람의 유전체는 약 30억 염기서열로 구성되어 있으며, 그중 1.5%만이 실제로 단백질을 암호화한다. 염색체 중에서 가장 큰 1번 염색체는 250Mb, 가장 작은 21번 염색체는 48Mb이다(그림 2-5).

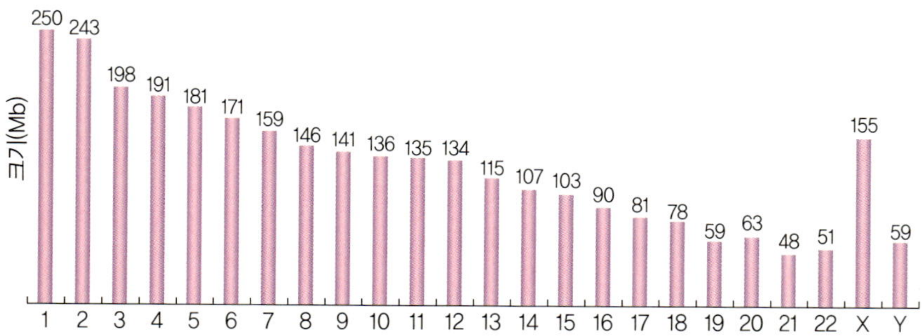

그림 2-5. 각 염색체의 크기

사람 유전체에 포함되어 있는 유전자의 수는 총 34,596개로 각 염색체에 위치하고 있으며(2010년 5월 기준), 염색체 일부 또는 염색체 전체에 유전자가 많이 존재하거나 혹은 낮은 유전자 분포를 보이고 있다. 유전자의 수는 염색체의 크기와는 관계가 없다(그림 2-6).

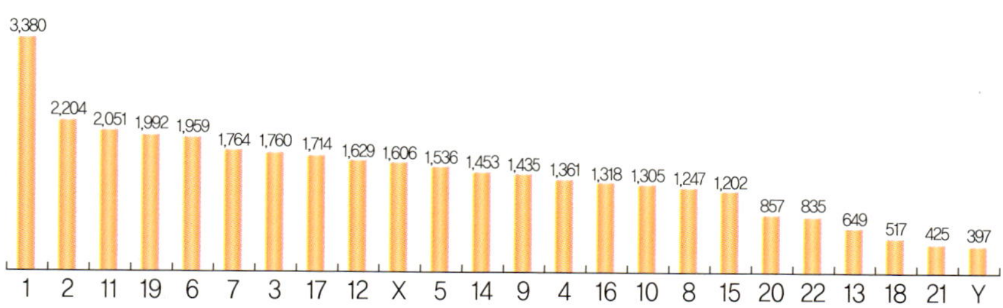

그림 2-6. 각 염색체별 유전자의 수(Human Genome Build 37.1: 2010년 5월 기준)

8. 염색체의 현미경 사진

염색체는 세포가 분열할 때 나타나며, Giemsa 색소로 염색을 하면 현미경으로 볼 수 있다(그림 2-7).

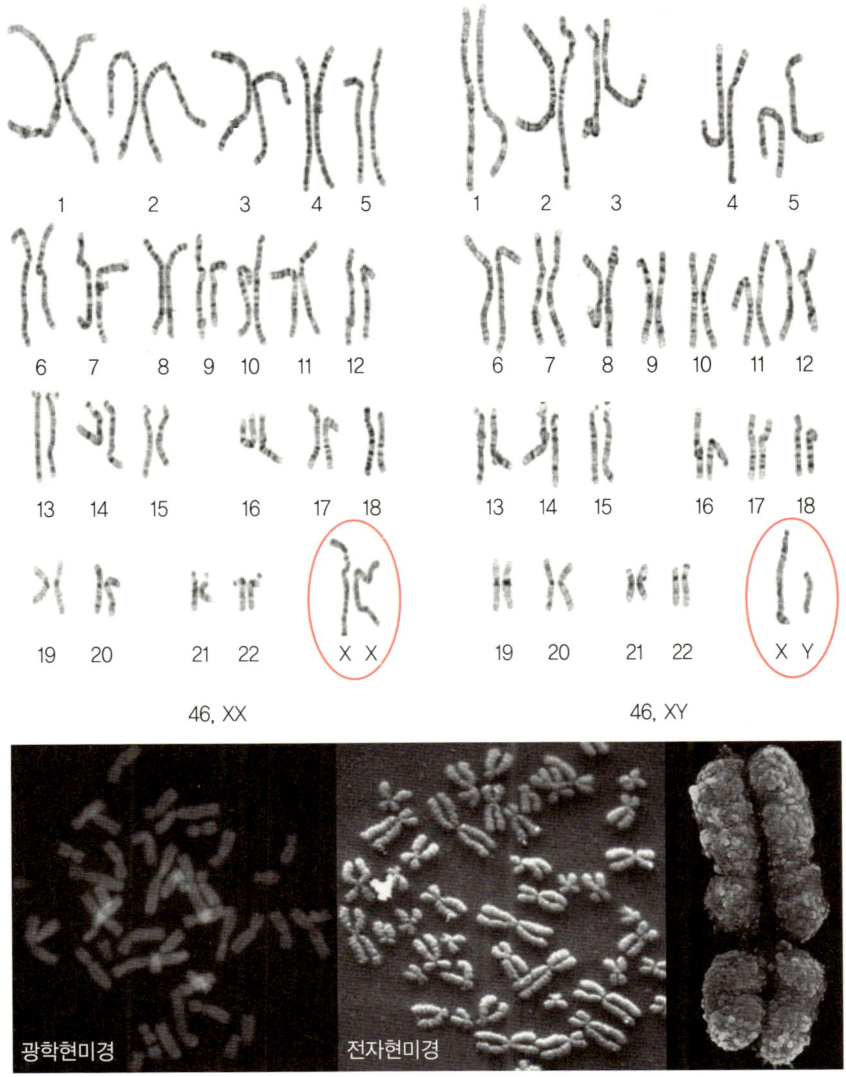

그림 2-7. 정상인의 염색체 모양

9. 각 염색체별 질병 유전자

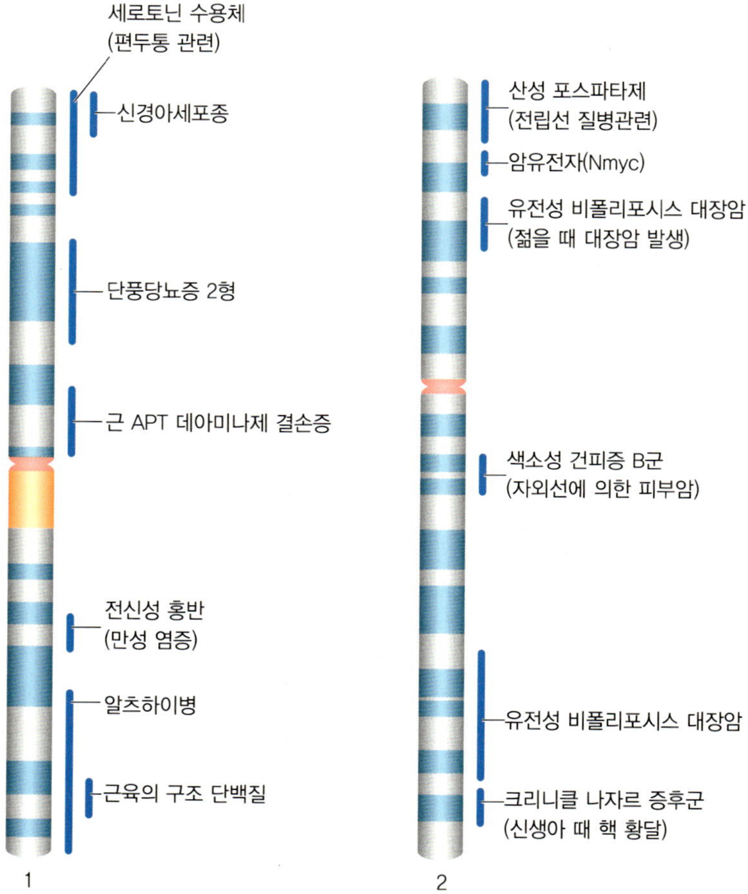

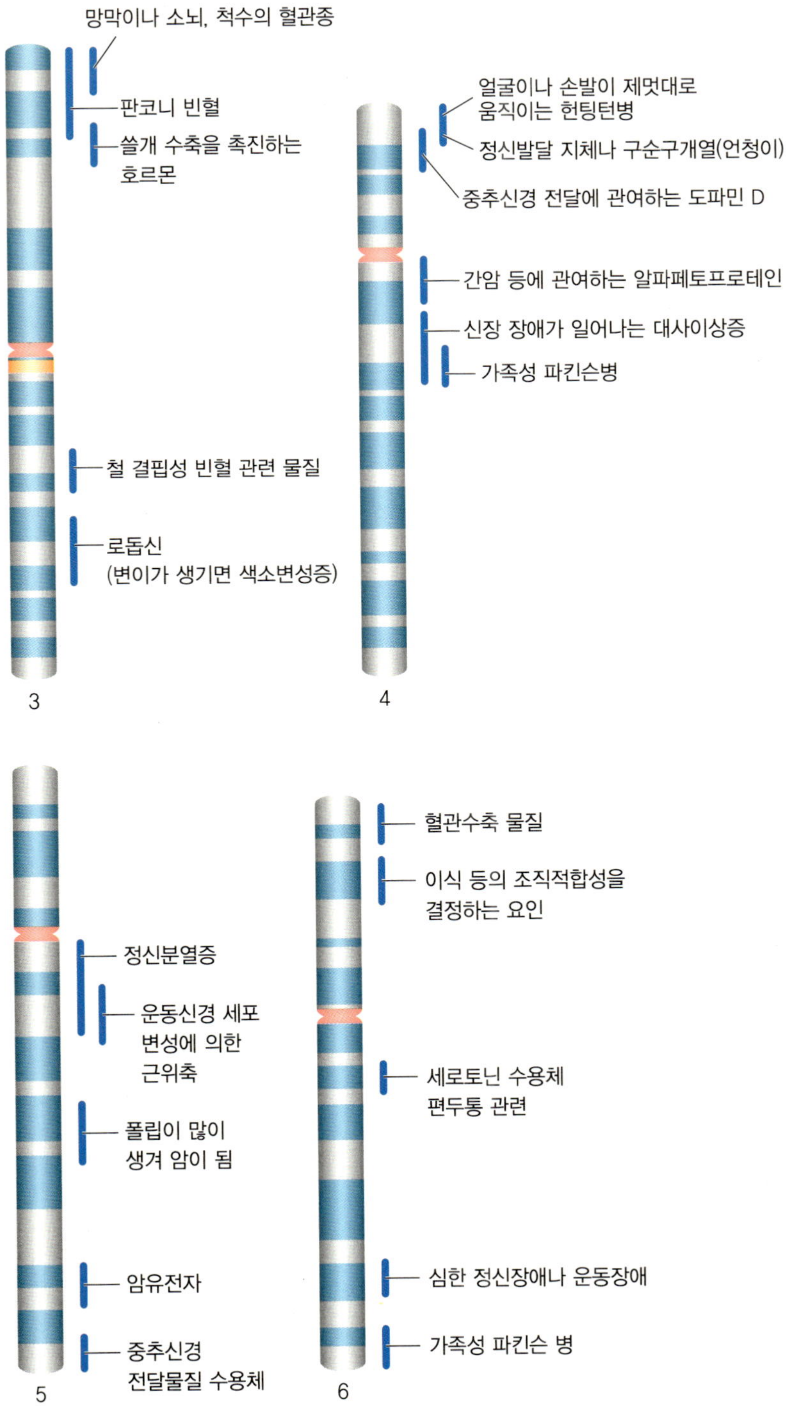
망막이나 소뇌, 척수의 혈관종
판코니 빈혈
쓸개 수축을 촉진하는 호르몬
철 결핍성 빈혈 관련 물질
로돕신 (변이가 생기면 색소변성증)
3
얼굴이나 손발이 제멋대로 움직이는 헌팅턴병
정신발달 지체나 구순구개열(언청이)
중추신경 전달에 관여하는 도파민 D
간암 등에 관여하는 알파페토프로테인
신장 장애가 일어나는 대사이상증
가족성 파킨슨병
4
정신분열증
운동신경 세포 변성에 의한 근위축
폴립이 많이 생겨 암이 됨
암유전자
중추신경 전달물질 수용체
5
혈관수축 물질
이식 등의 조직적합성을 결정하는 요인
세로토닌 수용체 편두통 관련
심한 정신장애나 운동장애
가족성 파킨슨 병
6

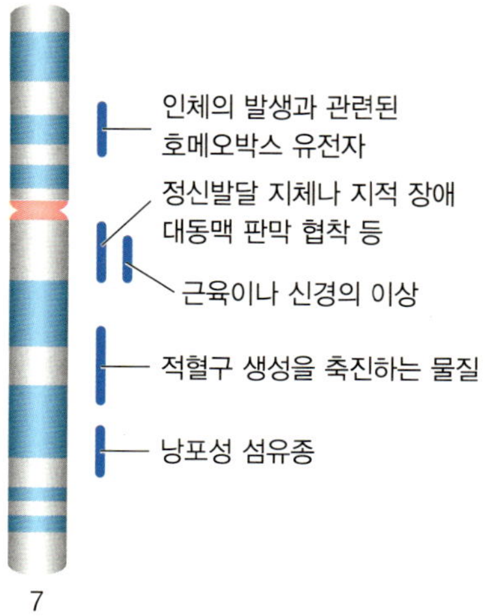
인체의 발생과 관련된
호메오박스 유전자
정신발달 지체나 지적 장애
대동맥 판막 협착 등
근육이나 신경의 이상
적혈구 생성을 촉진하는 물질
낭포성 섬유종
7

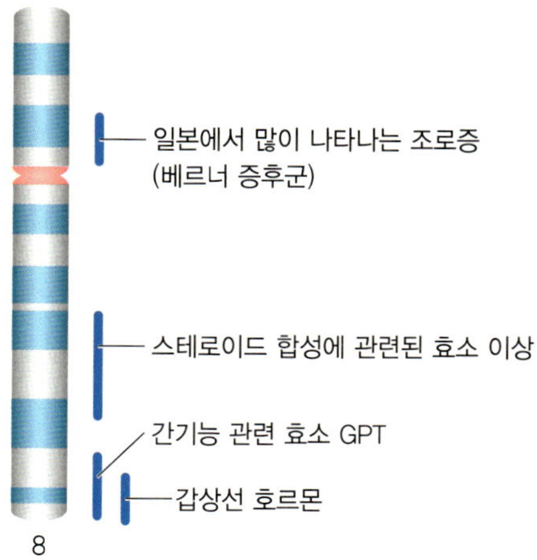
일본에서 많이 나타나는 조로증
(베르너 증후군)
스테로이드 합성에 관련된 효소 이상
간기능 관련 효소 GPT
갑상선 호르몬
8

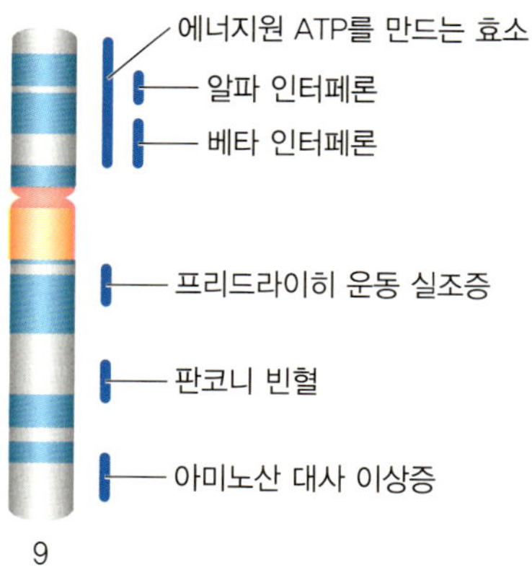
에너지원 ATP를 만드는 효소
알파 인터페론
베타 인터페론
프리드라이히 운동 실조증
판코니 빈혈
아미노산 대사 이상증
9

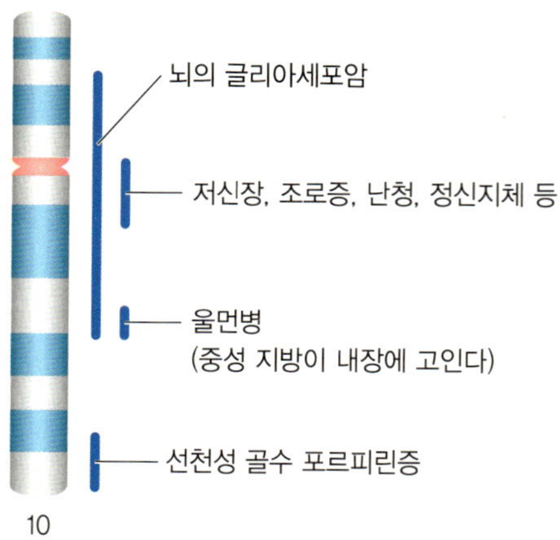
뇌의 글리아세포암
저신장, 조로증, 난청, 정신지체 등
울먼병
(중성 지방이 내장에 고인다)
선천성 골수 포르피린증
10

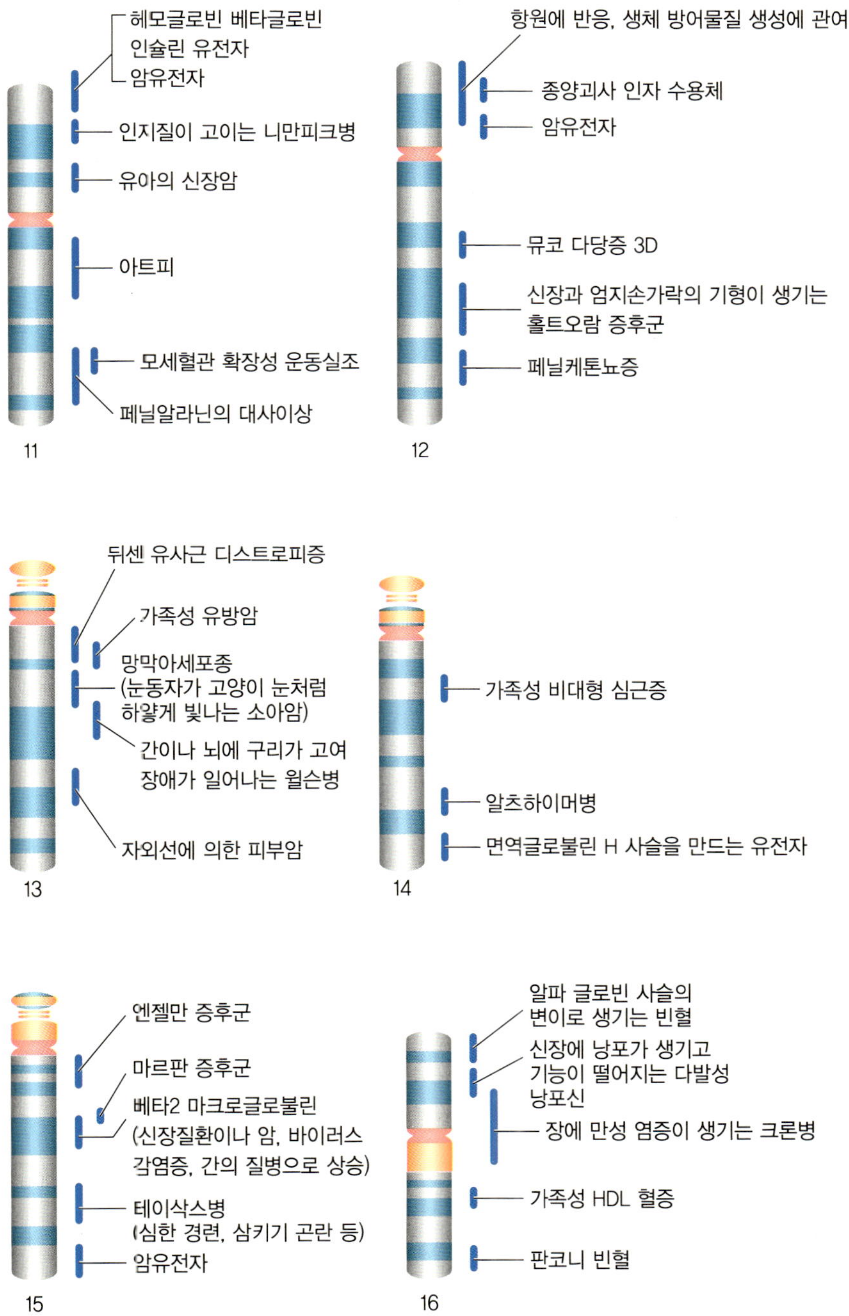
헤모글로빈 베타글로빈
인슐린 유전자
암유전자
인지질이 고이는 니만피크병
유아의 신장암
아트피
모세혈관 확장성 운동실조
페닐알라닌의 대사이상
11
항원에 반응, 생체 방어물질 생성에 관여
종양괴사 인자 수용체
암유전자
뮤코 다당증 3D
신장과 엄지손가락의 기형이 생기는
홀트오람 증후군
페닐케톤뇨증
12
뒤센 유사근 디스트로피증
가족성 유방암
망막아세포종
(눈동자가 고양이 눈처럼
하얗게 빛나는 소아암)
간이나 뇌에 구리가 고여
장애가 일어나는 윌슨병
자외선에 의한 피부암
13
가족성 비대형 심근증
알츠하이머병
면역글로불린 H 사슬을 만드는 유전자
14
엔젤만 증후군
마르판 증후군
베타2 마크로글로불린
(신장질환이나 암, 바이러스
감염증, 간의 질병으로 상승)
테이삭스병
(심한 경련, 삼키기 곤란 등)
암유전자
15
알파 글로빈 사슬의
변이로 생기는 빈혈
신장에 낭포가 생기고
기능이 떨어지는 다발성
낭포신
장에 만성 염증이 생기는 크론병
가족성 HDL 혈증
판코니 빈혈
16

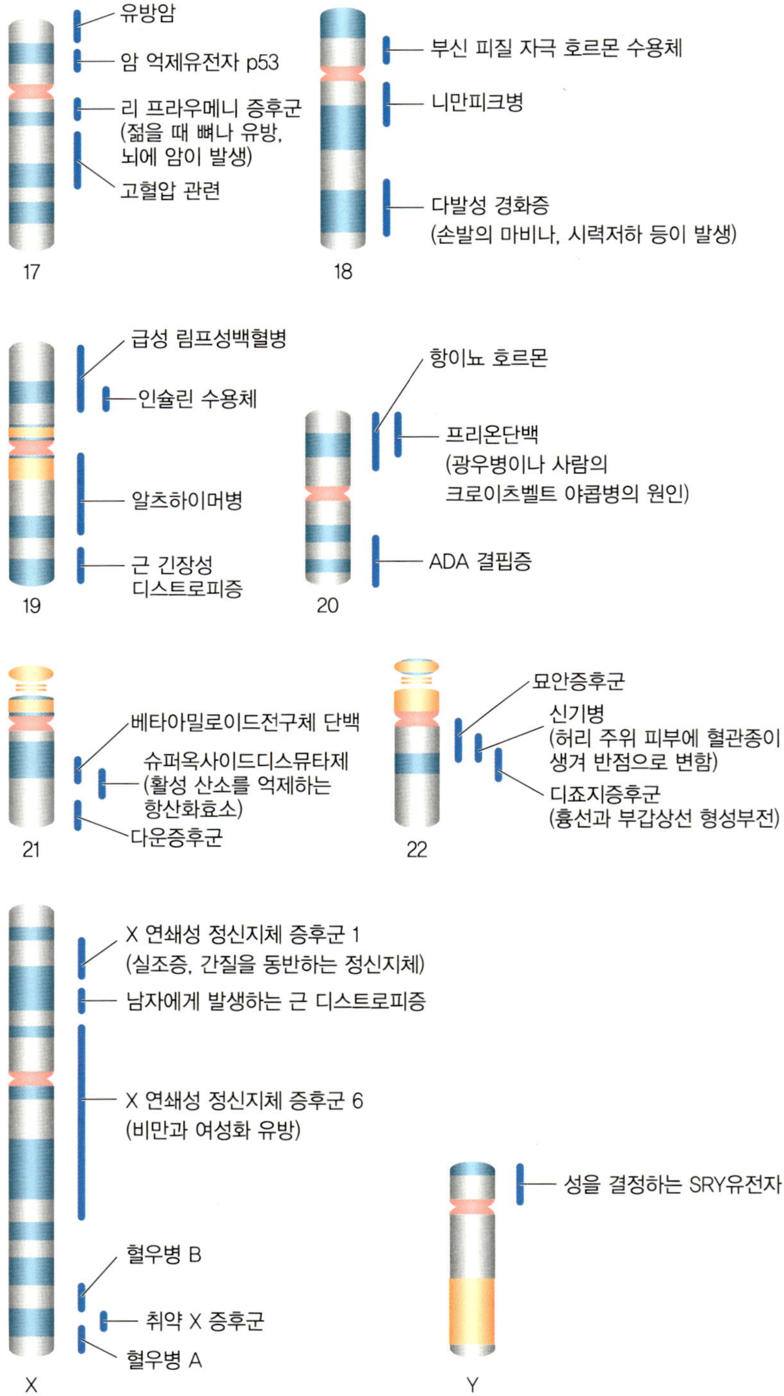
유방암
암 억제유전자 p53
리 프라우메니 증후군
(젊을 때 뼈나 유방,
뇌에 암이 발생)
고혈압 관련
17
부신 피질 자극 호르몬 수용체
니만피크병
다발성 경화증
(손발의 마비나, 시력저하 등이 발생)
18
급성 림프성백혈병
인슐린 수용체
알츠하이머병
근 긴장성
디스트로피증
19
항이뇨 호르몬
프리온단백
(광우병이나 사람의
크로이츠벨트 야콥병의 원인)
ADA 결핍증
20
베타아밀로이드전구체 단백
슈퍼옥사이드디스뮤타제
(활성 산소를 억제하는
항산화효소)
다운증후군
21
묘안증후군
신기병
(허리 주위 피부에 혈관종이
생겨 반점으로 변함)
디죠지증후군
(흉선과 부갑상선 형성부전)
22
X 연쇄성 정신지체 증후군 1
(실조증, 간질을 동반하는 정신지체)
남자에게 발생하는 근 디스트로피증
X 연쇄성 정신지체 증후군 6
(비만과 여성화 유방)
혈우병 B
취약 X 증후군
혈우병 A
X
성을 결정하는 SRY유전자
Y

10. 20세기 유전학의 역사를 바꾼 초파리

좁쌀 크기인 2~3mm에 과일을 좋아하고, 번식력이 좋은 초파리는 초파리과 동물의 총칭으로, 세계에 2,000여 종이 알려져 있으며, 우리나라에도 150여 종이 있다(그림 2-8). 일명 과일파리라고도 불리는 초파리는 생활주기가 짧고(2주), 체세포의 염색체가 8개라는 점 그리고 하루에 100개 이상의 알을 낳을 수 있는 높은 생식력을 가질 뿐만 아니라 기르기 쉽기 때문에 동물유전자 연구에 가장 많이 사용되는 전형적인 생물이다.

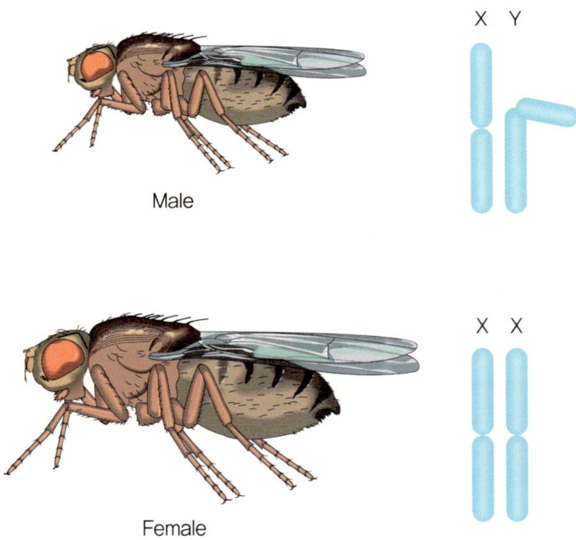

그림 2-8. 초파리의 암수 모양

20세기 초 모건(Thomas Morgan)은 노랑초파리 연구를 하다가 성별에 따라 눈의 색깔이 다른 것을 발견하고, 눈의 색깔을 결정하는 유전자가 성을 결정하는 유전자와 같은 염색체상에 존재한다는 사실을 발견하였다. 그리고 초파리 염기서열 분석 결과에서 사람에게 질병을 유발하는 289개 유전자 결함 가운데 약 60~70% 정도에 해당하는 유사 유전자가 초파리에서도 발견되었다. 또한, 이 유전자들은 사람에게 발생하는 암에 관여하는 것들이라는 공통된 특성을 가진다. 이처럼 초파리 연구는 암과 관련된 생물학, 세포의 생활사를 비롯해 포유류의 대사과정을 설명하는 데 큰 영향을 주었으며, 세포들의 생리현상, 몸 전체 기관들의 재생 등 세포수준에 숨겨진 의문점들이 놀라운 속도로 밝혀질 것이다.

11. 염색체 수가 다른 고등생물들

고등생물일수록 염색체 수가 많을 것이라고 생각하지만, 그렇지 않은 경우도 많으며, 염색체의 수는 생물의 지능이나 번식능력과는 아무런 상관이 없다. 일반적으로 생식세포의 염색체 수를 기본수 n으로 표시하기 때문에 염색체 수는 2n으로 표시하는데, 염색체 수는 각 생물의 종마다 고유한 것으로서 사람의 경우는 46개, 개는 78개, 개구리의 경우는 26개 등 매우 다양하다. 염색체 수가 적은 종류에는 회충 2n = 2, 누룩곰팡이 2n = 4 등이 있으며, 염색체 수가 많은 것으로는 붕어 2n = 100, 게 2n = 254, 뽕나무 2n = 308, 스페인나비 2n = 380 등이 있다(표 2-1).

표 2-1. 염색체의 수

종류	염색체 수(2n)	종류	염색체 수(2n)
인간	46	쥐	42
침팬지	48	생쥐	40
말	64	파리	12
소	60	초파리	8
양	54		
염소	60	감자	48
돼지	38	담배	48
개	78	밀	42
고양이	38	옥수수	20
토끼	44	콩	12
선충	11♂/12♀		

12. 세포의 노화를 지배하는 유전자

염색체의 말단부위를 텔로미어라고 하는데, 텔로미어는 1938년 옥수수 연구를 통해 맥클린토크(Barbara McClintock)가 확인하였고, 뮐러(Herman Muller)에 의해 정의되었다. 세포가 분열할 때마다 그 길이가 조금씩 짧아지며, 일정한 횟수가 지나면 더 이상 세포분열을 하지 못하고 사멸되지만, 그렇지 못한 경우에는 암의 원인이 되기도 한다(그림 2-9).

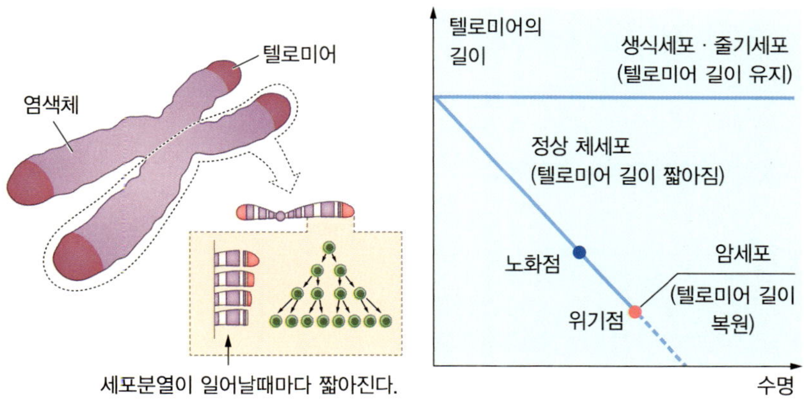

그림 2-9. 텔로미어와 특징

1990년대 초에 텔로미어가 염색체 가닥의 양쪽 끝에 붙어 있으며, 세포가 분열되는 동안 염색체의 유전자가 완전히 사라지지 않도록 막아주는 완충지역이라고 알려졌다. 텔로미어의 구조는 확실하게 밝혀지진 않았지만, 세포가 분열할 때마다 계속 짧아져 어느 시점에 가면 더 이상 짧아지지 않는데, 이를 '노화점'이라고 부르며 이때 세포분열이 멈춘다. 텔로미어의 길이 조절은 노화과정의 중요한 조절단계이며, 노화연구에서 가장 활발히 연구되고 있는 분야이다.

13. 암세포와 텔로머라제

끝없이 분열하는 암세포에서는 세포 노화가 일어나지 않는다. 암세포는 계속 분열하기 때문에 텔로미어 길이가 노화점 이하로 짧아지지 않으며, 암세포에서 텔로미어 길이는 '텔로머라제'라는 효소활성에 의하여 유지된다. 텔로미어를 수리하는 효소인 텔로머라제는 생식세포나 줄기세포에서 나오지만, 이후 정상 세포에는 나오지 않는다. 그런데 암세포에서는 이 텔로머라제가 다시 왕성하게 활동하기 때문에 텔로머라제를 억제하는 약물이 항암제로 연구되고 있다.

14. 사람 유전체의 구성

유전체는 유전자와 염색체의 합성어로서, 사람의 유전체는 46개 염색체에 DNA 형태로 존재한다(그림 2-10). 사람은 약 3만 4천 개의 유전자가 있으며, 유전체를 구성하는 염기서열의 63%는 유전자와 관련이 없는 쓰레기 DNA이다. 유전자와 관련된 염기서열은 약 37.5% 정도이지만, 단백질을 만들어 내는 유전자 부위는 전체 유전체의 약 1.5% 정도이다.

15. 부모에서 자식으로 전해지는 DNA

DNA는 부모에게서 물려받은 '유전정보의 설계도'라고 할 수 있다. 설계도에 따라 복제를 하고, 그 정보를 바탕으로 몸의 다양한 반응을 담당하는 단백질이 만들어져야 비로소 의미를 가진다. DNA의 기본 단위는 '뉴클레오티드'라고 하는데, 오탄당 '디옥시리보스'에 인산과 염기가 결합한 화학물질이다(그림 2-11).

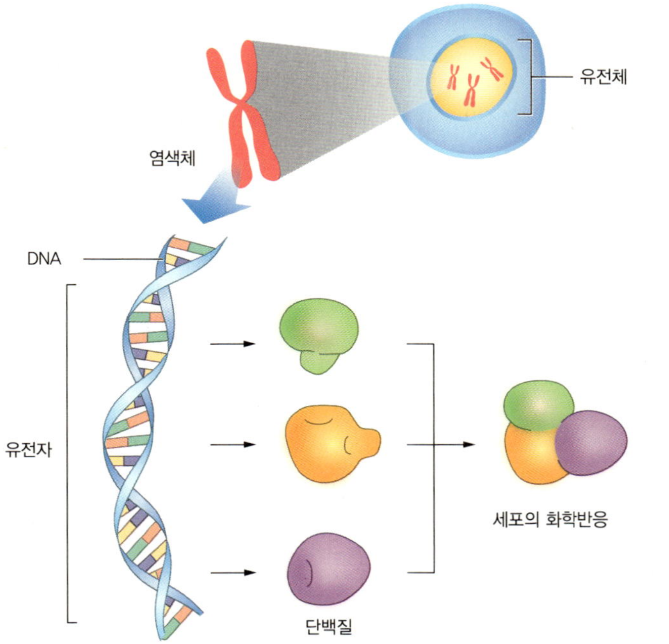

그림 2-10. 유전체

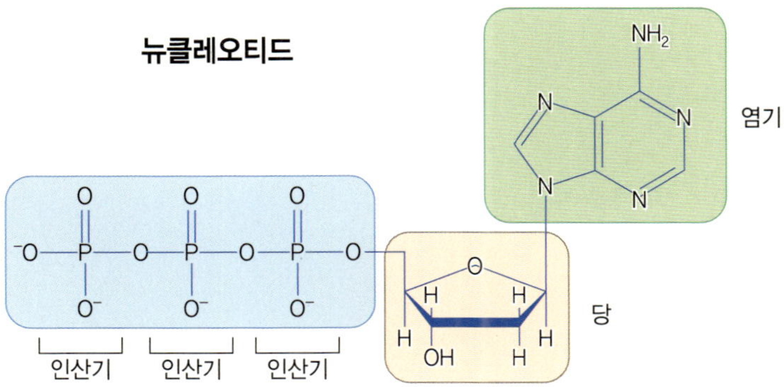

그림 2-11. DNA의 기본 구조

16. DNA의 이중 나선 구조

DNA의 모습은 비틀린 새끼줄 사다리처럼 보이는데, 그 구조는 당과 인산이 반복해 연결된 두 가닥의 끈과 그 끈을 잇는 염기들로 구성된다(그림 2-12). 염기에는 아데닌(A), 구아닌(G), 시토신(C), 티민(T)의 4종인데, 아데닌과 티민은 서로 결합하는 팔을 각각 2개씩 가지며, 구아닌은 시토신은 각각 3개씩 가진다.

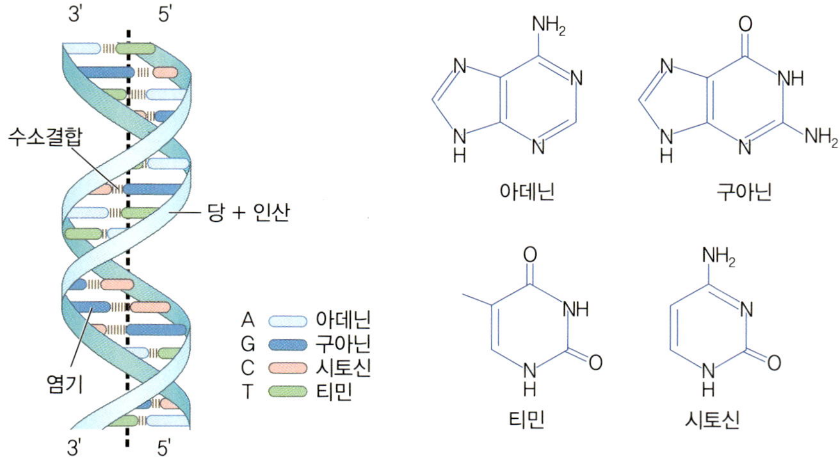

그림 2-12. DNA의 이중 구조

17. DNA 구조를 밝히기까지

1952년 영국의 물리학자 프랭클린은 X-선 회절을 이용하여 DNA 구조가 8자형, 바나나 또는 나선모양으로 되어있을 것이라고 추정하였으며, 찍은 DNA X-선 회절 사진은 DNA의 구조를 이해하는 데 결정적인 역할을 하였다. 그리고 프랭클린과 같이 X-선 회절을 연구하던 윌킨스와 왓슨이 1953년 이 사진을 공유하게 되면서 DNA에 관한 수수께끼가 풀리게 된다. 이후 미국의 분자생물학자인 왓슨과 영국의 분자생물학자 크릭은 DNA X-선 회절상과 염기의 수소결합에 대한 데이터를 바탕으로 DNA 구조 모델을 생각해 냈으며(그림 2-13), 1953년 영국의 과학 잡지 〈nature〉에 1페이지 분량의 논문으로 발표하였다. 이 공적으로 왓슨과 크릭은 1965년에 노벨 의학 · 생리학상을 수상하였다.

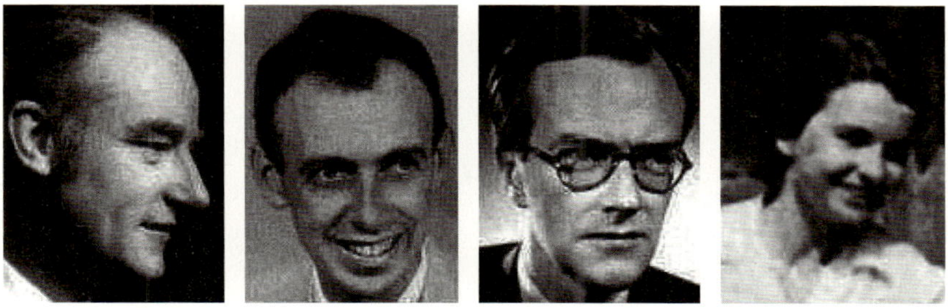

프렌시스 크릭　　제임스 왓슨　　모리스 윌킨스　　로절린드 프랭클린

그림 2-13. DNA의 구조를 밝힌 위인들

18. 유전정보의 흐름(센트럴도그마)

1958년 크릭에 의해 '센트럴도그마'라는 가설이 나왔는데, '하나의 유전정보는 단백질로 변환이 되지만, 단백질로 변환된 유전정보는 다시 유전자로 될 수 없다'는 것으로 정상세포에서 유전정보의 흐름을 의미하며, 중심원리라고도 한다(그림 2-14). 유전정보의 흐름은 각각의 과정마다 특별한 이름을 가지는데, 원래의 DNA에서 똑같은 DNA를 정확하게 복사하는 과정을 '복제', 두 가닥의 DNA 중 한 가닥에 해당하는 유전자서열과 똑같은 RNA를 만드는 과정을 '전사' 그리고 RNA의 핵산서열이 단백질의 아미노산서열로 변환되는 것을 '번역'이라고 한다.

센트럴 도그마에도 예외는 존재하는데, 이를테면 레트로바이러스의 경우이다. '레트로'란 '거꾸로'란 의미이며, 레트로바이러스의 경우 DNA에서 RNA로의 방향성이 아니라 RNA에서 DNA로 역전사과정이 일어난다. 레트로바이

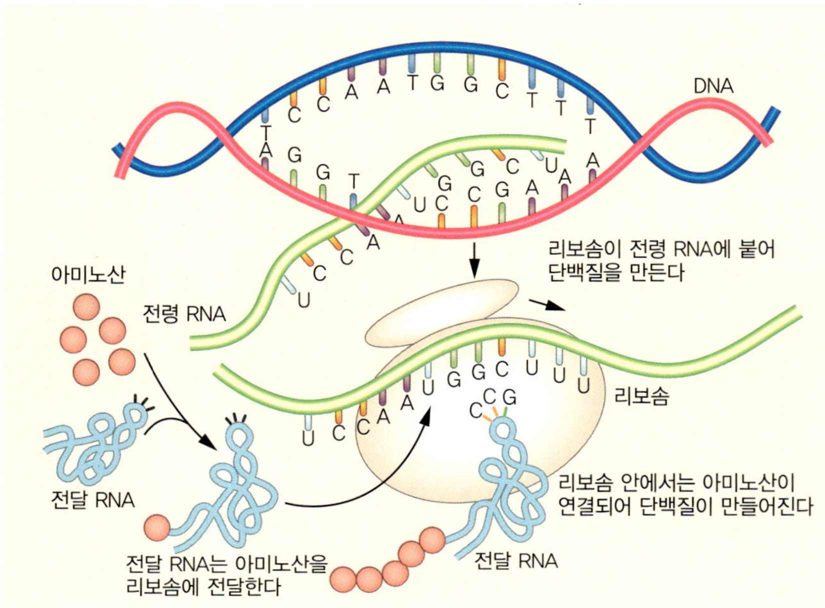

그림 2-14. 센트럴도그마

러스의 대표적인 에이즈 바이러스는 유전자가 RNA이기 때문에 생화학적으로 불안정한 구조라서 돌연변이를 더 쉽게 일으킬 수 있다. 따라서 에이즈 치료제를 개발하면 이에 대해 내성을 갖는 구조로 돌연변이를 일으키기 때문에 치료하기가 매우 까다로운 것이다.

19. DNA가 담당하는 역할

DNA는 화학적으로 안정되어 있으며, 이중나선구조로 이루어져 구조적으로도 안정되어 있고, 유전정보의 발현이나 유전자 복제 그리고 단백질 정보들을 가지고 있다. 이러한 DNA가 담당하는 역할은 유전정보를 토대로 하여 '전사'와 '복제'를 통해 단백질을 합성하는 것이다(그림 2-15).

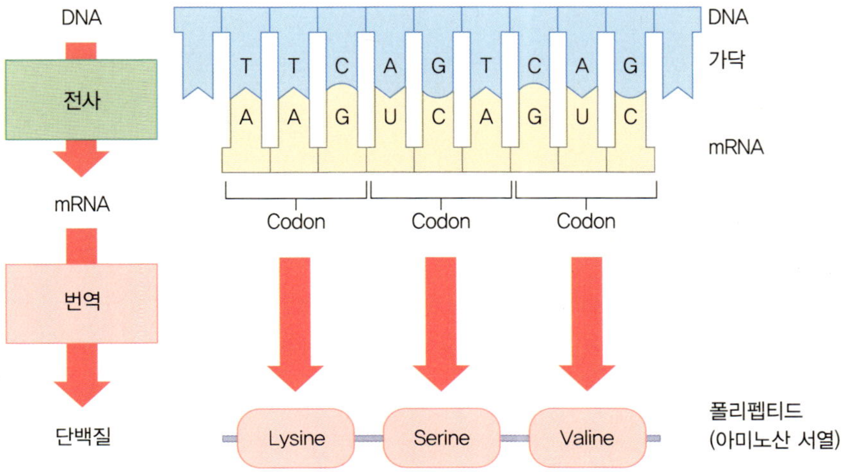

그림 2-15. DNA에서 단백질까지

20. 상황에 따라 변하는 DNA

사람의 염색체 1개당 DNA 길이는 평균 3cm이고, 가장 긴 것은 10cm 정도인데, 핵의 크기는 약 5~8μm이기 때문에 결국 DNA는 단단하게 응축되어 있다. 하지만 항상 응축상태를 유지하는 것이 아니라, DNA가 복제되거나 단백질이 만들어질 때는 응축상태가 풀린다. 세포분열에 앞서 DNA 복제가 일어날 때는 느슨해졌다가 세포분열을 할 때는 다시 빽빽하게 응축이 된다. 이처럼 DNA 구조는 상황에 따라 변할 수 있다.

21. DNA 복제

DNA가 두 배로 증가되는 과정을 'DNA 복제'라고 하는데, 그 과정은 마치 한 화학물질이 자신과 같은 또 다른 화학물질을 만들어 내는 놀라운 능력을 보여준다. DNA복제는 적어도 10종류 이상의 단백질들이 참여하는 매우 복잡한 과정으로 먼저 DNA 두 가닥의 개시점으로부터 둘로 풀어진다. 이어서 풀어진 가닥을 주형으로 DNA중합효소가 주형에 있는 뉴클레오티드에 상보적인 뉴클레오티드를 가져오고 중합시켜 새로운 가닥을 만든다. 이 결과로 원래의 DNA와 똑같은 DNA가 두 개 생기는 것이다.

22. 사람 DNA의 내역

사람의 DNA는 30억 쌍의 염기를 가지고 있지만, 전부 단백질을 만드는 방법을 지정하지는 않는다. 실제로 단백질을 만드는 방법을 지정하는 영역을 '엑손'이라고 하는데 겨우 1.5% 정도이다. 사람의 DNA 전체를 살펴보면 60% 이상이 역할이 정확하게 밝혀지지 않은 배열로 이루어져 있다. 사람 유전자들은 평균적으로 9개 정도의 엑손을 가지며, 대략적인 크기는 50~300 염기쌍이다.

23. 쓰레기 DNA

쓰레기 DNA는 유전자 사이 부위에 해당하는 DNA와 같은 뜻으로 예전에 불리던 말이다(그림 2-16). 그러나 아직 기능에 대해서 완전히 밝혀져 있지 않으며, 이것의 중요성이 최근의 연구결과로 점점 밝혀지고 있기 때문에 쓰레기 DNA라는 표현은 쓰지 않는다. 쓰레기 DNA는 실제로 유용한 단백질로 발현되지 않는 DNA 염기 서열을 의미한다. 그러나 최근의 연구결과에서는 쓰레기 DNA가 호지킨 림프종 환자에서 암 성장에 관여한다고 발표되었다.

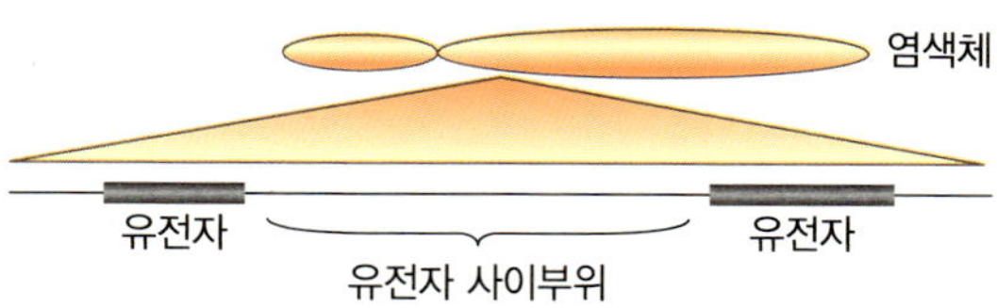

그림 2-16. 쓰레기 DNA

24. 유전암호와 아미노산

유전암호는 대부분의 생물체에 동일하게 사용되며, DNA의 염기서열에 의해 결정되는데, 3개의 염기가 하나의 부호(코돈)를 이루어 아미노산을 지정한다(표 2-2). 아미노산은 생물의 몸을 구성하는 단백질의 기본 구성단위로 종류는 20가지이다.

표 2-2. 유전암호와 아미노산

첫번째 염기	두번째 염기 U		C		A		G		세번째 염기
U	UUU	페닐알라닌	UCU	세린	UAU	티로신	UGU	시스테인	U
	UUC		UCC		UAC		UGC		C
	UUA	류신	UCA		UAA	(종결코돈)	UGA	(종결코돈)	A
	UUG		UCG		UAG	(종결코돈)	UGG	트립토판	G
C	CUU	류신	CCU	프롤린	CAU	히스티딘	CUG	아르기닌	U
	CUC		CCC		CAC		CGC		C
	CUA		CCA		CAA	글루타민	CGA		A
	CUG		CCG		CAG		CGG		G
A	AUU	이소류신	ACU	트레오닌	AAU	아스파라긴	AGU	세린	U
	AUC		ACC		AAC		AGC		C
	AUA		ACA		AAA	리신	AGA	아르기닌	A
	AUG*	메티오닌	ACG		AAG		AGG		G
G	GUU	발린	GCU	알라닌	GAU	아스파르트산	GGU	글리신	U
	GUC		GCC		GAC		GGC		C
	GUA		GCA		GAA	글루탐산	GGA		A
	CUG*		GCG		GAG		GGG		G

* 개시코돈

25. 생명현상의 핵심물질 RNA

DNA는 데옥시리보핵산이라 부르며, RNA는 리보핵산이라 한다. 어느 것이나 핵산이라는 화학물질로 기본적인 화학구조는 동일한데, DNA가 이중나선 구조인 반면 RNA는 보통 단일사슬로 구성되어 있다(그림 2-17).

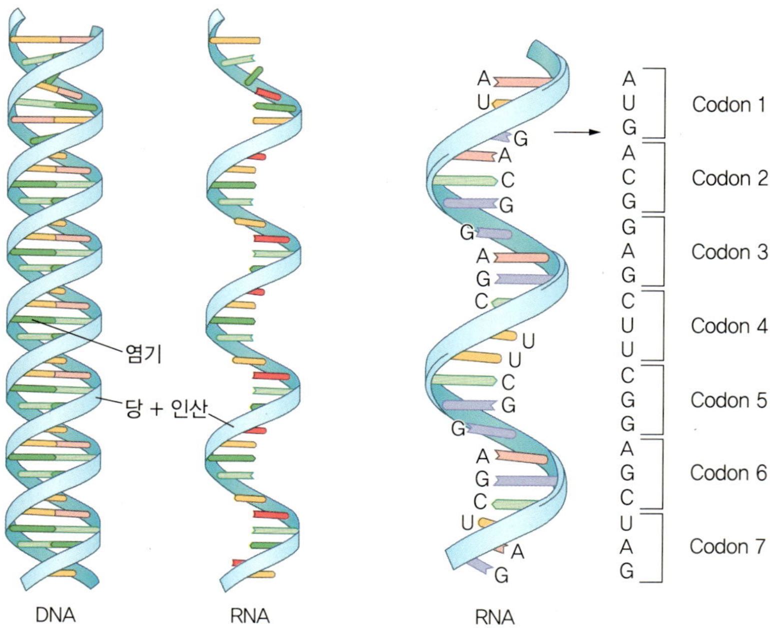

그림 2-17. DNA와 RNA

지난 50여 년 동안 생명과학계에서는 DNA가 독보적인 물질이며, RNA는 DNA 정보를 매개해 단백질을 만드는 메신저 역할을 한다고 알려져 왔다. 그러나 최근에는 RNA가 DNA보다 생명현상의 여러 단계에서 다양한 역할을 한다는 것이 속속 밝혀지면서 RNA가 생명의 핵심물질로 급부상하고 있다. DNA는 유전자의 설계도일 뿐이며 설계도를 복사한 RNA가 단백질을 만들기 때문에 한 가닥으로 있고, 필요한 부분을 복사하므로 그 길이도 짧다. 이처럼 유전자가 제 기능을 하기 위해서는 DNA와 RNA가 서로 사이좋게 작동해야만 한다.

26. 생명을 유지하는 단백질

단백질들은 생명의 중추적인 기능을 담당하는 연출가라고 할 수 있을 정도로 생명현상의 거의 대부분에 관여한다. 단백질은 사람의 몸 안에서 매우 다양한 역할을 하는데, 예를 들면 몸의 구조를 만드는 구조단백질, 정보를 전달하는 호르몬, 헤모글로빈 등의 물질을 수송하는 수송단백질, 몸에 침입한 이물질과 결합하는 항체와 같은 결합 단백질 등 이들 단백질이 서로 협력해 만드는 네트워크를 통해 사람의 몸을 유지한다.

한 개의 세포에는 약 1만여 종의 단백질이 있을 것이라고 추정하며, 모든 단백질은 자신의 고유한 구조와 기능을 가지고 있다(그림 2-18).

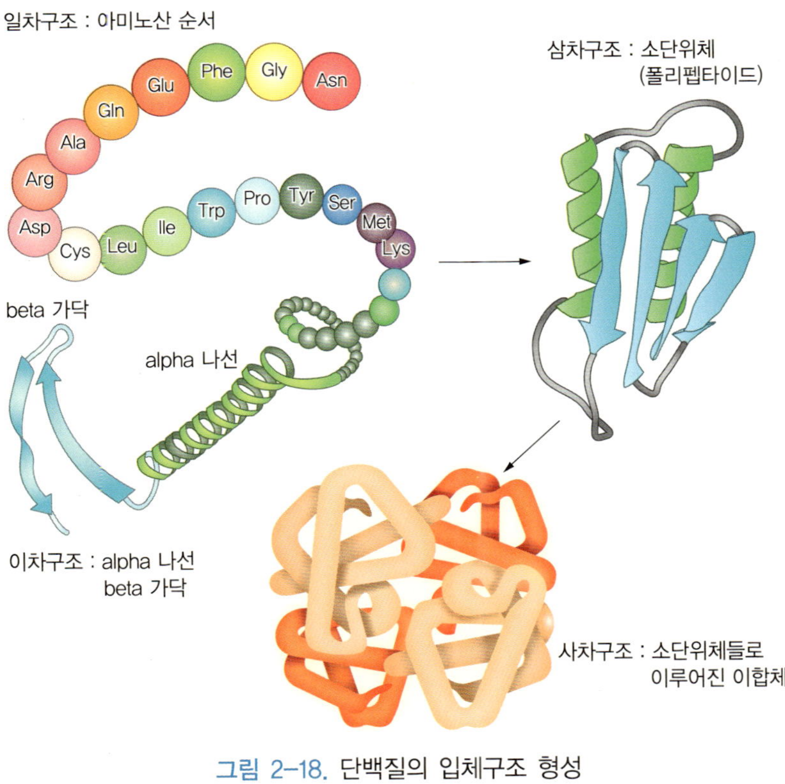

그림 2-18. 단백질의 입체구조 형성

27. 사람의 유전적 다양성

사람은 누구나 비슷하게 태어나서 비슷하게 살아간다고 생각할 수도 있지만, 어떤 사람은 술을 많이 마셔도 괜찮은데, 어떤 사람은 전혀 마시지 못한다. 또 같은 약을 먹어도 효과가 있는 사람과 없는 사람이 있다. 이처럼 사람들은 겉모습도 제각각이지만, 유전적 체질도 다르다. 일반적으로 사람의 유전자는 99.9%까지 같다고 하지만, 부모로부터 재조합이 다른 유전자들을 물려받았기 때문에 생존하는 70억 인구(2012년 3월 현재)뿐만 아니라 과거와 미래의 사람들까지도 서로 다른 염기서열을 가지고 있다(일란성 쌍둥이는 같게 태어난다). 따라서 유전자 전체의 0.1% 정도에 나타나는 염기 배열의 차이를 '개개인의 차이'라고 할 수 있다.

앞으로는 주위 사람이나 유행을 따르기보다는 개인의 특징을 파악하여 자기에게 맞는 맞춤형 삶을 추구하는 시대가 될 것이며, 서로가 다르다는 것에 주목해야 할 것이다.

28. 유전정보의 개성을 나타내는 SNP

사람은 모두 같은 유전자를 가지지 않는데, 이런 개인차를 '다형성'이라고 하며, 그중에서도 1염기의 차이를 만드는 배열을 'SNP'라고 한다(그림 2-19). 실제로 전체 유전체의 0.1% 또는 1,000bp마다 한 번씩 단일 염기쌍에서 변

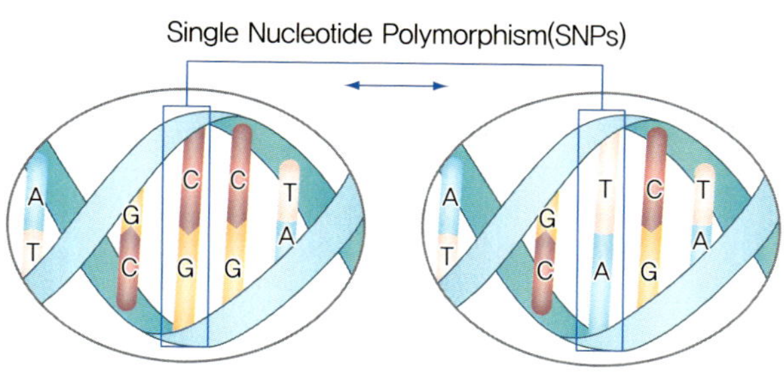

그림 2-19. 단일염기다형성

이가 일어나며, 10만 개 정도의 SNP가 존재할 것으로 추정되고 있다. 이러한 SNP의 유전적 다양성은 개체 간의 차이를 나타내며, 최소한의 변이에 의해 질병에 잘 걸릴 수도 있고 혹은 치료에 잘 반응해서 유전적인 여러 가지의 다른 반응이 나타날 수도 있을 것이다.

29. 이식과 유전자검사

국내에서는 1969년 최초의 신장 이식이 이루어진 이후 지금까지 3만 5천 명이 넘는 사람들이 각종 이식을 받았다. 친척이나 친척이 아닌 사람 또는 뇌사자로부터 장기 이식을 받을 때는 사람백혈구항원(HLA) 대립유전자의 동일한 정도에 따라서 이식의 성공 여부와 장기간의 이식편 생존을 증가시킨다. HLA는 사람의 백혈구에서 발견된 항원이라는 의미로 사람의 6번 염색체에 위치하며, 크기가 약 4×10^6 염기쌍 이상의 DNA로 200개 이상의 유전자를 가지고 있다. 조직이나 장기이식에서 이식된 장기의 운명을 결정짓는 중요한 유전자들로 유전적으로 동일한 또는 비슷한 장기가 이식될 경우 이식된 장기가 잘 생존하고, 그렇지 않은 경우에는 거부반응이 일어난다.

이식의 종류에는 똑같은 유전자를 가진 일란성 쌍둥이 간에 시행하는 동계이식, 자기의 것을 그대로 이용하는 자가이식, 그리고 다른 사람과의 이식인 동종이식이 있다(그림 2-20).

30. DNA 감정

쓰나미와 같은 재해가 일어났을 때 피해자의 신분을 밝히거나 친자관계를 확인하는 등의 DNA 감정은 신원 확인에서 커다란 위력이 발휘된다. 특히 DNA 감정은 DNA 1ng으로도 가능하고, DNA 증폭기술이 발달함에 따라 더욱 빠르고 정확한 방법이 개발되었다.

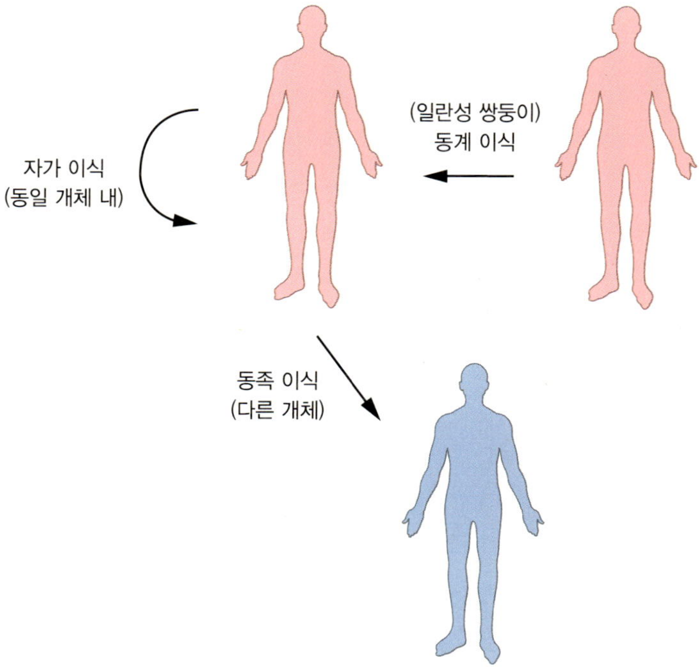

그림 2-20. 이식의 종류

DNA 감정이 가능한 시료에는 혈액, 모근이 붙은 머리카락, 지문의 세포 조각, 담배꽁초의 타액, 손발톱, 칫솔의 타액 등이 있다. 그밖에 뼈도 가능한데, 고온으로 장시간 태우는 화장 후에 만져서 부서져 버리는 경우에는 DNA 감정이 불가능하다.

31. 친자감별 검사

1980년대까지 친자감별에 ABO, Rh형 등 20~30개의 검사항목이 일반적으로 널리 활용되었으며, 2~3주나 걸렸다. 이후 1985년 영국의 유전학자인 알렉 제프리스(Alec Jeffreys)가 사람의 유전자 중 지문처럼 사람마다 다른 부위가 있다는 것을 밝히면서 DNA지문법이 이용되었다. 그러나 많은 양의 DNA가 필요하며, 역시 4~5일이 걸리기 때문에 요즘은 DNA 지문법이 거의 사용되지 않는다.

오늘날 대부분의 친자감별 검사에 가장 많이 사용되는 STR은 2~7개 정도의 반복염기순서로 구성되며, 유전체에는 수십만 개 정도가 분포되어 있다. STR은 대립유전자의 종류가 다양하여 유전표지자로서 정보력이 높기 때문에 개인식별 분석에 유용하며, 염기순서분석과 같이 자동화된 장비로 측정이 가능하다. 친자 감별에는 15군데의 STR을 분석하며(그림 2-21), 그밖에 미토콘드리아 DNA와 Y 염색체의 STR 분석도 이루어진다.

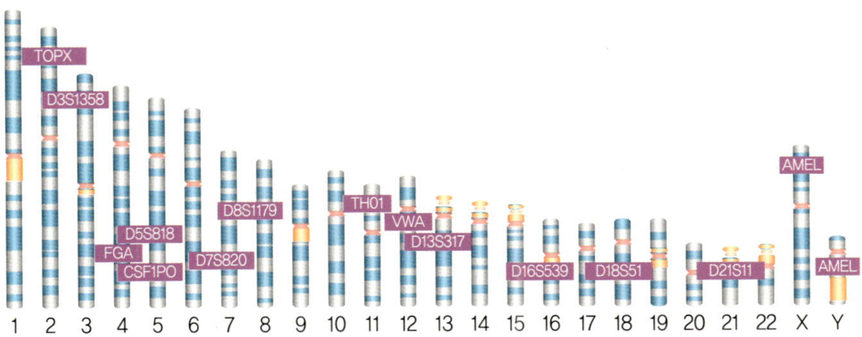

그림 2-21. STR 핵심유전자

32. 법의학에서 유전자검사

최초로 DNA를 범죄의 증거로 사용한 것은 1985년 영국에서 두 여학생 강간 살인사건으로, 경찰의 협조 요청을 받고 알렉 제프리스가 밝혀낸 유전자 지문을 적용하여 범인을 확인함으로써 전 세계적인 관심을 받았다. 이후 1987년부터 미국 연방수사국(FBI)과 각국의 여러 연구소에서 생물학적 증거로 사용하기 시작하였다. 우리나라는 1992년 의정부 강간 치상 사건에 처음 적용되어 범인을 확인하였다. 최근에는 10~20개의 유전자 위치를 한꺼번에 분석할 수 있는 다양한 키트가 상용화되면서 더욱 편리하게 분석을 할 수 있다. 또한, 분석 장비의 검출 한계가 매우 높아짐에 따라 극소량의 시료 즉, 범인이 만진 가방 손잡이, 먹다가 버린 씨앗 등에서도 유전자 분석이 가능해졌다.

33. 금지 또는 제한되는 유전자검사

유전자 검사를 통하여 획득되는 유전정보가 오남용될 경우 유전정보에 의한 차별이 윤리적, 법적, 사회적 문제가 될 수 있다. 따라서 2005년부터는 생명윤리 및 안전을 확보하고 인간의 존엄성과 가치를 침해하거나 인체에 위해를 주는 것을 방지하고자 생명윤리 및 안전에 관한 법률이 제정되었다.

- 생명윤리 및 안전에 관한 법령집 참고-

[별표 1] 〈신설 2007. 10. 4〉

금지 또는 제한되는 유전자검사 (제13조의2 관련)

1. 다음 각 목의 어느 하나에 해당하는 유전자검사는 금지된다.
    가. LPL 유전자에 의한 고지질혈증(고지혈증) 관련 유전자검사
    나. Angiotensinogen 유전자에 의한 고혈압 관련 유전자검사
    다. VDR 또는 ER 유전자에 의한 골다공증 관련 유전자검사
    라. IRS-2 또는 Mt16189 유전자에 의한 당뇨병 관련 유전자검사
    마. UCP-1 · Leptin · PPAR-gamma · ADRB3(B3AR) 유전자에 의한 비만 관련 유전자검사
    바. ALDH2 유전자에 의한 알코올 분해 관련 유전자검사
    사. 5-HTT 유전자에 의한 우울증 관련 유전자검사

아. Mt5178A 유전자에 의한 장수 관련 유전자검사

자. IGF2R 또는 CALL 유전자에 의한 지능 관련 유전자검사

차. IL-4 또는 beta2-AR 유전자에 의한 천식 관련 유전자검사

카. ACE 유전자에 의한 체력 관련 유전자검사

타. CYP1A1 유전자에 의한 폐암 관련 유전자검사

파. SLC6A4 유전자에 의한 폭력성 관련 유전자검사

하. DRD2 또는 DRD4 유전자에 의한 호기심 관련 유전자검사

2. HLA-B27 유전자에 의한 강직성척추염 관련 유전자검사는 진료를 담당하는 의사가 강직성척추염이 의심된다고 판단하는 사람에 한하여 할 수 있다.

3. BCR/ABL 유전자에 의한 백혈병 관련 유전자검사는 진료를 담당하는 의사가 백혈병이 의심된다고 판단하는 사람 또는 치료 후 추적 관찰이 필요하다고 판단하는 사람에 한하여 실시할 수 있다.

4. PHOG/SHOX 유전자에 의한 신장 관련 유전자검사는 진료를 담당하는 의사가 래리-웨일 연골뼈형성이상증(Leri-Weill dyschondrosteosis)이 의심된다고 판단하는 사람 또는 동 질환의 고위험군에 속한다고 판단하는 사람에 한하여 실시할 수 있다.

5. p53 유전자에 의한 암 관련 유전자검사와 BRCA1 또는 BRCA2 유전자에 의한 유방암 관련 유전자검사는 진료를 담당하는 의사가 해당 질환의 고위험군에 속한다고 판단하는 사람 또는 해당 질환이 이환된 것으로 확진된 사람을 대상으로 진료를 실시하는 과정에서 필요하다고 판단하는 경우에 한하여 실시할 수 있다.

6. Apolipoprotein E 유전자에 의한 치매 관련 유전자검사는 미성년자에 대하여는 실시하여서는 아니 되며, 성인의 경우에는 진료를 담당하는 의사가 질환이 의심된다고 판단하는 사람 또는 동 질환의 고위험군에 속

한다고 판단하는 사람에 한하여 실시할 수 있다.

7. 제1호부터 제6호까지에도 불구하고 연구를 목적으로 하는 검사로서 기관위원회에서 필요하다고 판단한 경우는 그러하지 아니하다.

03
생명의 탄생

들어가며

자식이 부모를 닮는 것은 누구나 알고 있는 생명현상으로 그것을 신기하게 여기는 사람은 없다. 그리고 아이들의 생김새나 행동을 두고 서로 닮았다고 하면서 옥신각신하는 부부들을 흔히 볼 수 있는데, 이 모습들은 언제부터라고 말할 수 없지만, 옛날이나 지금이나 별반 차이는 없을 것이다. 엄마의 반쪽 유전자와 아빠의 반쪽 유전자들의 결합을 통하여 부모와는 비슷하지만, 결코 같지 않은 제3의 모습으로 태어나기 때문에 이 세상에는 나랑 똑같은 사람은 없다. 경이로운 생명의 탄생은 몇천만 분의 1이라는 기하학적인 경쟁률을 뚫고 정자와 난자가 만나면서 시작된다. 따라서 임신 중에 엄마와 아빠는 태아와 교감하면서 마음과 영혼이 건강한 아기의 탄생을 준비해야 할 것 같다.

1. 사람의 발생

사람의 발생은 아빠의 정자와 엄마의 난자가 만나 수정이 된 수정란 한 개로부터 시작되고, 수십 수백 번의 연속적인 유사분열을 통해 신체의 모든 세포로 분화된다(그림 3-1). 일반적으로 발생은 출생 전기와 출생 후기로 나눌 수 있지만, 출생 이후에도 뇌의 발달 등 대부분의 발생과정은 25세 정도가 되어야 끝난다.

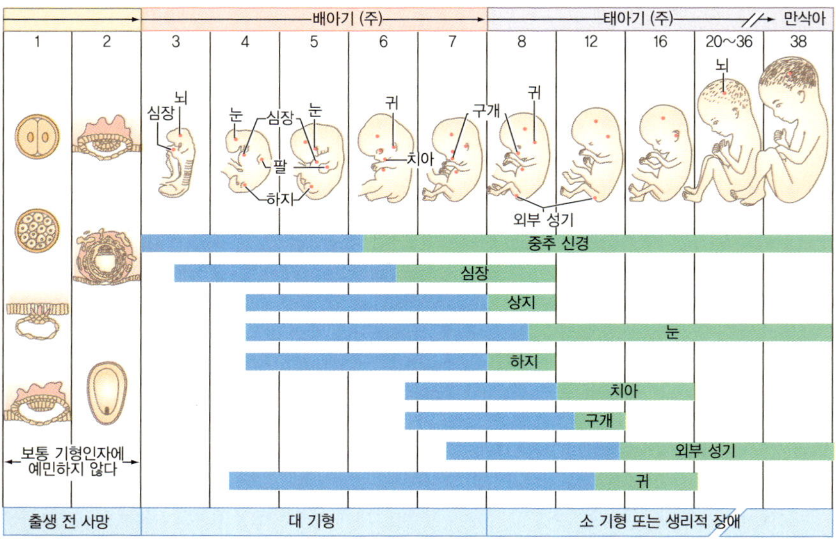

그림 3-1. 사람의 발생

2. 엄마 자궁에서의 태아 발달

① 난자 발생

난자가 되는 난모세포의 발생은 출생 전에 시작되며, 난모세포의 성숙은 사춘기에 계속되고, 가임기에 한 달에 한 개씩 난소에서 배란된다.

② 접합자

정자와 난자의 수정이 완료된 접합자는 사람의 시작이라고 할 수 있다.

③ 상실배

분할에 의해 형성된 12~16개 이상의 분할구가 공처럼 모여지는 상태를 의미하며, 수정 후 3일째에 만들어지고, 자궁으로 운반된다.

④ 포배

발생 1주 말에 포배는 자궁점막에 부착되면서 착상한다.

⑤ 세겹배아원반

발생 3주에 낭배의 발생이 진행되어 내배엽, 중배엽, 외배엽으로 이루어진 세겹배아원반이 형성된다.

⑥ 신경배

발생 4주의 배아를 의미하며, 신경판과 신경관이 형성된다.

⑦ 배아

발생 2주까지는 배아라고 하지 않고, 발생 3~8주까지를 배아기라고 한다. 인체의 기관이나 구조의 초기 발생을 분명하게 구별할 수 있는 상태로서, 신생아에서 나타나는 기형은 배아기의 발생장애에 의해 초래된다.

⑧ 태아

발생 9주에서 출생 전까지의 사람을 의미하며, 배아기에 출현한 기관과 구조물들이 발달하고 성장한다.

3. 태어나면서부터 죽음까지

① 영아기

출생 후 1년을 말하며, 출생 후 첫 4주 동안은 신생아기라고 한다. 유아기는 심장 혈관계통과 호흡기계통에 큰 변화가 생기며, 성장이 매우 빠르다.

② 소아기

출생 후 13개월부터 12~13세 사이를 지칭한다.

③ 사춘기

남자는 13~16세, 여자는 12~15세 사이를 말하며, 2차 성징이 나타나고 생식기능을 가지게 된다. 여자가 초경을 시작하고, 남자의 정자가 생산이 되면 사춘기는 끝이 난다.

④ 청소년기

사춘기 이후 3~4년 동안으로 대략 11~19세까지의 기간이라고 할 수 있으며, 육체적 및 성적 성숙이 이루어지고, 이 시기에 생식 능력을 가진다.

⑤ 성인기

골화 및 성장이 완성되는 18~25세 사이를 말하며, 이후에는 발달이 느려진다.

⑥ 갱년기

나이가 많아지면서 호르몬의 생산이 감소 또는 중지되는 시기를 말하며, 여자에서는 45~50세에 시작되고 폐경기라고 한다. 남자는 보통 50~60세부터 시작된다.

⑦ 노년기

일반적으로 65세 이상을 노년기라고 하며, 성인기 이후에 심신의 활동이 쇠퇴하기 시작할 때부터 죽음에 이르기까지의 시기를 의미한다.

4. 우리 몸에서 가장 신비로운 자궁

자궁은 태아가 10달 동안 성장하는 아기집으로, 두꺼운 근육으로 되어 있으며, 안쪽은 부드러운 점막의 벽으로 덮여있다. 보통 성인 여자의 자궁은 6~8cm, 무게 70g 정도로 달걀만한 크기이다(그림 3-2). 그러나 출산을 앞둔 상태에서의 크기는 상상을 초월한다. 임신 초기 몇 주 동안은 배 모양을 유지하지만, 3개월째는 거의 구형이 되며, 그 이후에는 넓이보다 길이가 성장하여 달걀 모양이 되는데, 골반의 대부분을 차지하고, 간이 있는 곳까지 커진다.

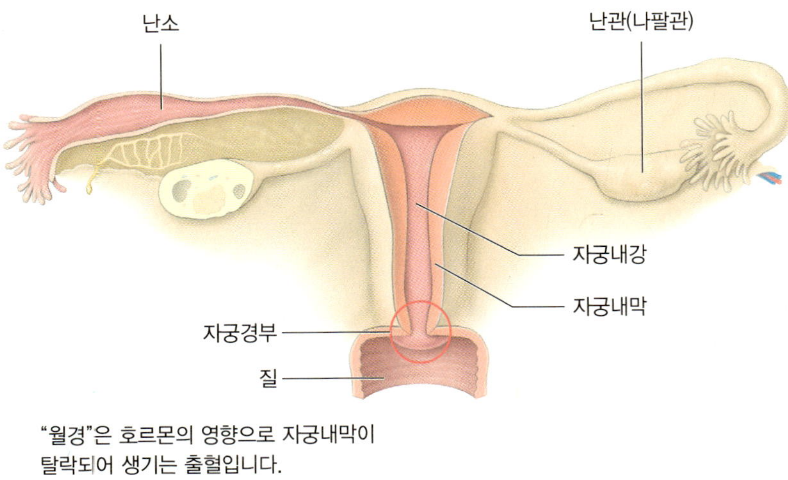

그림 3-2. 여자 생식기의 구조

자궁은 수정란에 대해서는 거부반응 없이 착상하도록 하며, 태반 혈관이 자궁내막 속으로 파고드는 것까지 받아들이고, 엄마의 혈관과 연결해 영양을 공급하여 태반을 자라게 하여 태아를 보호한다. 또한 태아가 성장한 후 분만 때는 자궁 경부를 열어 태아를 밖으로 밀어내는 힘도 발휘한다.

사람의 IQ(지능지수)는 유전된다고 믿어왔지만, 몇몇 연구에서는 '사람의 지능은 유전적인 요소보다는 자궁 내 환경이 더욱 중요하다'고 발표하였다. 즉, 사람의 지능지수는 자궁 내 환경이 결정적이기 때문에 충분한 영양공급, 편안한 마음, 유해물질의 차단 등을 통해 태내 환경을 유지해야 한다고 하였다. 이렇듯 자궁은 생명의 탄생과 함께 태아가 살아가는 공간이란 점에서 사람에게 가장 신비롭고 소중한 곳이다.

5. 정자와 난자가 생기기까지

정자와 난자의 형성과정은 감수분열을 필요로 하는데(그림 3-3), 걸리는 시간이 서로 크게 다르다. 여자의 감수분열은 태아시기에 제한된 숫자의 세포들에서 한 번 일어난다. 반면에, 남자의 감수분열은 성인기에 일어나며, 분열하고 있는 많은 세포집단에서 연속적으로 일어난다.

6. 남자의 생식능력 검사

남자의 생식능력은 정액분석으로 평가할 수 있는데, 정액은 정자와 사정액으로 이루어져 있다. 정자는 정액의 10% 이하이며, 개인에 따라 많은 차이가 있지만 보통 1mL 당 1억 개 이상의 정자가 들어 있다. 임신이 되기 위해서는 정자수가 1mL당 2,000만 이상이거나 전체적으로 5,000만 이상일 때 가능하지만, 1,000만 이하이면서 운동성이 없거나 비정형인 경우는 정상적인 수정이 불가능하다고 알려져 있다. 불임가정의 30~50%가 남성불임이라고 알려지고 있는데, 남성불임은 정자수의 감소, 정자의 운동성 부족, 정자의 비정상적인 형태, 약물투여, 내분비 장애, 오염물질의 노출과 생식관의 폐쇄 등에 의한 결과이다.

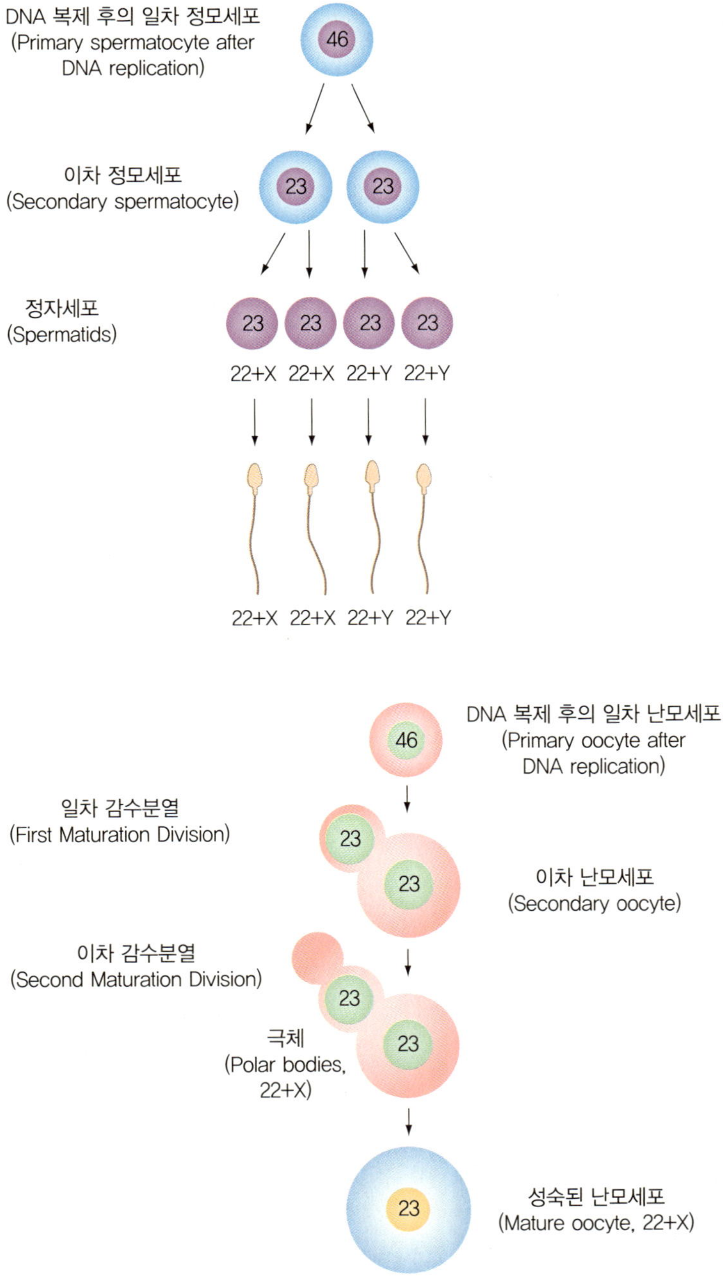

그림 3-3. 생식세포의 감수분열 과정

7. 정자의 생존 능력

정자는 여성생식관 속에서 48시간 이상 생존하지 못한다고 알려져 있지만, 어떤 것은 3일 동안 수정 능력을 가지기도 한다. 그러나 시험관 속에서는 약 2주 동안 살 수 있으며, −79~−196℃에 냉동된 경우는 수년 후에 냉동 저장된 정자를 이용해서 인공수정이 가능하다. 난자는 배란 후 퇴화과정을 겪는데, 배란 후 12시간 이내에 수정이 되지 않으면, 난관 속에서 12~24시간 이내에 죽는 것으로 알려져 있다.

8. 경쟁하여 난자와 만나는 정자

정자의 운동성은 분당 2~3mm 정도지만, 그 속도는 주변 환경의 pH에 따라 달라진다. 여자의 질에 사정된 2~3억 개의 정자 중에서 대부분은 난자를 만나지 못하고 소멸되며, 300~500개만이 자궁경부로 들어가서 몇 시간 동안 생존할 수 있다. 또한, 정자는 냄새로 난자를 찾아 돌진하는데, 약 200개만이 수정하는 장소에 도달할 수 있으며, 오로지 하나만이 수정을 하게 된다(그림 3-4). 정자의 미사일형 머리끝 첨체에 있는 아크로신이라는 단백질 분해효

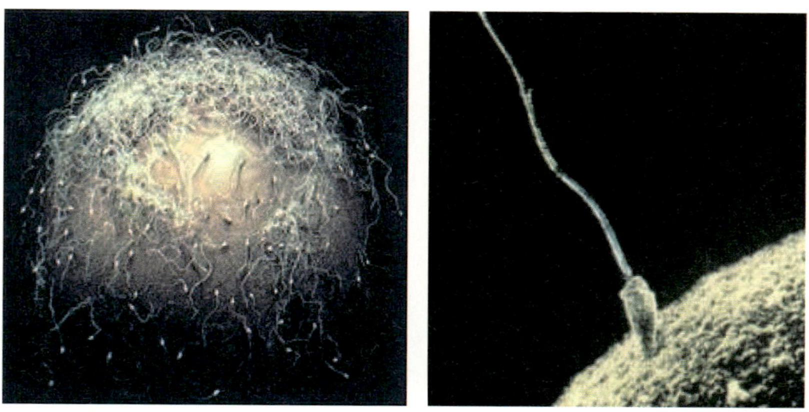

그림 3-4. 난자와 정자의 만남

소에 의해 난자의 난막을 통과하여 난자와 수정하는 것이다.

9. 비정상적인 정자와 난모세포

비정상적인 난모세포는 흔하게 발견되지는 않으며, 비정상적인 정자는 전체 정자의 10% 정도에서 나타날 수 있지만, 형태가 비정상적인 정자가 20% 이하이거나 또는 운동이 비정상적인 정자가 25% 이하인 경우는 정상 범주로 본다(그림 3-5). 비정상적인 형태로는 정자의 머리나 꼬리 등이 크거나 작을 수 있으며, 머리 부분이 융합되기도 하는데, 이러한 경우는 정자의 운동성이 없기 때문에 수정을 할 수 없을 것으로 추측한다. 드물게 난자가 두 개 들어 있는 원시세포나 핵이 두세 개인 난모세포인 경우에는 대부분 성숙하기 전에 퇴화한다.

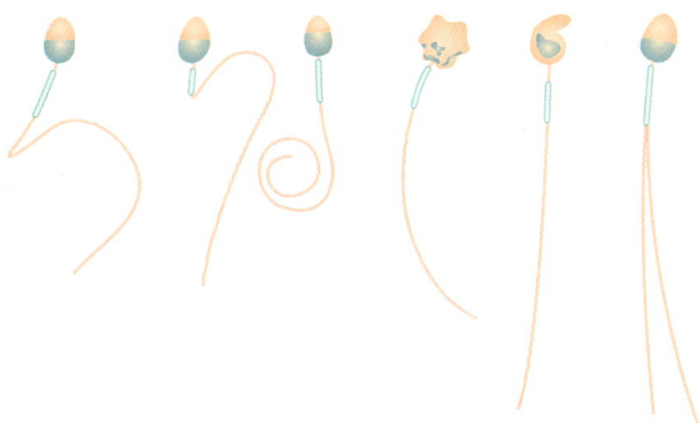

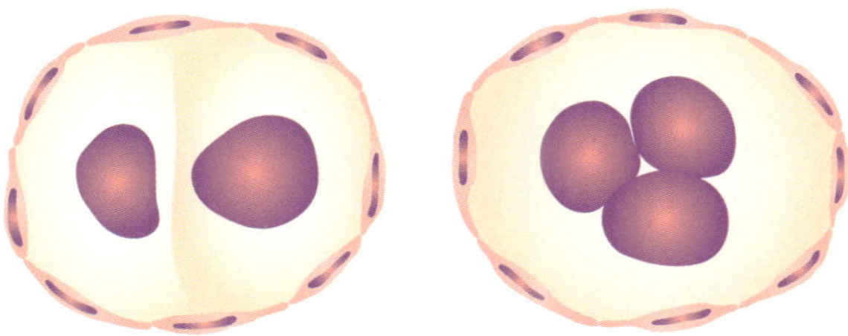

난자가 두 개 들어 있는 원시난포

핵이 세 개인 난모세포

그림 3-5. 비정상적인 정자와 난자

10. 아빠의 계획임신

일반적으로 계획임신은 임신 3~4개월 전부터 시작하는 것으로 알려져 있는데, 이는 정자형성 기간과 관련이 있다. 즉, 정자가 만들어지는 약 74일 동안은 위해환경의 노출을 막고 약물이나 담배 같은 독성물질을 피하는 것이 좋다. 특히 배기가스의 독성물질은 고환 기능에 손상을 줄 수 있으며, 정자의 운동성을 떨어뜨린다. 또한 흡연과 음주를 모두 하는 경우에는 정액의 양, 정자의 밀집도, 활성정자 비율을 감소시킨다. 정자가 자식의 성을 결정하는 만큼 아빠들의 계획 임신은 매우 중요하다.

11. X 정자와 Y 정자의 선별

X정자가 Y정자보다 더 많은 DNA를 함유하고 있기 때문에 유세포분석기를 이용하여 X정자와 Y정자의 선별이 가능해졌으며, 1996년에 세계 최초로 성 선택에 의해서 '제시카 콜린스'라는 여자아기가 탄생하였다. 그렇지만 사람의 경우 X정자와 Y정자의 DNA 차이는 불과 2.5%밖에 되지 않기 때문에 다른 동물에 비하여 성 선택을 하는 것은 어렵다. 또한 사람의 경우에는 윤리적인 문제와 선별과정에서 정자의 손상 가능성 때문에 아직 실용적인 것은 아니다. 특히 우리나라는 산전 성감별을 불법으로 규제하고 있기 때문에 성관련질환을 제외하고 단순히 아들딸을 골라 낳으려는 목적으로는 적용할 수 없다. 그러나 X정자와 Y정자의 선별은 반성 유전병의 위험을 피하기 위해서는 필요한 기술일지도 모른다.

12. 임신을 유지하는 프로게스테론

황체호르몬이라고 불리는 프로게스테론은 스테로이드 호르몬이다. 여성에게서는 주로 난소와 태반에서 분비되고, 자궁내막과 자궁근육에 작용하는 임신유지 호르몬이며, 착상을 근본적으로 조절한다. 임신을 하면 혈중 농도는 10주 때부터 상승하면서 39주 무렵에 최고치에 달한다.

임신한 돼지에서 분리 또는 인공적으로 합성하여 만든 약품이 있으며, 기능성 자궁출혈, 월경주기이상, 절박유산의 치료에 쓰인다. 최근에는 동종의 합성 황체호르몬제가 경구피임약으로 이용되고 있으며, 주사용 프로게스테론 제제인 '데포프로베라'를 피부 밑 조직에 주사하면 최고 5년, 근육주사하면 23개월까지 배란을 억제할 수 있다. 프로게스테론은 임신에 관련되는 성호르몬, 월경주기 이상이나 불임증의 진단에 유용하게 사용되는 지표로 사용된다.

- 증가 : 임신, 황체기부신암, 선천성 부신 과형성, 쿠싱증후군
- 감소 : 무월경, 배란이상, 난소기능 저하증, 황체 · 태반기능부전, 에디슨병 등

13. 영장류에서만 관찰되는 월경주기

침팬지나 고릴라와 같은 영장류에서만 관찰되는 월경주기는 자궁내막에서 주기적으로 일어나는 변화를 뜻하며, 대개 28일이지만, 개인에 따라 변이가 있을 수 있다. 수정란이 착상되지 않으면 주기적으로 자궁내막의 일부와 혈액이 배출되는데 이러한 현상을 월경이라고 하며, 일반적으로 월경기, 증식기, 황체기 및 허혈기로 나눌 수 있다(그림 3-6).

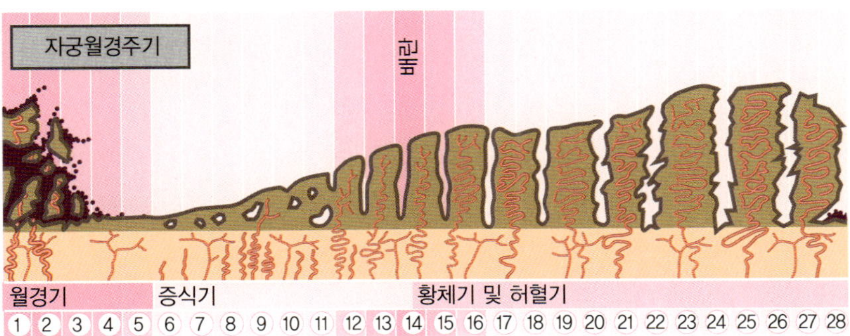

그림 3-6. 월경주기

사춘기 초기나 폐경기에는 월경주기가 매우 불규칙적인데, 특히 월경 사이의 간격이 길다. 수유기간을 제외하고, 심리적 상태, 직업이나 환경 등의 영향 및 전신 질환 등이 있을 때는 월경이 일시적으로 없기도 한다.

14. 삶의 시작을 의미하는 수정

수정은 아주 경이로운 현상이다. 에너지를 생산하는 미토콘드리아와 고속으로 움직일 수 있는 편모를 가진 유전자의 운반자인 정자와 체내에서 가장 최대급 세포인 난자가 결합한 수정란은 새로운 세포의 원천이 된다(그림 3-7). 수정란은 무엇이든 될 수 있는 전능세포의 탄생을 의미한다. 수정 과정은 약 24시간이 소요되며, 가장 생명력이 강한 정자와 난자가 수정이 되면,

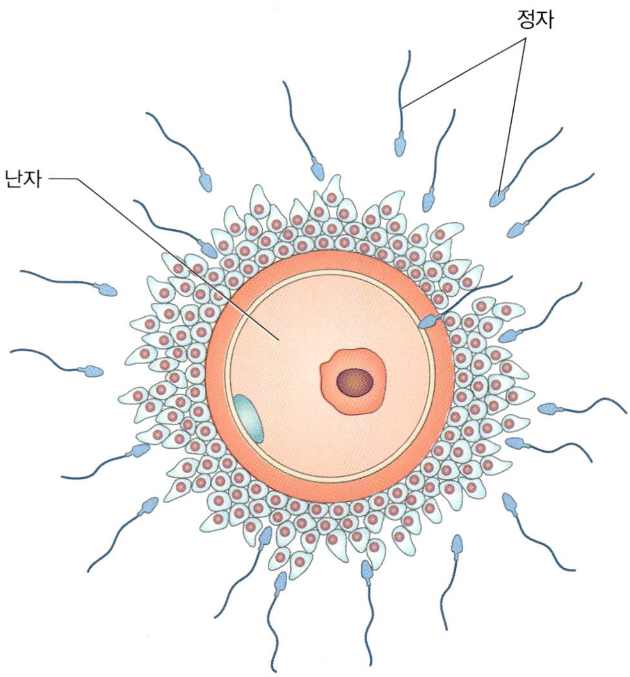

그림 3-7. 정자와 난자의 수정

난자는 효소를 분비하여 다른 정자의 부착과 통과를 저지한다.

15. 비정상적인 배아와 자연유산

비정상적인 수정이 되면, 임신사실을 알기 전(수정 후 2~3주)에 유산이 되기 때문에 정확한 통계를 내기는 어렵다. 다만 월경이 며칠 늦어진 경우나 월경이 유난히 많은 경우는 흔히 자연유산된 것으로 보기도 한다. 대략적으로 전체 임신의 약 50%가 자연유산이 되며, 이 중 절반 이상이 염색체 결함에 의한 것으로 추정된다. 나이가 많은 여성들의 조기 유산율이 높은 이유는 난자의 발생 중에 염색체 비분리현상의 빈도가 높기 때문인 것으로 추측하고 있다. 자연유산된 태아는 신경관결함, 입술갈림증, 입천장갈림증 등을 포함하여 다른 기형의 발생률도 높았다고 알려져 있다. 이러한 현상은 결함 있는 배아를 골라내는 자연적인 수단이라고 볼 수 있으며, 궁극적으로 선천성 기형 발생률을 낮춘다.

16. 엄마 나이와 염색체 이상의 빈도

모든 일차 난모세포는 출생 시에 1차 감수분열 전기에 들어와 있지만, 바로 중기로 넘어가지 않고 휴지기 상태로 있다가 배란 직전에 이르러서야 1차 감수분열 중기로 들어간다. 따라서 중년기에 성숙하는 난모세포는 40년 이상을 휴지기 상태로 존재한다고 할 수 있는데, 그동안 난소에 작용하는 환경적 영향에 대해 휴지기가 난모세포를 보호하는 가장 적절한 시기인지는 아직 확실하지 않다. 엄마 나이와 염색체 이상의 빈도가 관계가 있음을 볼 때 1차 난모세포는 나이가 많아짐에 따라 손상을 받을 수 있으며, 오래된 난자는 염색체 이동을 조절하는 단백질이 축적되는 변화로 인하여 정상적인 감수분열을 완성하기 어렵다.

17. 배란에서 착상까지의 변화

수정란(수정 1일)은 분할이 되풀이되면서 세포 수가 증가하게 된다. 사람의 경우 다른 동물에 비해 분할이 느려서 2세포기까지는 수정 후 30시간, 4세포기까지는 40시간이 걸리며, 12~16세포기까지는 약 3일이 걸린다(그림 3-8).

직경이 0.1~0.2mm인 상태의 접합자를 상실배(16세포기)라고 하는데, 상실배까지는 약 3일이 걸린다. 포배가 자궁점막의 상피세포와 접촉해 부착하여 자궁 내막지질에 묻히게 되는 과정을 착상이라고 하며, 사람에서는 수정 후 6일 무렵에 배아 모체 쪽의 영양막 세포는 자궁점막 상피세포를 뚫고 착상을 하기 시작한다.

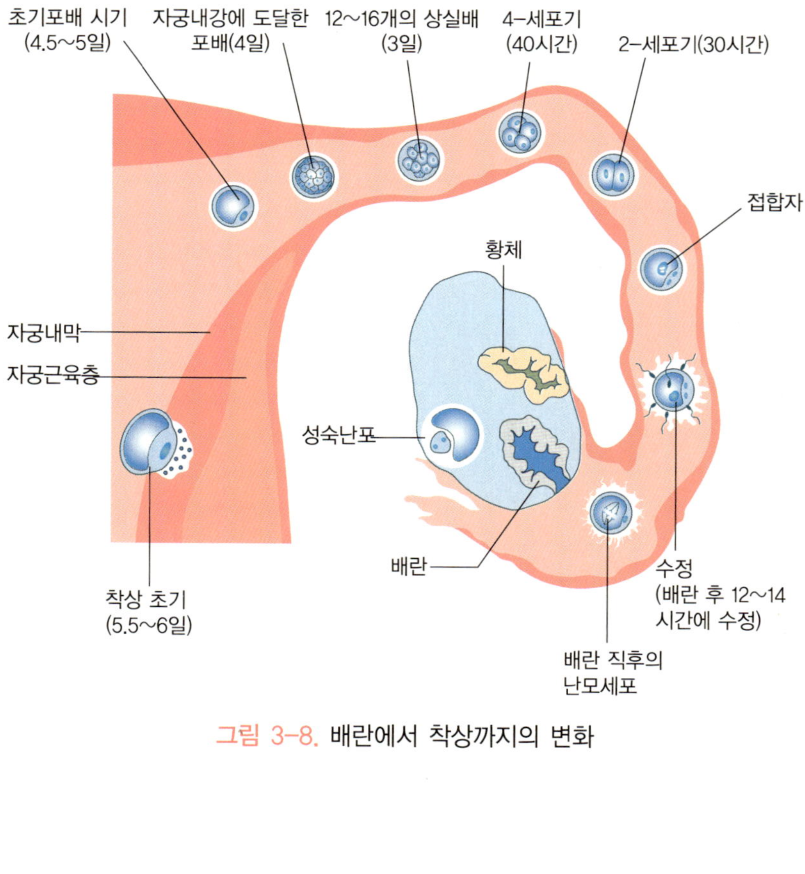

그림 3-8. 배란에서 착상까지의 변화

18. 자궁외임신

자궁외임신이란 자궁 밖에 착상을 하는 것으로 복강이나 난소, 자궁관 등 어디에서나 일어날 수 있지만, 대부분의 경우에는 난관에서 가장 빈번하게 일어난다. 자궁외임신이 되면 대부분 2개월 전후로 배아가 사망을 하기 때문에 심한 출혈과 복통이 일어난다. 자궁외임신에는 다음과 같은 종류가 있다.

① 난관임신

난관임신은 자궁외임신의 95% 정도를 차지하며, 전형적으로 정상 임신과 같은 징후를 나타낸다. 그러나 발생 2개월이 되면, 난관은 착상된 배아 및 태반이 커지는 것을 수용하지 못하게 되고 배아는 사망을 하며, 난관벽의 혈관이 손상되어 출혈이 일어나면서 급성 복통을 일으킨다. 이때 치료하지 않으면 난관이 파열되면서 출혈량이 많아져 산모의 생명이 위험할 수도 있다.

② 복강임신

복강임신은 배안임신이라고도 하는데, 아주 드물며, 난자가 난관으로 가기 전에 수정이 되거나 수정란이 복강으로 역류되면서 일어난다. 태반이 복강 속의 주요 기관에 부착을 하게 되면 출혈이 심해져서 매우 위험하며, 정상임신에 비해 사망위험률이 90배 정도로 높다.

③ 난소임신

난소임신은 드물게 나타나며, 수정란이 난소의 지질에 착상을 한 경우로서, 대부분 발생 초기에 난소조직이 파열되기도 한다.

④ 자궁경임신

자궁경임신의 일부는 수태물이 임신 초기에 유산되기 때문에 임신을 알지 못하고, 어떤 경우에는 경부에 단단하게 부착되어 임신 중이나 출산 때 출혈을 일으키는데, 이런 경우는 자궁을 절제하기도 한다. 때로는 자궁경 근처에 착상이 된 배아가 자궁경관을 가로지르는 전치태반을 형성하는데, 임신 중이나 분만 시에 심한 출혈을 일으킨다.

19. 수정란 착상과 엄마의 면역반응

착상된 배아 유전자의 50%는 아빠로부터 왔기 때문에 엄마의 자궁내막조직에 의해 거부되어야 하지만, 실제로 이러한 현상은 일어나지 않는다. 최근의 연구결과에 의하면, 수태물을 외부조직으로 인식하는 것을 차단하는 면역억제 사이토카인이 생산되고, 사람 융모막융모세포에서 백혈구항원-G는 자연살해 세포의 융해로부터 세포를 보호하여 초기 임신을 유지한다고 알려졌다. 하지만 산모가 전신성홍반성루푸스 같은 자가 면역질환이 있는 경우에는 유산이 일어날 수 있다.

20. 원치 않은 임신과 응급피임약

임신을 원하지 않는 성관계를 가졌을 때, 72시간 내에 12시간 간격으로 2회 복용하는 약이 응급피임약인데, 수정은 막을 수가 없지만, 착상을 방지한다. 그러나 피임율은 약 75% 정도로 4명중 1명 정도는 응급피임약의 사용에도 불구하고 임신이 되기 때문에 매우 신중하게 복용해야 한다. 최근에 정부가 의사와의 상담을 통하여 처방을 받아야하는 응급피임약의 일반의약품 전환을 심사 중이라는 보도가 나오면서 사회적 이슈가 되었다. 응급피임약은 고용량의 호르몬제들이므로 여성의 생리체계를 인위적으로 바꾸는 것이기 때문에 건강에도 좋지 않고 수반되는 여러 가지 부작용도 있다.

21. 태아 발생의 시기별 특징

① **발생 9~12주 :** 태아가 자극에 반응하기 때문에 활동시작기라고 하지만, 엄마가 느끼지는 못한다. 발생 9주에 간은 조혈, 특히 적혈구의 형성이 활발하다가 12주 말에는 둔화되며, 외부의 성기는 12주 말에 구분이 가능하다.

② **발생 13~16주 :** 태아 성장이 매우 빠르며, 손가락을 빠는 모습이 관찰되고, 간에서 생산된 담즙에 의해 태변이 녹색으로 염색된다.

③ **발생 17~20주 :** 엄마가 태아의 운동을 쉽게 느낄 수 있고, 발생 18주에는 자궁이 완전히 형성되며, 20주에는 고환이 하강을 시작한다. 태아의 몸 전체는 부드러운 배냇 솜털로 덮여 있으며, 눈썹과 머리카락이 보인다.

④ **발생 21~25주 :** 태아의 체중이 뚜렷하게 증가한다. 22~24주의 태아는 호흡기 계통이 성숙되어 있지 않기 때문에, 이 시기에 태어나면 대부분 사망한다.

⑤ **발생 26~29주 :** 태아의 허파와 허파혈관계통이 충분히 발달되어 이 시기에 태어난 아이는 집중치료를 하게 되면 생존이 가능하며, 중추신경계통도 성숙되어 규칙적인 호흡운동과 체온 조절이 가능하다. 26주에는 눈꺼풀이 열리며, 머리카락이 잘 자란다.

⑥ **발생 30~34주 :** 30주에는 빛에 대한 동공반사가 나타난다. 32주 이후에 태어난 태아는 조산되어도 대부분 생존할 수 있다.

⑦ **발생 35~38주 :** 35주의 태아는 물체를 단단하게 움켜쥘 수 있으며,

빛에 대해 자연적으로 방향을 잡는다. 출산이 다가오면 성장은 느려지고, 만기 임신 때 보통 신생아는 체중이 3~3.4kg, 엉덩이 길이는 360mm 정도이다.

22. 산전 스크리닝 검사

산전 스크리닝 검사는 엄마의 혈청을 이용하여 태아의 기형을 선별해 낼 수 있는 검사로서 산모의 나이에 의한 태아 기형 빈도를 산출함으로써 다운 증후군과 에드워드 증후군 그리고 개방성 신경관결손증 등을 미리 예측할 수 있다.

① 임신 초기 기형아 검사(First Double Test)

임신초기(10~13주)의 산모의 혈청에서 PAPP-A(pregnancy-associated plasma protein A)와 free β-hCG를 검사함으로써 다운 증후군과 같은 염색체 이상에 의한 기형 여부를 예측할 수 있다.

② 임신 중기 기형아 검사(Triple/Quard Maker Test)

임신중기(16~18주) 사이에 산모의 혈청을 이용하여 Triple(AFP, hCG, uE3), Quard(AFP, total hCG, uE3, Inhibin-A)의 표지물질의 측정을 통해 분만 전에 염색체 이상이나 선천성 기형을 스크리닝 할 수 있다.

23. 태반의 주요기능

① 기체이동

태아에 공급되는 산소의 양은 혈액공급에 의해 좌우되므로 태반의 혈류는 태아의 산소공급에 중요한 역할을 하며, 만삭의 태아는 엄마 혈액으로부터 1분당 20~30mL 혈액 내의 산소를 가져간다.

② 영양물질

수분은 자유롭게 교환이 되며, 엄마의 콜레스테롤이나 중성지방, 인지질은 거의 운반되지 않는다. 태아 성장에 필수적인 아미노산은 태반막을 통과하며, 엄마혈장보다 태아혈장의 농도가 높다. 엄마의 트랜스페린은 태반막을 통과하여 철을 배아나 태아에게 운반한다.

③ 엄마항체

태아는 면역계통이 미성숙하기 때문에 엄마의 항체가 태반을 통과해서 수동면역이 전해진다. IgGγ-글로불린은 태아에게 쉽게 운반이 되며, 엄마항체에 의해 디프테리아, 천연두, 홍역 등에 대한 면역은 생길 수도 있지만 수두나 백일해 등은 생기지 않는다.

④ 호르몬 생산

갑상선호르몬을 제외한 대부분의 단백질 호르몬들은 배아나 태아에게 전달되지 못한다. 태반에서 합성되는 단백질 호르몬에는 사람융모막생식샘자극호르몬, 사람태반젖샘자극호르몬, 사람융모막부신피질자극호르몬 등이 있으며, 스테로이드 호르몬에는 프로게스테론과 에스트로겐이 있다.

⑤ 노폐물

태아의 대사 작용에 의해 형성된 노폐물은 태반을 통해 배출되는데, 신장과 유사한 기능을 한다고 할 수 있으며, 이산화탄소는 산소보다 더 빨리 태반을 통과한다.

⑥ 약물

아미노산과 구조가 비슷한 메틸도파와 항대사물 같은 약물을 제외한 대부분의 약물이 자유롭게 태반막을 통과한다. 따라서 엄마가 헤로인 같은 습관성 약물을 사용하면 태아가 약물 중독이 될 수 있다.

24. 태반주사의 효과에 대한 논란

태반주사는 1990년대 초반에 일본에서 알려지기 시작했으며, 사람의 태반에서 혈액과 호르몬을 제거하고, 단백질을 아미노산으로 분해한 것을 주사제로 사용한다. 국내에는 2003년에 도입되었으며, 식품의약품안전청은 만성간질환 환자의 간 기능 개선과 갱년기 장애 개선 효과만 인정해 태반주사제의 사용을 허가했다. 그러나 태반주사가 치료제로 사용이 허용된 후에 피부미용 등 여러 분야에 쓰이면서 효과는 물론 허위·과대광고에 대한 논란이 끊이지 않고 있다.

이에 따라 보건의료연구원은 2009년 '태반주사의 유효성 및 안전성에 관한 의료기술평가' 보고를 발표했다. 사람태반제제가 다양한 질환에 사용되고 있으나, 피부미용, 관절염, 암 치료, 피로나 면역기능개선 등의 임상효과와 안전성에 대한 근거가 부족하다는 내용이다. 그리고 사람의 태반에서 추출한 주사제만 허가되었으며, 양이나 돼지에서 추출한 동물 태반은 주사제 허가를 받지 못했다.

25. 태아를 보호하는 양수의 구성성분

양수는 대부분 엄마 혈액에서 유래되며, 임신 초기의 배아는 탯줄에 연결되어 양수에 떠 있는데, 이때 양수는 충격을 흡수하여 완화하는 역할을 한다. 양수의 양은 임신 10주에 약 30mL, 20주에는 350mL 그리고 37주에는 약 1L 정도가 된다. 양수는 3시간에 한 번 정도로 교체가 되며, 임신 5개월 초부터 태아는 하루에 전체 양의 절반에 해당하는 약 400mL의 양수를 마시기 시작하고, 태아의 오줌이 양수에 더해지지만, 대사산물이 태반에서 교환이 되기 때문에 태아의 오줌성분은 대부분이 수분이다.

26. 아이의 혈액 제대혈

탯줄과 태반으로부터 얻을 수 있는 제대혈은 엄마의 혈액이 아니라 아이의 혈액이며, 한 아이당 평균 50~70mL 정도 되는데, 조혈 모세포가 포함되어 있어서 증식력이 뛰어나다(그림 3-9). 재대혈 조혈모세포는 골수에 비해 그 수는 적지간, 미성숙한 세포들이 풍부하고 집락형성 능력이 뛰어나기 때문에 이식 후에 생착이 가능하다. 제대혈은 분만 후에 버려지는 부산물로 인식되었으나, 1982년 제대혈에 조혈모세포가 풍부하다고 알려진 후에 제대혈의 채취, 세포처리, 냉동보관 그리고 해동 후 세포의 생존도 회복 등에 관한 연구가 활발하게 이루어졌고, 조혈모세포 이식이 가능하게 되었다. 국내 제대혈 이식의 역사는 매우 짧지만, 1996년 최초로 재생불량성빈혈 소아 환자에게 시도되었으나 생착에 실패하였고, 1998년 이차 관해상태의 소아 백혈병 환자에게 최초로 성공적인 이식이 이루어지기도 했다.

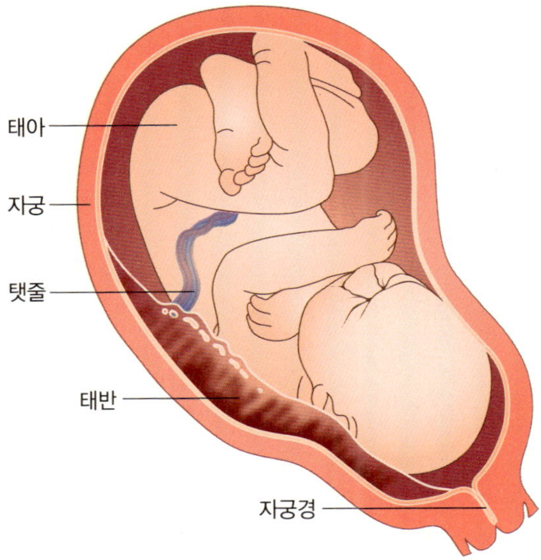

그림 3-9. 제대혈과 이식

27. 분만에서 태아의 호르몬

분만이 가까워지면 태아의 시상하부에서 부신피질자극호르몬방출호르몬을 분비하고, 부신피질로부터 코티졸을 분비하도록 한다. 코티졸은 에스트로겐 합성에 관여하는데, 이들 스테로이드 호르몬들은 자궁의 수축을 촉진하게 되고 산모는 분만의 시작을 알리는 가진통을 느끼기 시작한다. 처음에는 자궁수축이 그리 심하지 않지만 점차 수축이 심한 규칙적인 진통으로 바뀌고 마침내 주기적인 진통의 패턴이 나타난다. 분만을 할 때에는 자궁경부가 확장되어 태아가 산도를 따라나오게 된다(그림 3-10).

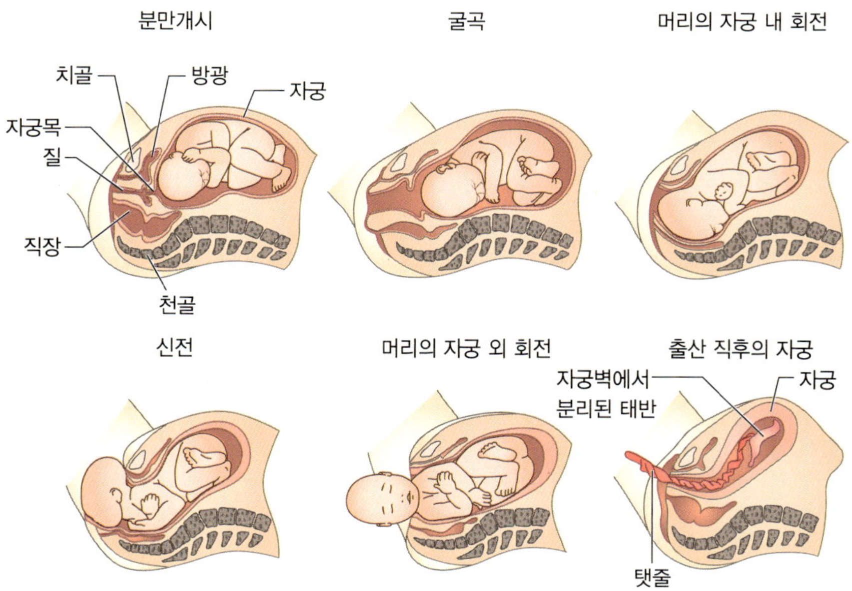

그림 3-10. 분만 과정

28. 분만과 사랑의 호르몬 옥시토신

유도분만을 해야 할 때 투여하는 옥시토신은 9개의 아미노산으로 구성된 단백질호르몬으로서 시상하부의 신경세포에서 형성되고, 뇌하수체 후엽에 저장되는 호르몬 중의 하나이다. 활동성 진통을 유도하고, 분만할 때 자궁수축력을 증가시키며, 태반 배출 후에 자궁근육수축, 분만 후 출혈을 조절하고 젖 배출을 자극하기 위해 근육주사나 정맥주사로 주입한다.

그밖에 옥시토신은 호감이 가는 사람을 보았을 때에도 뇌하수체에서 분비되면서 서로 안고 싶은 충동과 성욕을 느끼게 되고, 산모에게는 아기에 대한 모성본능을 일으키게 한다. 또한, 코르티솔 같은 스트레스 호르몬에 강한 저항력을 가지며, 진통효과와 면역력을 증강, 신체의 상처 치유력을 향상, 혈압의 상승도 막음으로써 심장질환의 방어요소가 되기도 한다.

29. 신경관결손 기형과 엽산

신경관 결손은 사산이나 신생아 조기사망 그리고 생존하고 있는 장애 아동에게서 흔하게 나타나는 원인으로, 배아 발생 동안 신경관 부분이 완전하게 닫히지 못해서 발생하며, 무뇌아와 척추이분증 등을 포함한다. 신경관 결손은 여러 가지의 유전적인 요인과 환경적인 요인이 관련되어 있다고 알려져 왔는데, 가장 큰 원인이 비타민 부족이라고 밝혀졌으며, 임산부의 혈중 엽산 농도가 200μg/L 미만일 경우에 신경관 결손의 위험도가 증가하는 것으로 알려져 있다.

엽산은 비타민의 일종으로 비타민 B9 또는 비타민 M이라고 하며, 과일에 풍부하게 존재한다. 신경관 결손이 엽산의 결핍과 관련이 되어있다고 밝혀지면서 임신 한 달 전부터 엽산을 보충하고, 신경관이 완성되는 시기(임신 2개월) 동안 엽산을 보충해야 한다고 알려졌다. 임신을 고려하는 여자가 하루에 400~800μg을 보충하게 되면, 신경관 결손의 빈도를 80% 정도까지 예방할 수 있다고 한다. 신경관 결손은 양수 내 알파태아단백(AFP)의 검사와 초음파를 통해서 산전진단이 가능하다.

30. 사람의 발생과정에서 기형발생의 위험도

임산부가 기형유발물질에 노출되면 태아 발생에 이상을 일으킬 수 있으며, 배아의 장기나 기관들은 분화가 빨리 진행되기 때문에 기형유발물질에 매우 민감하다. 이러한 환경적 요인들이 선천성기형의 원인 중 7~10% 정도를 차지한다.

기형유발물질은 세포분화가 시작되기 전에는 선천성기형의 요인으로 작용하지는 않지만, 발생 2주간에는 선천성기형을 일으키기보다는 배아를 죽이고, 기관발생기 동안에는 발생에 영향을 끼쳐 주요 선천성기형을 유발한다(그림 3-11). 태아기 동안에는 주로 뇌와 눈에서 형태적 · 기능적 이상들을 일으킨다.

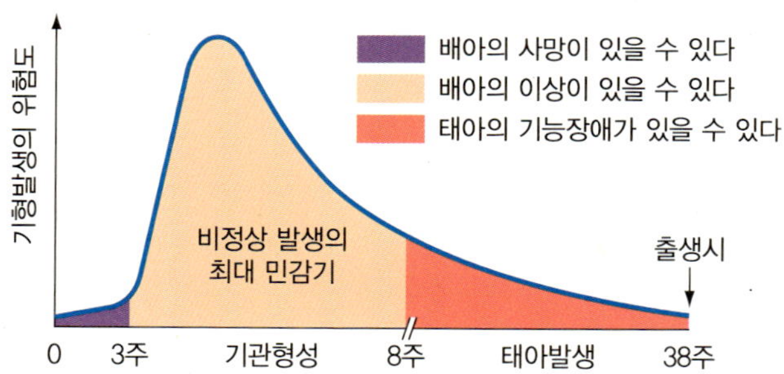

그림 3-11. 사람의 발생과정에서 기형발생의 위험도

31. 태반기형

태반이 비정상적으로 자궁근육에 부착이 된 경우를 유착태반 그리고 태반이 자궁근육층의 전체에 걸쳐 부착이 된 경우는 천공태반이라고 하는데, 천공태반은 때로는 자궁파열을 일으킬 수 있다. 태반이 자궁출구의 전부 혹은 일부를 막아 태아가 나오지 못하게 되는 경우를 전치태반라고 하는데(그림 3-12). 이러한 태반 이상은 임신 말기에 출혈이 야기되며, 전치태반의 경우는 수술을 통해 분만 되어야 한다.

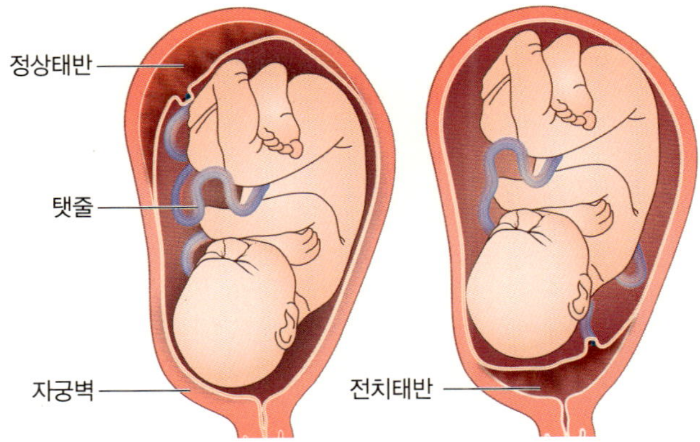

그림 3-12. 정상태반과 전치태반

32. 선천성 기형 유발물질 탈리도마이드

탈리도마이드는 1957년 독일의 헤미 그뤼넨탈사에서 개발된 약물로 구토방지와 수면제로서 알려져 있었으며, 1960년부터 1962년 중반까지 서독과 오스트레일리아를 포함한 유럽과 미국 등지에서 많이 사용되었다. 그러나 임신 28~42일 사이에 이 약물을 복용하게 되면 팔다리에 심한 기형이 나타난다는 사실이 알려지면서 임신 중 처방되는 모든 약물을 완전히 검토하는 계기가 된 의학역사상 중요한 사건이었다(탈리도마이드 사건). 이 약물은 동물의 종에 따라 효과가 다르게 나타나는데, 생쥐와 쥐는 예민하지 않은 반면에 사람을 비롯해 토끼, 원숭이에서는 예민하게 작용을 한다.

부작용으로 판매금지 조치를 받고 1962년 이후 사라졌던 탈리도마이드가 나병에 대해서는 이미 승인을 받은 상황이며, 혈액암, 뇌암, 폐암에서 항암효과가 있음이 확인되었다. 특히 2001년에 미국 매이요 클리닉의 라즈쿠마르 박사 연구팀은 탈리도마이드가 다발성 골수종에 항암효과가 있다는 연구결과를 학술지 "백혈병(Leukemia)" 8월호에 소개하였다.

33. 임신중 약물남용은 절대 금물

수정 후 2주간은 약물을 복용해도 기형발생이 심각하지 않으며, 오히려 태아의 기관발생기인 임신 3~4개월까지가 태아의 기형유발에 결정적인 역할을 하기 때문에 이 시기에는 절대로 약물복용을 삼가야 한다. 태반을 통과하는 약물로는 호르몬제, 항생제, 해열진통제, 다량의 비타민A와 D, 경구피임제, 구충제 등이 있으며, 그밖에도 태아에게 영향을 주는 약은 많기 때문에 임의로 복용하면 위험하다. 그러나 임신 중이라도 간질이나 당뇨병, 갑상선 질환, 요도염, 천식 약물을 복용하는 것이 필요하다.

34. 기형을 유발할 수 있는 약물

기형을 유발하는 약물의 성질은 매우 다양하고, 투여되는 시기에 따라 심각한 장애를 초래할 수 있으며, 정신지연이나 성장지연 등 여러 가지 이상을 일으킬 수 있다.

• 알코올

작은머리증, 얇은 윗입술, 관절이상 그리고 선천성 심장병 등을 묶어서 '태아알코올증후군'이라고 하는데, 임신기간 동안 폭음이나 지속적으로 음주를 하는 경우에 태아알코올증후군이 나타나기 쉽다. 특히 뇌 발생은 임신의 전반에 걸쳐 있으므로 임신기간에는 음주를 자제하는 것이 안전하다. 최근에는 임신부의 알코올 남용이 정신결핍의 가장 흔한 원인으로 알려지고 있다.

• 호르몬제

에티스테론과 노르에티스테론은 기형유발 위험도는 낮지만, 발생의 결정적 시기에 노출은 심장혈관계통의 이상을 증가시킬 수 있으며, 여자 태아에서 테스토스테론의 투여는 남성화의 효과를 나타낸다.

디에틸스틸베스트롤(DES)은 출생 이전에 노출된 여자의 자궁과 질에 대한 선천적 이상인 질의 샘암종 등이 발생하였다. 임신 11주 이전에 DES에 노출된 남자에서 고환형성저하증을 동반한 생식관 이상의 빈도가 높았다.

• 항생제

테트라싸이클린은 태반막을 통과할 수 있으며, 석회화가 활발한 배아의 뼈나 치아에 침착이 될 수 있다. 결핵체료제인 스트렙토마이신은 높은 용량으로 치료를 받은 임산부들의 태아에서 청각장애가 있었다는 보고가 있다. 임신기간에 가장 흔하게 사용되고 있는 페니실린은 배아나 태아에게는 해가 없는 것으로 알려져 있다.

• 항응고제

헤파린을 제외한 대부분의 항응고제들은 태반을 통과할 수 있기 때문에 태아에서 출혈을 발생시킬 수 있다. 가장 예민한 시기는 수정 이후 6~12주이며, 임신의 2~3개월 동안의 노출은 정신발육 지연, 작은머리증 등을 유발할 수 있다. 인공심장판막을 시술한 환자에게 사용되는 와파린은 명백한 기형유발물질이다.

• 항경련제

항경련제인 트리메타디온에 의한 태아트리메타디온증후군의 특징으로는 출생 전후의 성장발육 지연, 아래쪽으로 처진 귀, 입천장갈림증 등과 심장이나 비뇨기계통의 결 함 등이 있다. 발프로이크산은 최우선의 항경련제이지만, 임신부에게 사용은 심장 결함과 팔다리 결함 등을 비롯해 신경관결함과 머리 얼굴 결함의 위험도가 증가된다. 페노바르비탈은 임신 중에 사용할 수 있는 항경련제로 알려져 있다.

• 항고혈압제

항고혈압제인 ACE 억제물질 사용은 임신 초기에는 위험도가 낮지만, 노출이 되면 자궁 속 성장제한, 콩팥기능 장애 등을 비롯해 출생전후기 합병증 때문에 임신 중에는 복용하지 않는 것이 좋다.

• 레티노산(비타민A)

레티노산 관련화합물인 이소트레티오닌은 낭포성 여드름 치료제인데, 잘 알려진 기형유발물질로서 발생 3~5주 사이에 노출되면 자연유산 및 기형의 위험성이 높다. 주요 이상으로는 작은 귀, 입천장갈림증, 심장혈관 이상 그리고 신경관 결함 등이 있다. 비타민 A는 임신기간 동안 필수적인 영양소이지만, 매일 10,000IU 이상을 복용하는 여자의 아이들은 출생결함이 생길 수 있다는 보고가 있기 때문에 임신기간에 많은 양의 복용은 피하는 것이 좋다. 최근 엽산이 포함된 종합비타민제에는 비타민 A가 8,000IU 정도 함유되어 있어서 과다복용에 대한 우려가 있으며, 대부분의 과학자들은 25,000IU/일의 용량이 기형을 유발하는 문턱값(역치)이라고 한다.

• 항정신성약물

조울증의 치료제인 리튬을 임신초기에 복용한 임신부에서 태어난 아이들에서 심장과 큰 혈관의 선천성 결함이 나타났고, 정신활성약물인 디아제팜은 태반을 쉽게 통과하기 때문에 임신 중에는 복용하지 않는 것이 좋다.

35. 기형을 유발할 수 있는 감염인자

미생물들은 태반을 통과하여 태아의 혈류로 들어갈 수 있다. 태아의 혈액뇌관문은 미생물의 침입에 대한 저항이 불완전하기 때문에 중추신경계통이 쉽게 영향을 받는 경향이 있다.

• 풍진

전염성인 풍진바이러스는 대표적인 감염기형유발인자로 태반을 통과하여 배아나 태아를 감염시키는데, 임신 초기에 일차적인 모성감염이 발생한 경우에 배아나 태아의 감염위험도는 약 20% 정도로 알려져 있다. 선천성 풍진증후군의 특징들은 백내장, 심장결함, 청각장애 등이 있으며 정신결함, 녹내장 등이 나타나기도 한다. 임신 4~5주는 뇌 등의 장기발생과정으로 가장 예민한 시기에 해당되는데, 이 시기에 감염이 되면 선천성 기형이 될 위험성이 커진다.

• 거대세포바이러스

태아의 바이러스 감염 중에서 가장 흔한 거대세포바이러스 감염은 임신 초기에 일어나면 대부분 자연유산이 되지만, 임신 말기의 감염은 자궁 속 성장제한, 시각상실, 작은머리증, 정신발육 지연, 청각장애 그리고 뇌성 마비 등을 일으킨다.

• 단순포진바이러스

임신 초기에 단순포진바이러스에 감염이 되면 유산이 되는 경우가 3배 정도가 증가되며, 임신 12주 이후에 감염이 되면 미숙아가 될 가능성이 높아진다.

• 수두

임신 초기 4개월 동안의 수두-대상포진바이러스 감염은 피부반흔, 근육위축, 정신발육 지연과 팔다리 형성부전 등이 있다. 임신 20주 이후엔 기형유발의 위험이 없는 것으로 알려져 있다.

• 사람면역결핍바이러스(HIV)

이 바이러스가 엄마에게서 태아로 전달되는 것은 대부분 분만할 때에 일어나며, HIV 바이러스에 감염되면 두개안면기형, 비정상적인 작은 머리, 성장장애 등이 발생할 수 있다.

• 선천매독

매독균은 임신 9~10주에 태반을 통과할 수 있으며, 임신기간 동안 언제든지 감염이 될 수 있다. 임신 중에 감염이 되었는데, 치료하지 않으면 심각한 태아감염과 선천성 기형을 초래한다.

36. 기형을 유발할 수 있는 화학물질

최근 산업과 농업의 발달로 인해 화학물질과 오염물질, 그리고 식품첨가제 등의 환경화학물질에 대한 기형발생의 가능성에 관심이 대두되고 있지만, 대부분의 연구에서 약제의 종류와 양 등이 산모의 기억력에 의존해야 한다는 점 때문에 어떤 화학 물질들이 사람에게 기형을 유발하는지에 대한 관련성은 명확하게 밝혀지지 않았다.

• 유기수은

유기수은이 많이 함유된 어류로 식사를 많이 한 산모가 뇌성마비와 비슷한 증상을 보이는 아이를 출산했던 예가 보고되어 있다. 음식을 통해 메틸수은을 섭취한 임신부가 심한 뇌손상, 정신발육 지연과 시력손상의 아기를 출산하였는데, 메틸수은은 뇌위축, 강직, 발작과 정신발육 지연 등의 원인이 된다.

• 납

태반을 통과할 수 있는 납은 태아에 축적될 수 있다. 임신 기간에 납에 노출된 경우에는 자연유산이 증가할 수 있고, 태아 이상, 기능결핍 등이 알려져 있다.

37. 기형을 유발할 수 있는 방사선

높은 수준의 전리방사선에 노출되었을 때 배아세포들을 죽이거나 염색체 손상 또는 정신발육과 성장의 지연을 일으킬 수 있다. 일본의 원폭생존자들 조사에 의하면 임신 8~16주가 방사선에 대해 가장 예민한 시기로 이때 심각한 정신발육 지연과 뇌의 손상이 많은 것으로 알려졌다. 임신 초기에 가슴방사선촬영을 실시한 경우 배아나 태아에 미치는 방사선의 노출량은 약 1미리라드 정도로, 5라드 미만인 경우 배아에 대한 방사선의 영향은 매우 약한 것으로 알려져 있다. 그러나 임신부의 골반부위 검사는 신중을 기해야 한다.

38. 임산부의 흡연

임산부의 흡연은 여자 태아인 경우 나팔관을 손상시켜 나중에 생식기능 장애가 발생할 수 있다. 특히 니코틴은 자궁혈관들을 수축시켜 자궁의 혈액을 감소시킴으로써 태아에게 산소와 영양분의 공급이 감소되어 배아세포 성장의 장애를 일으키고, 정신발육에 나쁜 영향을 끼친다. 특히 흡연에 의해 임신부와 태아의 혈액 속에 일산화탄소혈색소의 수치가 높아지면 혈액의 산소운반능력에 영향을 주게 되고 만성태아저산소증에 빠질 수 있으며, 태아의 성장과 발육에 영향을 미칠 수 있다. 임신 첫 3개월 동안에 담배를 피우면 구순열과 구개열 아기를 출산할 위험성이 높고, 임신부가 하루에 한 갑 이상의 담배를 피우면 정상 산모보다 조산의 확률이 2배 이상 높은 것으로 알려져 있다.

39. 선천성 기형과 톡소포자충

이 기생충은 감염된 가축(특히 고양이)과의 접촉 또는 흙을 통해서 감염되거나, 톡소포자충주머니를 가진 육류(대개 돼지와 양)를 날것으로 먹거나 제

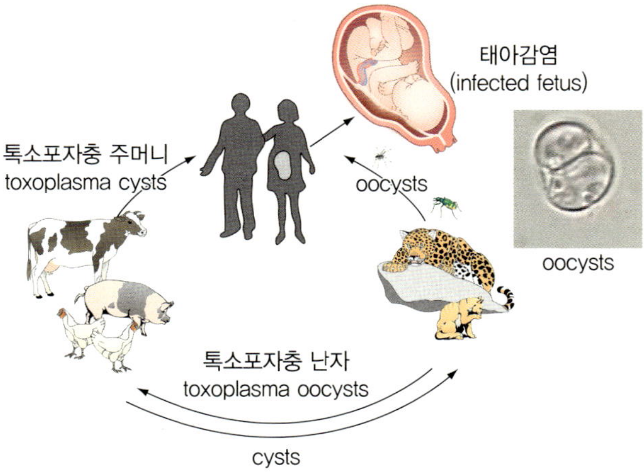

그림 3-13. 선천성 기형과 톡소포자충

대로 조리되지 않은 상태로 섭취했을 때 감염이 될 수 있다(그림 3-13). 톡소포자충에 임신부가 감염이 되고, 태반을 통과하여 태아가 감염이 되면 뇌와 눈에 파괴적 변화를 일으켜 머리뼈 안 석회화와 맥락망막염을 일으킬 뿐만 아니라 정신결핍, 작은 머리증 등을 일으킨다. 임신 초기에 감염되면 태아가 사망할 수도 있으며, 선천성 결함이 있는 영아의 엄마들 중에는 자신들이 톡소포자충에 감염된 사실을 모르는 경우도 있다. 개나 고양이를 비롯한 가축들은 톡소포자충에 감염이 되어 있을 수 있으므로 임신부들은 가까이 하지 않는 것이 좋다. 톡소포자충은 임신 중에 산모가 감염되었을 때만 태아에게 전염되며, 임신 전에 이미 걸려있었던 톡소포자충은 태아에게 전염되지 않는다.

40. 선천성 염색체 이상

선천성 염색체 이상은 태어나면서부터 가지게 되는 염색체 이상으로 수정이 될 때부터 또는 수정이 되어 태아가 형성되면서 발생하는 세포분열과정에서 일어나는 이상을 말한다. 즉, 태아가 자궁 내에서 생존하는 동안 발생하고 출생 시 인정되는 구조적 이상을 의미한다. 선천성 염색체 이상의 빈도는 출생아 160명 중 1명 정도로 알려져 있으며, 임신 제1삼분기 유산의 50%, 제2삼분기 유산의 20%에서 관찰된다.

염색체 이상에는 염색체의 수적 이상과 염색체 구조적 이상으로 나눌 수 있다. 수적 이상에는 다운증후군, 에드워드증후군, 파타우증후군, 터너증후군, 클라인펠터증후군 그리고 삼염색체 X증후군 등이 있다(그림 3-14).

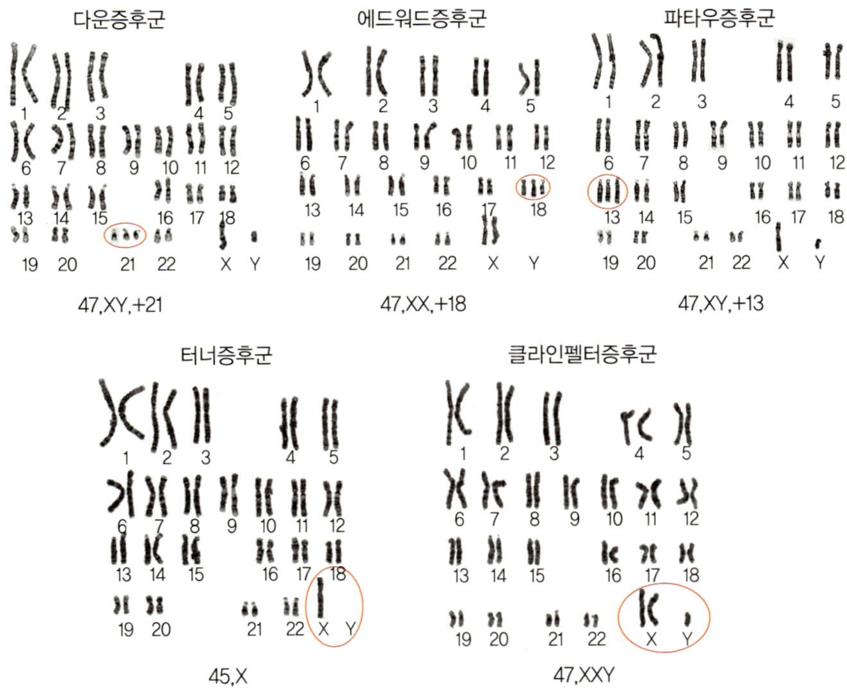

그림 3-14. 염색체의 수적이상 증후군들

염색체의 구조적 이상에는 고양이 울음증후군, 스미스-메그너스증후군, 프라더윌리와 엔젤만증후군, 디죠지증후군 등이 있으며 그밖에도 특수염색체 질환에 취약 X증후군, 판코니빈혈증후군, 블룸증후군 등이 있다.

41. 아빠의 YY정자에 의한 47,XYY 증후군

아빠의 염색체에서 제2감수분열 시 비분리에 의해 YY 정자가 만들어져 XYY핵형의 자손이 나타날 수 있는데, 신생아 검사에서 남성 출생 1,000명당 1명의 빈도라고 알려져 있으며, 정상인과 비교했을 때 분명한 표현형의 이상이나 신체적 또는 행동적 이상이 없다. 그러나 47,XYY 남아의 약 절반에서 언어발달의 지연, 읽기장애 등을 가질 수 있기 때문에 교육치료를 필요로 하며, 지능지수는 평균보다 10~15 정도 낮다.

XYY 남자는 정상핵형을 가진 정상 남자에 비해 키가 크고 학습이나 행동장애를 자주 보이긴 하지만, 외형적으로 이상이 없을 뿐만 아니라 임신이 가능하고 자녀에게서의 염색체 이상의 위험률은 높지 않으며 정상적 생활을 하기 때문에 평생을 모르고 지나가는 경우도 많다.

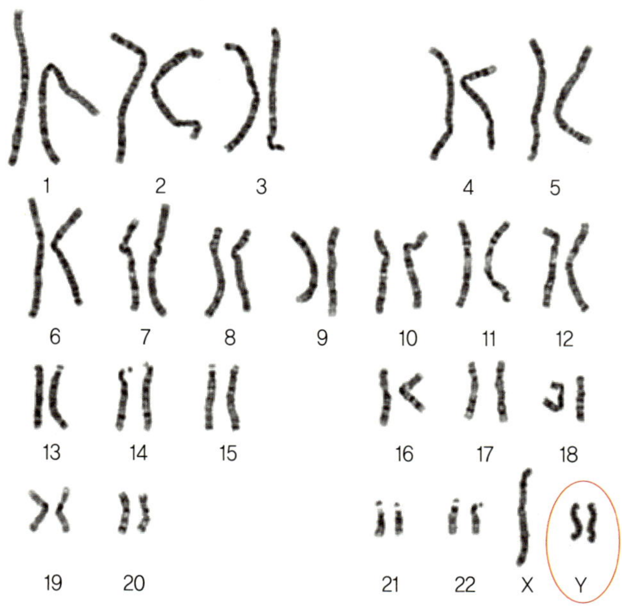

47, XYY

그림 3-15. 47,XYY 증후군

47,XYY에서처럼 추가 Y염색체가 존재하면 주의집중력결핍, 과잉행동장애 그리고 충동적인 폭력이 관찰되지만, 현저한 공격성이나 정신병적인 행동은 흔하지 않다. 미국에서 1960년대와 1970년대에 교도소와 정신병원에서 특히 장신인 경우에 XYY의 비율이 증가하였다는 보고가 있었지만, 현재에서는 편견적이며 잘못된 주장이라고 알려져 있다.

42. 정신지체를 유발하는 취약 X 증후군

취약 X 증후군은 정신지체를 보이는 가장 흔한 유전 형태로서 다운증후군에 이어 두 번째를 차지한다. 남자에서 4,000~9,000명당 1명, 여자에서는 6,000~8,000명당 1명꼴로 발생하며, 정신지체 환자에서 남자 중 5.9%, 여자 중 0.3%를 차지하는 것으로 알려져 있다. 가장 중요한 특징은 강박증, 집중력 결핍, 분노 발작과 자폐증 등과 같은 행동장애가 있으며, 성장하면서 행동특성이 향상될 수 있다. 외형상으로는 특별한 기형은 없으며, 큰 키와 지능과 발달이 저하되고, 사춘기 이후에는 긴 얼굴, 두드러진 턱과 이마, 그리고 거대 고환 등의 특징을 가진다. 일반적으로 증상을 보이지 않으면서 취약 X염색체를 가지고 있는 남자의 손자는 심한 증상을 보이게 된다.

43. 성별이 불확실한 선천성 외성기이상

남자와 여자의 생식기관 발생과정은 3단계를 거친다. 정자와 난자가 수정되면서 염색체가 결정된 후 Y염색체가 있으면 고환으로 발생하고, Y염색체가 없으면 난소로 발생하며, 생식샘에서 분비되는 호르몬에 따라 외부 또는 내부의 생식기가 분화하는 연속적인 과정으로 이루어진다. 그러나 태아기 중 미분화 상태에서 한쪽 성으로 진행하는 과정이 완성되지 못하여, 태어난 신생아의 생식기가 모호하기 때문에 성을 결정하기 어렵거나 불가능한 경우를 선천성 외성기이상이라고 한다. 대표적인 경우로는 참남녀한몸, 남성거짓남녀한몸, 여성거짓남녀한몸 그리고 생식샘 발생장애 등이 있다.

① 참남녀한몸

염색체의 변화, 단일유전자의 결실, 또는 비유전학적인 원인에 의해 난소와 고환을 전부 가지고 있으며, 외부 또는 내부생식기의 기형을 가진다.

② 남성거짓남녀한몸

46,XY의 염색체를 가지면서 고환이 있음에도 불구하고, 고환의 발달과 관련된 유전자가 없거나 변이, 생식샘자극호르몬의 이상, 테스토스테론의 합성과 대사장애 그리고 테스토스테론 표적세포의 이상 등에 의한 것으로 남자가 여성화된다.

③ 여성거짓남녀한몸

46,XX의 염색체를 가지고 정상 난소조직을 가지긴 했지만, 외부생식기가 불분명하고 남성화되어있다. 흔한 원인으로는, 부신피질에서 코티졸의 합성에 필요한 효소가 부족하여 발생을 하는 선천부신과다형성이 있는데, 이는 여아의 남성화를 초래한다.

④ 생식샘 발생장애

양측으로의 잠재력이 있는 성선이 고환이나 난소로 완전히 분화되지 못한 경우에 발생한다.

04 남자와 여자

들어가며

남자와 여자는 겉모습뿐만 아니라 생각이나 행동양식 그리고 평균수명, 면역력 등 여러 가지 면에서 차이가 있다. 최근엔 뇌의 활동 패턴까지도 다르다는 사실이 밝혀졌다. 쉬운 예로 남자는 하루에 약 7,000개의 단어를 사용하는 반면 여자는 2만 개의 단어를 사용하는 것으로 나타났는데, 이는 여자가 말을 할 때는 좌우 양쪽의 뇌를 사용하기 때문이다. 이와 같은 남자와 여자의 차이는 X염색체와 Y염색체의 존재에 따라 수정란일 때부터 결정된다. 남자에게만 존재하는 Y염색체에는 397개(2010년 5월 기준)의 유전자가 존재하는데, 남자들이 여자들보다 Y염색체만큼의 유전자를 더 가지고 있는 셈이다. 이처럼 Y염색체에 남자와 여자의 차이를 만드는 근본이 있는 것이다. 이 책을 통해서 남자와 여자에 대해 조금이나마 새롭게 이해하기 바란다.

1. 성(性)을 결정하는 염색체

염색체에서 남자와 여자의 차이점은 Y염색체뿐이며, 남자의 X와 Y염색체, 그리고 여자에서 2개의 X염색체는 남녀의 특징을 일생 동안 지배한다. 성 염색체 중 Y염색체는 *SRY* 라는 고환결정 유전자를 가지고 있기 때문에 46, XY 염색체를 가진 태아인 경우 수정 후 8주 무렵부터 정소가 만들어져 남자로 태어난다(그림 4-1).

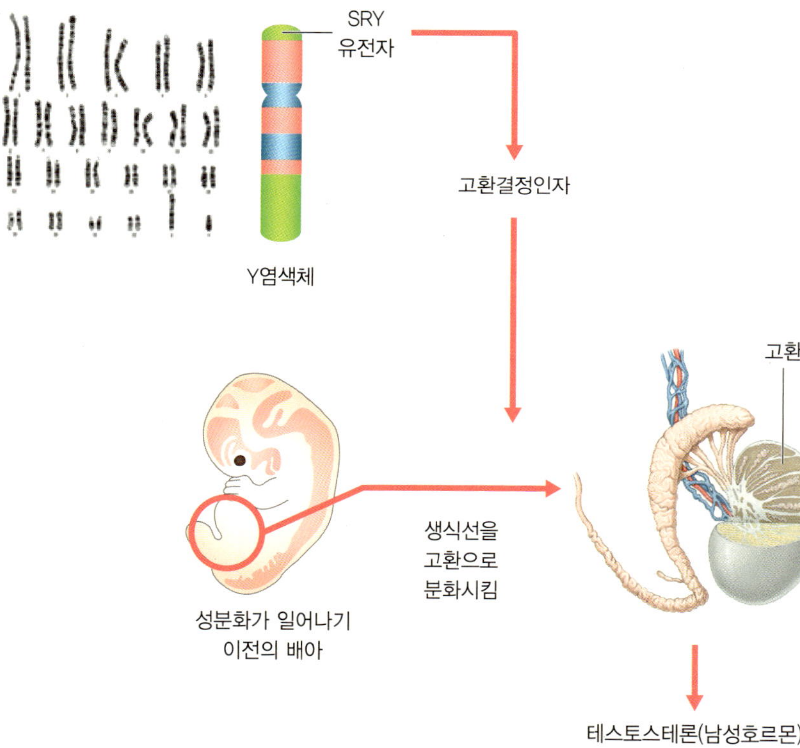

그림 4-1. 성의 결정과정

반면에 46,XX는 1개의 X염색체가 불활성화 되면서 수정 후 12주 무렵부터 난소가 만들어진다. 이처럼 사람의 태아는 수정 후 7주까지는 남자와 여자가 같은 방식으로 발달한다. 남자는 태아 속에서 정소가 만들어지면서부터 남성 호르몬을 만들어 분비시키기 때문에 남성적인 특징을 만들어낸다. 따라서 남자로 태어나는 것이 아니라 남자로 만들어진다고 할 수도 있다.

2. 여자의 X염색체

여자의 세포에 존재하는 2개의 X염색체 중 1개는 항상 비활성 상태로 존재하며, 그 염색체는 바소체로 확인되었다(그림 4-2). 2개의 염색체 중 어떤 것이 비활성화 되는지는 태아가 되기 전의 단계부터 무작위로 결정되며, 일단 선택되면 안정적으로 유지된다. 따라서 세포마다 엄마로부터 온 X염색체만 작용하고, 또 다른 세포에서는 아빠에게서 온 X염색체가 작용할 수 있다. 이처럼 여자의 몸 전체는 엄마와 아빠에게서 온 각각의 X염색체가 작용하기 때문에 한쪽에 생기는 이상을 보완할 수 있으며, 여자의 경우 반성 유전병이 발병하기 어렵다.

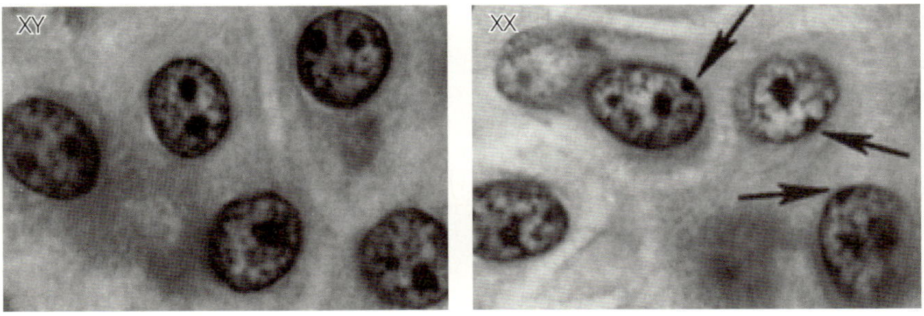

그림 4-2. X염색체의 바소체

3. 대를 잇는 Y염색체

남자에게 존재하는 Y염색체는 양 끝에 있는 아주 짧은 영역을 제외하면,

교차가 일어나지 않는다. 따라서 아빠의 Y염색체는 변함없이 아들에게 전해진다. 몇 세대, 몇 만 년이 지나더라도 돌연변이를 제외하면 자손에게 변함없이 이어진다. 반면에 X염색체는 교차가 일어나기 때문에 원래의 조상에게 있는 X염색체는 서서히 사라진다. 이런 Y염색체의 특징은 친자 감별이나 인류의 발자취 연구에 이용된다.

4. 성(性)을 결정하는 유전자들

현재 Y염색체에 있는 *SRY* 유전자가 성 결정 유전자라고 알려져 있지만, 성별의 결정은 Y염색체 이외의 여러 염색체에 위치하는 유전자들이 관여한다. 이들 유전자들이 상호 협력함으로써 생식선의 분화가 일어나고 다양한 성분화가 촉진되는 것으로 여겨진다(표 4-1).

표 4-1. 성을 좌우하는 유전자의 예

유전자 이름	염색체 위치	유전자 변이로 발생할 수 있는 이상
SRY	Yp11.3	정소의 난소화
WT-1	11p13	비뇨생식기 계통의 전반적인 형성 이상
DMRT-1	9p24.3	생식선의 형성 부전과 기능 이상
EMX-2	10q26	생식선과 콩팥의 형성 이상
SOX-9	17q24	생식선의 형성 이상
WNT4	1p35-p36	난소의 정소화

5. 남자의 일평생을 지배하는 남성호르몬

일반적으로 '남자들은 탐험과 모험을 즐기며, 많은 여자와 관계를 맺기 위해 끊임없이 노력하고, 과속을 하며, 고함을 지르고, 여자보다 파괴적이다.'

라는 표현을 자주 사용하는데, 이는 남성호르몬과 관계있다. 천연의 남성호르몬 테스토스테론은 주로 정소에서 만들어지지만, 부신에서도 만들어진다. 정소는 태아에서 만들어지자마자 테스토스테론을 분비시켜 남자의 생식기를 만들고, 사춘기가 되면 목소리의 변성과 근육과 뼈대를 굵게 하며 성격과 삶의 태도를 바꾼다(표 4-2).

표 4-2. 테스토스테론의 역할

정신	생식기계 · 골격계
· 뇌 – 집중력과 기억력을 높여준다 · 성 – 성욕을 증가시킨다 · 정서 – 기분을 개선시키고 무력감을 해소시킨다	· 생식기 – 성기발달을 촉진시킨다 정자생성 및 전립선 기능에 관여한다 · 뼈 – 골밀도를 증가시키고 뼈의 성장을 돕는다
체지방 · 근육	**2차 성징**
· 근육 – 근육량을 증가시키고 근력을 강화시킨다 · 지방 – 체지방을 감소시킨다	· 체모 – 얼굴 · 가슴 · 음부 · 겨드랑이에 털이나도록 자극한다 · 음성 – 사춘기를 거치며 목소리를 굵게 한다

테스토스테론의 농도는 20세에서 80세까지 점진적으로 감소하는데, 갱년기 이후 남자에게도 골다공증이 발생하며, 실제로 남자에게 고관절골절의 발생빈도는 여자의 50%로 상당히 높으며, 테스토스테론 결핍과 관련된다고 알려져 있다. 또 남자는 나이가 들면서 육체적 활동과 관계없이 근육의 양과 강도가 저하하는데 이것도 혈중 테스토스테론의 감소와 관련 있다.

6. 중년이후 남자들의 아담증후군

남성호르몬은 주로 사춘기 때 분비되기 시작해서 20세를 전후해 가장 많이 분비된다. 이후 서서히 분비량이 줄어들기 시작하고, 40대가 되면 남성호르몬은 줄어드는 대신 여성호르몬의 분비 비율이 높아진다. 갱년기 이후에는 신체 곳곳이 노화되면서 뼈와 근육이 약해지고, 전립선 질환이나 우울증이 생길 수도 있으며, 여성호르몬의 영향으로 인해 우울과 소심해하고 남자다움이 줄어들면서 어린아이처럼 변할 수 있다. 이처럼 중년 이후 남성호르몬의 분비가 줄어들면서 남자들에게 나타나는 여러 가지 증세를 흔히 '중년 이후 남성호르몬 부족증후군' 또는 '아담증후군'이라고도 하지만 병은 아니다. 50대에 접어들면 여성화 성향으로 나타나기 시작하고, 60대가 되면 행동이나 태도가 여성적으로 변하며, 70대에 이르면 신체에서도 젖가슴이 처지는 등 근육이 약해진다.

7. 알려지지 않은 남자의 폐경기

폐경기는 여자들만 경험하는 것이 아니라 남자들도 여자와 마찬가지로 겪게 된다. 여자들의 폐경기 증상은 생리가 없어지고, 피부가 화끈거리는 것이라면, 남자들이 제일 먼저 영향을 받는 것은 성욕 상실과 발기 장애이다. 그밖에 심한 피로감, 체중 증가, 근력 약화, 골다공증 등의 증상이 나타나기도 한다. 기억력이 현저히 떨어지고, 자신이 늙어가고 있다는 인식, 특히 성 기능의 퇴화에 따른 우울증도 흔하게 나타난다. 또한 신체적, 정신적 힘이 약해지고 있다는 두려움 때문에 자신감이 강하던 남자들일수록 더 심한 짜증과 분노를 표출하기도 한다.

남자의 폐경기도 테스토스테론을 비롯한 남성 호르몬의 감소에 의한 것으로 여자들보다는 서서히 진행되며, 일반적으로 알려져 있지 않기 때문에 자각이 드물고 여자들의 폐경기보다 극복하기 힘든 경우도 있다.

8. '여자의 마음은 갈대?'와 여성호르몬

지속적으로 생성되면서 분비되는 남성호르몬과는 달리, 여성호르몬은 주기성을 가지고 분비되는데, 개인차가 있겠지만 평균적으론 28일을 주기로 하고 있다. 대표적인 여성호르몬은 에스트로겐과 프로게스테론이며, 좌우 난소에서 생성되고, 여자의 일생을 지배한다. 이러한 주기성으로 말미암아 여자의 심리상태가 예민하게 변할 수 있는 현상을 두고 '여자의 마음은 갈대와 같다'는 표현을 사용하기도 한다. 그러나 폐경기가 되면 여성호르몬이 급격하게 감소되면서 골다공증 등이 일어나는 원인이 된다(그림 4-3). 또한, 여성호르몬의 감소로 인해 감정의 기복이 사라지는 대신 테스토스테론의 영향을 받아 털털하고 사회적이면서 씩씩해진다.

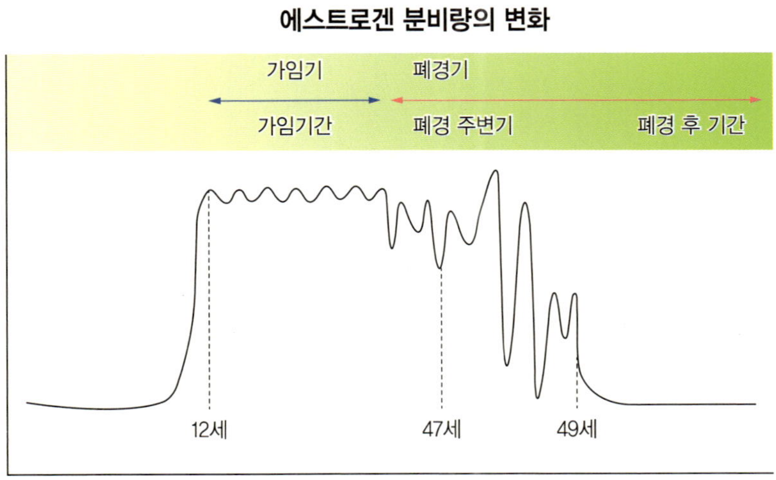

그림 4-3. 나이와 에스트로겐 분비량의 변화

9. 여자 일생에서의 폐경기

여자의 폐경은 피할 수 없는 노화 현상의 일부로서 근본적인 원인은 아직 확실히 밝혀지지 않았지만, 난소의 노화 현상으로 그 기능이 저하되어 에스트로겐 호르몬의 감소가 주원인으로 알려져 있다. 난소의 노화로 난소 내의 세포들이 퇴화하면 에스트로겐의 생산량이 감소하게 되는데, 난소의 무게와 크기도 35세가 지나면 점차 감소하기 시작한다. 폐경의 평균 연령은 50세 전후이지만 전체적으로 볼 때 약 25%는 45세 전후에, 약 50%는 50세 전후에, 나머지 25%는 50세 이후에 폐경을 맞이하지만, 드물게는 60세 이후까지 규칙적인 월경을 하는 경우도 있다.

현재 평균수명이 80세가 넘는 상황에서 여자는 일생의 삼분의 일 이상을 폐경기 상태로 보내게 되며, 갱년기는 폐경이 시작되는 시기부터 약 6~8년에 이르는 기간으로, 이 시기에 여러 가지 변화와 증세가 나타난다. 여자들의 폐경기는 사회 문화적 여건, 개인차, 환경적 요소 등에 따라 다르겠지만, 일반적으로 폐경 전후로 감정이나 기억력, 성생활 등의 행동변화가 흔하게 일어나기 때문에 이러한 생리학적인 문제로부터 정신적, 육체적인 현상의 올바른 이해가 필요하다.

10. 호모헌드레드 시대와 성공노화

사람은 누구나 태어나서 죽음에 이르기까지 생명 사이클에 의해 살아가는데, 여자와 남자들이 성호르몬의 변화에 따라 겪게 되는 폐경은 신체적, 정신적 고통으로 다가올 수 있다. 그러나 그 시기를 잘 극복한다면 인생에서 새로운 제2의 전기를 맞이할 수 있다. 최근에 유엔은 세계인구 고령화 보고서에서 2020년에 평균수명이 80세가 넘는 국가가 31개국에 달할 것으로 전망하면서 이를 '호모 헌드레드 시대'로 정의했으며, 우리나라도 평균 수명이 80세를 넘어섰다(그림 4-4).

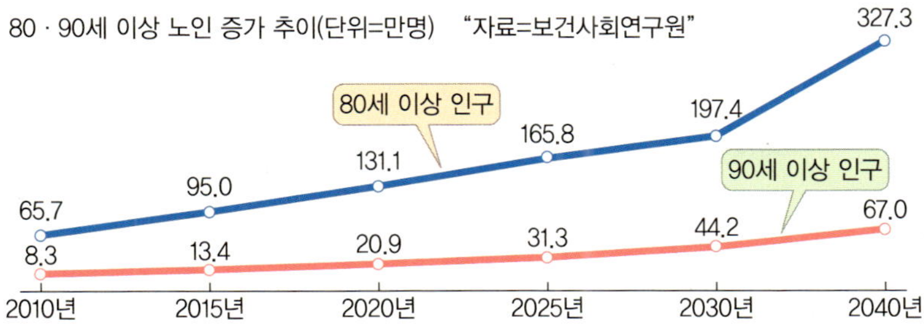

그림 4-4. 노인 증가 추이

성공노화란, 단순히 오래 사는 것을 말하는 것이 아니라, 질병을 최소화하여 인지기능과 신체기능이 잘 유지되는 사람들의 노화를 의미한다. 호모헌드레드 시대에 성공노화를 위해서는 나이가 많아지면서 겪게 되는 신체적 변화와 그에 수반되는 심리적 고통을 이겨내야 한다. 무엇보다도 자신의 현재 모습을 인정하고 받아들이는 것이 중요하고, 남자와 여자가 서로 상대방의 몸과 마음의 변화를 자주 이야기하며 이해의 폭을 넓혀야 한다. 특히 자신이 여전히 중요한 존재라 느낄 수 있도록 자신감을 심어주는 것이 중요할 것이다.

11. Y염색체의 소실

말초혈액의 림프구를 배양하여 염색체분석을 할 때 Y염색체의 소실을 발견할 수 있는데, 이는 정상 남자에서 나타나는 노화현상으로 60세 이상은 10.5%, 60세 미만은 2% 이하이다. 골수의 염색체분석에서는 더욱 뚜렷하게 나타나며, 정상 남자의 경우 약 6%이고, 비정상 핵형의 약 15~20%를 차지한다. 그런데 Y염색체 소실이 자연적인 노화현상인지 질환과 관련된 것인지의 감별이 문제가 될 수 있다.

12. 성역전과 *SRY* 유전자

성역전이란 외형은 여자인데 XY염색체를 가지고 있거나, 외형이 남자인데 XX염색체를 가지고 있는 경우를 의미하는 것으로 Y염색체에 위치하는 *SRY* 유전자와 관계가 있다(그림 4-5). *SRY* 유전자는 고환결정인자이며, 사람의 정상적인 발달 동안에 남자 생식기의 형성을 위해 필수적이고, 이 유전자의 결여는 여자 생식기의 형태를 만든다. *SRY* 유전자가 고환발달의 부정적 조절인자를 억제할 수 있다고 추정되지만, 남자 생식기의 발달에 영향을 미치는 정확한 원인은 밝혀지지 않았다.

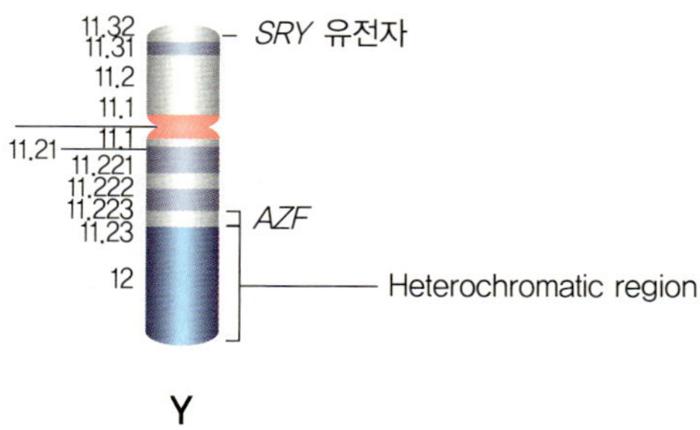

그림 4-5. *SRY* 유전자

13. 성 정체성의 안드로겐 무감응증후군

외관상으로는 정상적인 여자로 알고 있다가 사춘기가 되어서야 XY염색체를 가진 남자로 밝혀지는 '안드로겐 무감응증후군'은 1953년 Morris에 의해 '고환여성화증후군'으로 처음 알려졌으며, X연관 성염색체 열성으로 유전한다. 안드로겐 무감응증후군은 원발성 무월경의 약 10% 정도를 차지하며, 여자의 내부생식기관인 나팔관이나 자궁은 없고, 고환이 있어서 테스토스테론과 같은 남성호르몬은 생성되지만, 이 호르몬과 결합하는 수용체에 문제가 있기 때문에 남성호르몬이 제 기능을 하지 못한다. 또한, 테스토스테론은 에

스트로겐으로 변화되어 유방이 발달하지만, 고환이 계속 존재하기 때문에 악성종양이 발생할 확률이 높다. 따라서 잠복고환은 우선 수술을 통해 제거하고, 이와 함께 성 정체성의 혼란으로 인한 정신적인 상담도 필요하다. 성 정체성 논란을 불러일으켰던 남아프리카공화국 육상 소녀 카스터 세메냐가 이 경우에 해당된다(그림 4-6).

그림 4-6. 안드로겐 무감응증후군의 예

14. 안드로겐과 테스토스테론의 차이점

안드로겐은 남자 생식계의 성장과 발달에 영향을 미치는 남성호르몬을 총칭하는 것으로 남자의 고환에서 분비되지만, 일부는 부신 겉질과 여자의 난소에서도 분비된다. 안드로겐은 탄소원자 19개를 가진 스테로이드로서 안드로스탄의 유도체이다. 안드로겐은 골 조직에서 단백질의 증가, 콩팥의 무게와 크기, 적혈구의 재생 등에 관여한다.

테스토스테론은 가장 대표적인 남성호르몬으로서 뇌하수체의 황체호르몬의 조절에 의해 고환의 간질세포에서 분비된다. 콜레스테롤을 재료로 하여 합성되는 스테로이드 호르몬으로서 남자의 2차 성징을 유발하고, 남자다운 체격 형성을 증가시키는 단백동화작용도 있다.

15. X와 Y염색체에 위치하는 키 유전자

2010년 지식경제부 발표 자료에 의하면 한국인 남자와 여자의 평균 키는 각각 174cm와 160.5cm 안팎으로 나타났는데, 약 13cm라는 남녀의 차이는 Y 성장 유전자와 관계가 있을 것으로 추정된다. Y 성장 유전자는 대략적인 위치(Yq11.21)만 밝혀졌을 뿐, 염기배열이나 어떤 단백질을 만드는지에 대해서는 아직 밝혀지지 않았다. 그러나 성염색체에는 키와 관계하는 유전자가 존재하는데 바로 저신장 호메오박스 유전자(*SHOX*)이다. 저신장 호메오박스 유전자는 X와 Y염색체 양쪽에 존재하기 때문에 남자와 여자 모두 2개의 *SHOX* 유전자를 가지고 있다(그림 4-7).

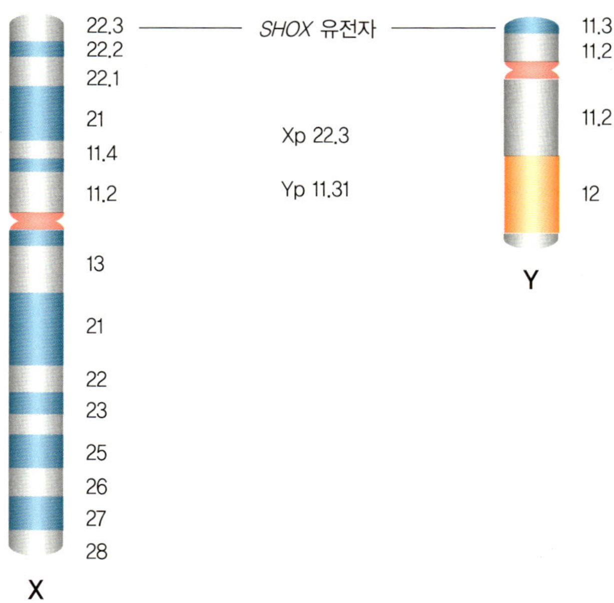

그림 4-7. X와 Y염색체에 위치하는 키 유전자

터너 증후군은 *SHOX* 유전자가 한 개이므로 눈에 띄게 키가 작은 반면 클라인펠터 증후군 환자의 키가 큰 것도 *SHOX* 유전자가 세 개이기 때문이라고 할 수 있다. *SHOX* 유전자에서 만들어지는 SHOX 단백질은 DNA와 결합을 하는 능력을 가지고 있으며, 여러 가지 유전자의 작용을 조절함으로써 연골세포의 증식 등과 관계가 있다고 알려졌다.

16. 딸보다 키우기 힘들다는 아들

예로부터 '딸보다 아들이 키우기 힘들다'는 말을 많이 들어왔다. 실제로도 감기에서 에이즈에 이르기까지의 감염질환에서 남자가 여자보다 감염되기 쉽다고 알려져 있는데, 이는 남자와 여자의 면역 능력과 관계가 있다. 면역에 관계하는 유전자가 X염색체에 많이 포함되어 있기 때문에 X염색체가 사람의 면역 능력과 질병에 대한 저항 능력에 큰 영향을 미친다는 것이다.

X염색체를 한 개 가지고 있는 남자의 경우 X염색체에 이상이 생기면 당장 영향을 받게 되고, 여자에 비해 쉽게 면역작용을 잃을 수 있는데, 여러 선천성 면역결핍질환에서도 환자의 70% 정도가 남자이다. 그러나 두 개의 X염색체를 가지고 있는 여자는 문제가 된 X염색체를 즉각 대체할 '여분의 능력'을 가지고 있기 때문에 남자에 비해 독감 등 다양한 질병에 강하며 실제 수명도 더 길다.

17. X염색체에서 진화한 Y염색체

2008년 미국 매사추세츠 케임브리지대 데이비드 페이지 박사 연구팀은 Y염색체는 X염색체에서 진화했다는 연구결과를 발표하였다. 그 내용은 남자와 여자를 결정하는 X와 Y염색체는 3억 년 전까지만 해도 형태와 크기, 그리고 유전자까지도 같았던 한 쌍의 상염색체였는데, 자연이 한 쌍의 염색체를 선택해 오랜 시간에 걸쳐 X와 Y라는 염색체로 변화시켰다고 한다. 그 증거로는 Y염색체에 있는 대부분의 유전자가 X염색체의 유전자와 매우 흡사하다는 것이다.

그리고 2012년 초에 발표된 논문에서도 사람의 X와 Y염색체는 한 쌍의 상염색체로부터 진화하였지만, 유전자들이 소실되면서, 사람의 Y염색체에는 고대 상염색체에서 유래한 유전자가 3% 정도 밖에 남아있지 않다고 하였다.

18. 남자보다 오래 사는 여자

세계적으로 여자가 남자보다 수명이 긴데, 우리나라의 경우도 통계학적으로 여자가 남자보다 약 7년 정도 오래 산다. 이처럼 여자가 장수하는 것은 에스트로겐과 관련이 있다고 한다. 에스트로겐은 좋은 콜레스테롤을 증가시켜 혈관을 넓히는 작용이나 동맥경화를 막는 작용을 하며, 세포의 죽음을 막고 세포를 보호하는 역할을 할 뿐만 아니라 체내 활성산소도 제거한다. 반면에 남자의 테스토스테론은 공격적이고 경쟁적인 행동을 유발하며, 체내에 이 호르몬 수치가 높은 경우에는 심장병을 예방하는 좋은 콜레스테롤 수치가 떨어진다.

그러나 남자들의 수명을 단축하는 위험인자들을 줄이면 수명을 5년 이상 늘릴 수 있는데, 즉 흡연, 음주, 스트레스 등은 암이나 심장질환 그리고 뇌혈관 질환 등을 유발하는 주범으로 이러한 위험요소들을 제거하면 여자와의 수명 차를 극복할 수 있다고 한다. 특히 남자들의 외로움은 건강에 치명적이라고 하는데, 전체 우울증 환자는 여자가 많지만, 우울증 때문에 자살로 목숨을 잃는 비율은 남자가 3~4배 정도 높은 것으로 알려졌다. 따라서 노년을 외롭게 보내지 않는 것도 수명을 연장하는 데 도움이 된다.

19. 남자보다 폐암에 걸리기 쉬운 여자

폐암은 주로 60세 이상 흡연자에서 발생하는데, 현재 전 세계적으로 폐암은 매년 161만 명에서 발생하며, 그 중 138만 명이 사망한다. 폐암은 남자보다 여자가 걸릴 위험성이 높다고 알려졌는데, 이는 가스트린방출 펩타이드 수용체(*GRPR*) 유전자와 관계가 있다. 이 유전자는 X염색체(Xp21.2- 22.3)에 존재하며, 니코틴이 이 유전자의 활성을 자극시킨다고 하는데, X염색체가 2개인 여자가 남자보다 그 위험성이 높다는 것이다.

최근에 폐암환자들을 대상으로 한 연구결과에서도 암세포를 활성화시키는 표피상피세포성장인자수용체(*EGFR*) 유전자의 돌연변이가 여자 50.3%로, 남자 22.3%보다 약 2배 이상 많았다. 또 평생 담배를 피우지 않았거나 가볍게 담배를 피운 환자는 각각 48.1%, 43.6%로 흡연자 19.8%에 비해 높았다.

여자들은 주로 '폐 선암'에 걸리는데, 이는 전체 폐암의 32% 정도를 차지하며 비흡연자, 40~60대 여자들에서 발생하는 폐암 중 가장 흔한 형태다. 최근 여자들의 흡연이 늘어나면서 폐암환자는 계속 늘어나는 추세이며, 비흡연자의 폐암 비율도 증가하고 있다. 여자들에겐 간접흡연도 위험하며, 특히 여학생들의 흡연은 치명적일 수 있다.

20. 남자와 여자의 뇌

사람의 뇌는 정신활동은 물론 동시에 자율신경이나 호르몬을 통해 생명을 유지한다(그림 4-8). 남자와 여자의 뇌는 애초부터 다르게 프로그래밍되었으며, 이에 따라 행동과 사고방식의 차이가 난다. 최근 뇌 과학의 여러 가지 연구 결과에서는 태아 때 호르몬의 작용에 의해 이미 성 차이가 결정된다고 하였으며, 남자와 여자의 유전자는 99% 이상 같고, 1% 차이가 신경계의 세포 하나하나에 영향을 미쳐 남자와 여자의 결정적 차이를 만들어낸다고 하였다.

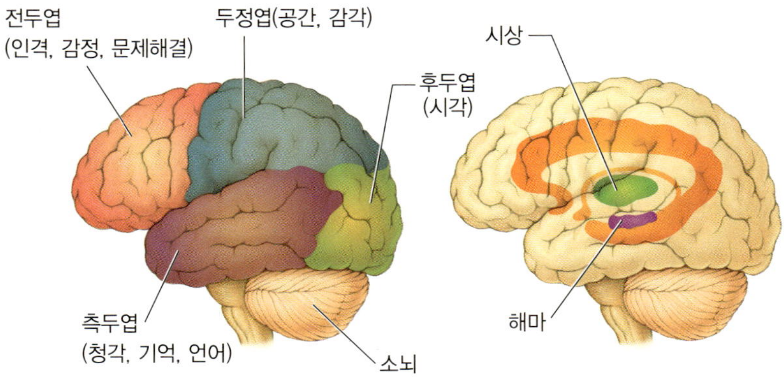

그림 4-8. 뇌의 구조

21. 남자와 여자에서 뇌의 크기

갓 태어난 신생아의 뇌는 약 400g 정도로 어른의 4분의 1이다. 3세에 1,000g이 되면서 신경세포는 1,000억 개로 추정되는데 이는 어른과 같은 수치이다. 어른과 신경세포의 수는 같지만, 신경발달이 미숙해서 어른처럼 행동할 수는 없다.

남자의 뇌는 1.4~1.5kg 정도이고, 여자의 뇌는 8% 정도 작은 1.25~1.3kg이다. 그러나 전체적인 뇌는 남자가 더 크지만, 뇌의 특정 부위에서는 남자의 뇌가 여자의 뇌보다 작다.

22. 좌우 양쪽의 뇌를 사용하는 여자

여자는 일반적으로 좌우의 뇌를 연결하는 뇌량이 남자보다 10%정도 두꺼운데, 뇌량이 두껍다는 것은 정서적이고 직관적인 우반구와 이성적이고 사실적인 좌반구가 정보연락을 활발하게 한다는 증거라고 알려졌다. 여자의 뇌는 중심부에 자리 잡은 뇌량의 구조 때문에 어떤 문제를 해결함에 있어서 남자보다 더 유연하고 지각의 속도가 빨라 동시에 많은 일을 처리할 수 있는 멀티플레이어로서 능력을 발휘하는 데 적당할 수 있다.

시각을 관할하는 후두엽의 연락회로도 남자보다 크기 때문에 여자들이 시각정보 처리에서 물체를 아주 세심하게 볼 수 있는 것 같고, 측두엽도 여자가 남자보다 큰데, 이 때문에 여자가 남자보다 언어기능이 뛰어난 것이라고 추측한다. 또한 뇌과학자들은 뇌졸중으로 언어기능에 문제가 발생했을 때 여자가 남자보다 회복이 빠른 것을 두고 여자들이 좌우 양쪽의 뇌를 사용하기 때문이라고 말한다.

23. 좌우 어느 한 쪽의 뇌가 지배적인 남자

남자의 뇌는 여자보다 큰데, 이것은 몸의 크기와는 상관이 없다. 남자가 여자보다 더 큰 부위는 정수리에 위치한 두정엽과 대뇌 편도체이다. 두정엽은 감각기관으로부터 들어오는 정보를 처리하고 공간을 인식하는 일을 담당하며, 편도체는 감정과 사회적 · 성적 행동을 조절한다. 또한, 3차원 공간을 이해하는 뇌의 우반구는 남자가 크며, 행동과 공격성을 지배하는 뇌중추 그리고 성적충동이 할애된 공간도 여자보다 2.5배 정도 크다. 남자의 뇌는 어떤 일을 할 때 특정부위에서만 활발하게 움직이기 때문에 집중력이 뛰어난 장점도 있다. 이처럼 남자의 뇌는 좌우 한쪽의 뇌가 지배적이긴 하지만, 체계화를 잘하며, 상황판단이 빠르고 목표 지향적이다.

24. 에스트로겐과 여자의 언어적 기억력

에스트로겐은 여성호르몬 중 가장 중요한 역할을 하는 스테로이드 화합물의 모임으로서 여러 종류가 있다. 에스트로겐은 남자와 여자 모두 가지고 있지만, 주로 여자의 2차 성징발달에 큰 기여를 하며, 자궁 내막을 두껍게 하는 등 월경 주기에 관여한다(그림 4-9).

에스트로겐은 여성에서 인지기능과 기분을 조절한다고 알려져 있다. 특히 젊은 여자의 언어적 기억력은 월경주기에서 에스트로겐이 우세할 때에 가장 좋았다. 많은 연구에 의하면 에스트로겐은 신경세포 사이의 교통을 증진시키고 이를 통해 정보를 쉽게 전달시킨다. 그러나 에스트로겐이 결핍되면 신경성장 인자를 적게 합성하여 콜린성 신경세포가 줄어들어 학습과 기억력의 저하가 올 수 있다.

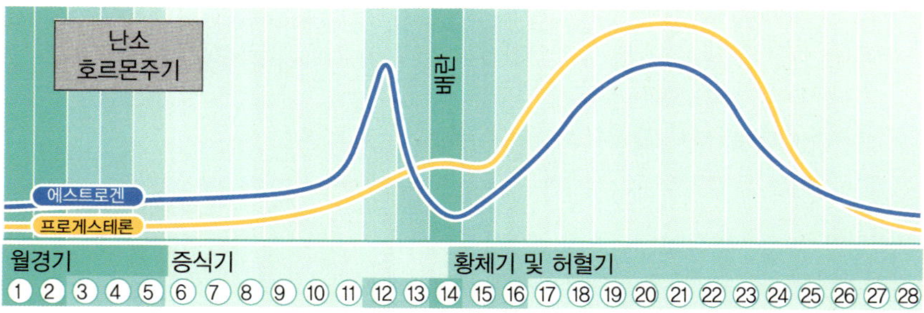

그림 4-9. 월경주기에서 에스트로겐의 변화

25. 엄마의 스트레스와 태아 뇌 발달의 영향

엄마의 자궁 속에서 자라는 태아는 엄마의 영향을 가장 많이 받는데, 특히나 엄마의 스트레스는 남자 태아인 경우 정소에서의 안드로겐 분비를 간접적으로 억제해 뇌의 남성화를 방해한다고 알려져 있다. 태아의 뇌도 처음에는 모두 여성형이었다가 수정 뒤 7주 이후에 정소가 생기면서 남성화가 시작된다. 그러나 이러한 내용은 동물실험에 의한 결과로서 사람의 성 분화는 명확하게 밝혀지지 않았으며, 스트레스가 어느 정도일 때 그런 작용이 일어나는지도 밝혀지지 않았다. 태아의 뇌 발달에 영향을 미치는 요인은 많겠지만, 상당히 강한 스트레스가 지속적으로 계속되는 외부 환경도 태아의 뇌 발달에 영향을 미칠 것이라고 생각되고, 태교가 중요시되는 이유일 것이다.

05
유전과 질병

들어가며

DNA와 염색체의 분자학적 구조가 밝혀지고, 사람유전체의 완성된 염기서열 이용이 가능해지면서 사실상 모든 질병이 유전자와 관련이 있는 것으로 인식하게 되었다. 그뿐만 아니라 현대 사회의 특징 중의 하나인 '고령화'가 사회적 문제로 대두되면서 건강이 사람들의 큰 관심사가 되었고, 건강한 삶을 추구하지만, 나이가 많아질수록 질병에 걸리기 쉬워진다. 현재 약 4,000여 개 이상의 질병들이 엄마나 아빠로부터 물려받은 단일 유전자 돌연변이에 의한 것으로 조사되었으며, 특히 성인병과 대부분의 암은 유전적 요소와 환경적 요소가 복합적으로 작용하여 나타나는 질병이다. 이러한 시점에서 유전학과 건강, 또는 질병에 대한 관점을 새롭게 이해할 필요성이 있다.

1. 유전자가 관여하는 유전질환

유전질환은 유전자가 발병에 관여한다고 생각되는 모든 질환이라고 할 수 있지만, 모든 유전질환이 선천적으로 발생하지는 않으며, 성인기에 발병하거나 때로는 매우 다양한 발생 연령을 보이기도 한다. 유전질환은 크게 단일유전자 질환, 다인자유전 질환, 그리고 염색체 질환 등 세 가지 범주로 분류할 수 있다.

2. 염색체의 우성과 열성의 차이점

상염색체 우성 질환들은 이형접합자들에서만 발현이 되며, 상염색체 열성 질환들은 동형접합자들에서만 발현이 된다. 즉 상염색체 우성은 하나의 상염색체에 위치한 정상 대립유전자 하나와 비정상 돌연변이 유전자 하나를 가지고 있는 경우에 질환으로 발병할 수 있으며, 상염색체 열성은 2개의 돌연변이 대립유전자를 가진 경우에 발현이 된다(그림 5-1).

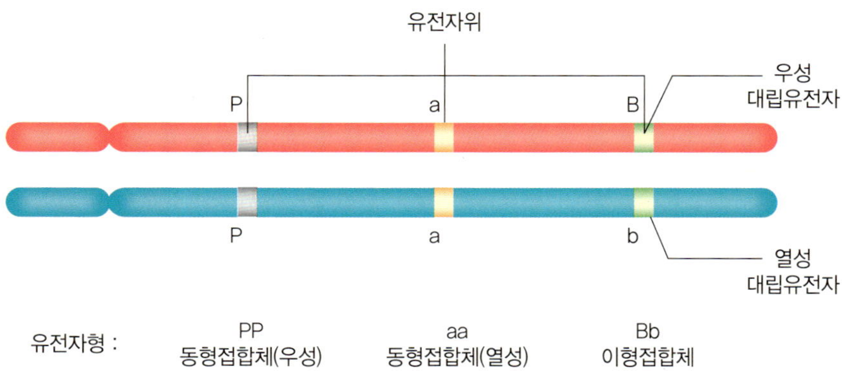

그림 5-1. 대립유전자, 유전자형의 구분

3. 단일 유전질환

단일유전자 질환의 표현형은 맥쿠식(Victor McKusick)에 의해 제작된 Mendelian Inheritance in Man에 수록되었고, 인터넷상에서 계속 보강하여 OMIM에 소개되어 있다(그림 5-2). 단일유전자 질환은 2008년도 자료에 의하면 멘델유전방식의 질환이 3,917종 이상이며, 그중에서 약 84% 정도인 3,310종류가 1,990개의 유전자 돌연변이에 의한 것으로 알려졌다.

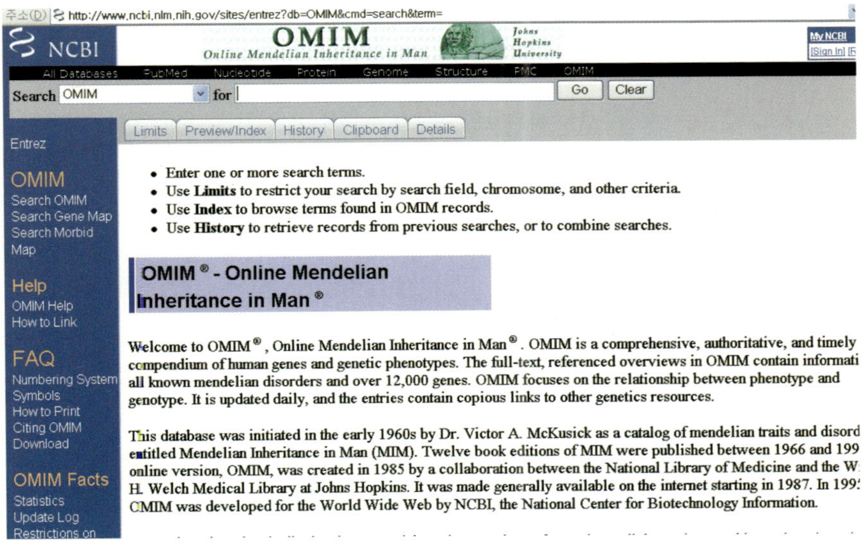

그림 5-2. 유전자와 유전체 정보를 볼 수 있는 데이터베이스의 웹사이트

4. 상염색체 우성 유전질환

사람의 단일유전자에 의해서 발생하는 질병의 약 50% 정도는 상염색체 우성 유전에 의한 것으로, 원인 유전자가 22개의 상염색체에 위치하며, 특징으로는 세대를 통한 수직전달이 되기 때문에 환자의 부모에서 동일한 질환이 있고, 자손이 동일한 질환이 될 가능성이 50%이며, 자손이 정상인이면 그 후

손으로 질환이 나타나지 않는다. 그리고 남녀 이환율은 동일하다.

현재까지 알려진 상염색체 우성 유전질환은 4,000종이 넘으며, 대표적인 질환으로는 가족성 고콜레스테롤증, 근육긴장성 이영양증, 헌팅턴병, 마르판 증후군, 연골무형성증과 성인 다낭성신증 등이 있다.

5. 193cm의 링컨과 마르판증후군

미국의 16대 대통령인 링컨(1809~1865)은 긴 팔다리와 약 193cm의 장신이었는데, 그의 고조할아버지의 자손이 마르판 증후군이었다는 사실 때문에 링컨 또한 마르판 증후군에 이환되었을 것이라는 의견도 있다. 우리나라에서는 장신 농구스타 한기범이 '마르판증후군'을 앓고 있다고 털어놓았다. 마르판 증후군은 15번 염색체 장완 21.1에 위치하는 *FBN1*유전자의 돌연변이 결과로 발생한다. 주요 증상으로는 불균형적으로 키가 크며, 길고 가는 팔다리와 손가락, 새가슴 기형, 척추측만증, 수정체 이탈, 심혈관 합병증, 특발성 기흉의 폐 이상, 재발성 탈장의 피부 이상 등을 포함한다. 주로 나이가 들면서 발생을 하는데, 심혈관 합병증들은 어떤 연령에서도 나타날 수 있으며, 일생동안 진행된다.

6. 상염색체 열성 유전질환

이형접합체 보인자는 질환으로 나타나지 않으면서 질병 대립유전자를 간직한 채 그것을 전달할 수 있기 때문에 열성 유전질환은 우성 유전질환보다 비교적 흔하게 발생을 한다. 만약에 환자의 부모가 모두 대립유전자의 이형접합체일 때, 그 자손 중 25%에서 변이 대립유전자의 동형접합체가 나타나 질환으로 발생된다.

상염색체 열성 유전질환에는 겸상적혈구 빈혈, 낭성 섬유증, 태이삭스병, 페닐케톤증, 당원병 등이 있다. 겸상적혈구 빈혈은 낫 모양을 이루는 비정상적인 적혈구가 말초혈액에 나타나는 질환으로 겸상적혈구는 모세혈관을 막고, 만성용혈성빈혈과 혈류장애 및 경색증을 일으킨다(그림 5-3). 주로 흑인에게 많이 발병하며, 열대성 말라리아 유행지역에서 발견되기 시작하였다.

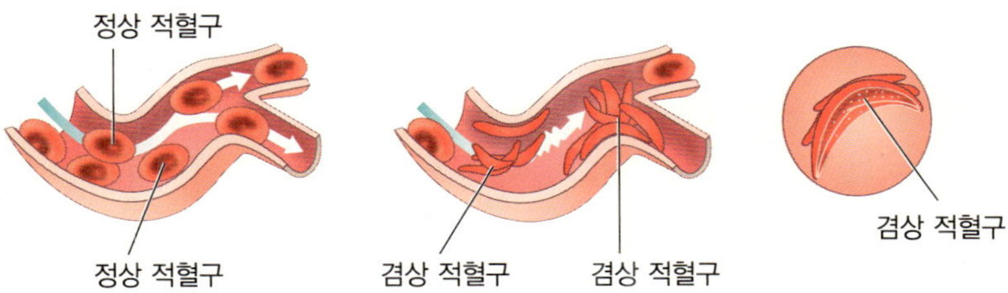

그림 5-3. 겸상적혈구 빈혈

7. X-연관 우성 유전질환

원인 유전자가 X-염색체에 있으므로 대립유전자를 가진 남녀 모두에서 발병할 수 있지만, 남자에게서 증상이 더 심하다. 남자 환자는 그 질병을 모든 딸에게 전달하지만, 아들에게는 전달되지 않고, 여자 환자는 아들과 딸들에게는 절반만 전달된다. X-염색체와 연관된 우성질환은 매우 희귀하며, 비타민 D 저항성 구루병과 레트증후군이 있다.

8. X-연관 열성 유전질환

X-염색체의 유전은 대부분 열성 유전에 속하며, X연관 돌연변이 대립유

전자를 가진 남성은 전형적인 표현형으로 발현되고, 모든 딸에게 전달되지만 발현이 되지는 않고 절대 보인자이며, 아들에게는 전달되지 않는다. 대표적인 질환에는 혈우병, 적색맹과 녹색맹, 뒤시엔느 근위축증, G6PD 결핍증 등이 있다.

9. 빅토리아 여왕과 혈우병

선천성 출혈장애인 혈우병은 서기 5세기경 바빌로니안 탈무드에 처음으로 기록되었으며, 1828년 독일인 의사 숀라인(Sh″onlein)이 혈우병이라고 처음 사용하였다. 혈우병이 국제적으로 널리 알려지게 된 것은 대영제국의 최전성기를 이룩했던 빅토리아 여왕의 비극 때문으로 여왕에게는 9명의 자녀가 있었다. 혈우병 보인자였던 여왕의 네 아들 중 1명은 혈우병으로 사망했고, 딸들은 영국, 스페인, 독일, 러시아 왕가에 시집을 갔지만, 혈우병의 자손을 낳으면서 결국 그들의 자손에서 4세대만에 11명의 혈우병 환자와 6명의 보인자 여성이 태어났으며, 그중 7명이 사망하였다(그림 5-4).

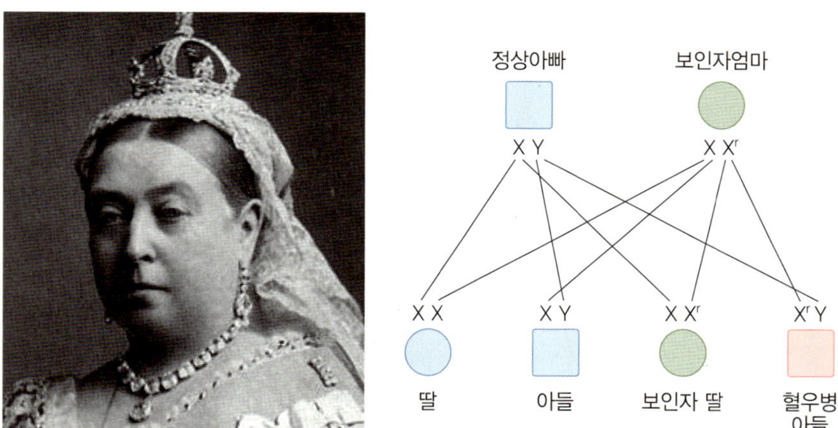

그림 5-4. 혈우병 보인자였던 빅토리아여왕과 가계도

혈우병은 전형적인 X연관 혈액응고 질환으로 주로 남자에게 발생하며 A와 B형이 있다. 대부분의 환자가 30살이 되기 전에 뇌출혈 등의 합병증으로 사망하였지만, 현재는 HIV에 감염되지 않은 혈우병 환자들의 평균 수명은 일반인들과 비슷하다. 우리나라의 경우 약 3천~4천여 명의 환자가 있을 것으로 추정을 하며, 치료를 받지 않으면 20세 이상 생존하기 어렵다. 혈우병 환자는 가족력이 있으며, 30%의 환자는 돌연변이로 발생한다.

10. 여자의 색맹

색맹은 빨간색과 초록색을 구별하지 못하는 것으로 X연관 열성 유전질환이다(그림 5-5). 빨간색과 초록색을 나타내는 유전자들은 X염색체에 한 개 또는 여러 개의 녹색 옵신 유전자에 바로 인접하여 직렬로 배열되기 때문에 초록색을 나타내는 유전자를 잃는 염색체가 있는 반면에 다른 염색체는 유전자를 더 얻을 수도 있고, 초록색을 나타내는 유전자가 없는 사람은 초록색뿐만 아니라 빨간색도 구분하기 곤란하다.

색맹의 발생빈도는 성별에 따라 다른데, 남자는 백인(8%), 아시아인(4.5%), 아프리카인(2.5%)이며, 여자는 남자들에 비해 색맹 출현 빈도가 현저하게 낮다. 여자에서 색맹인 경우가 1% 미만일지라도 보인자는 약 15%에 달하며, 색맹인 아들을 낳을 확률이 50% 정도로 나타난다.

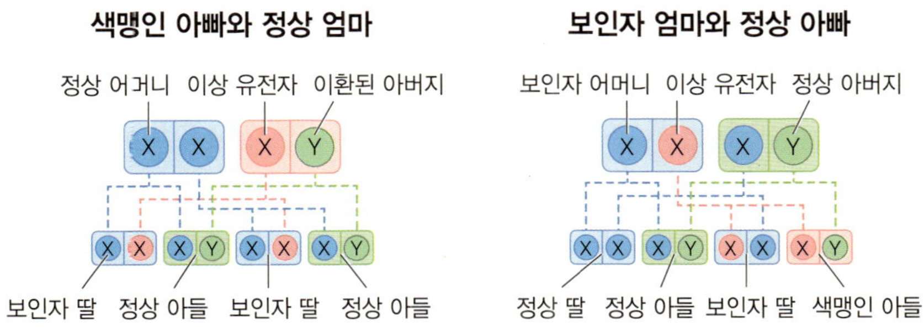

그림 5-5. 색맹 관련 유전의 가계도

11. 엄마유전 미토콘드리아 유전질환

사람의 배아 미토콘드리아는 엄마로부터만 물려받기 때문에 미토콘드리아의 유전은 모계유전이라고 한다. 난자에는 약 100,000개의 미토콘드리아를 가지는 반면에 정자에는 100개 미만을 가지고 있으며, 수정이 되고 난 후에는 선택적으로 제거된다. 따라서 미토콘드리아 DNA 돌연변이에 의한 질환들은 여자를 통해 유전되며 남자에 의해서 전달되지는 않는다. 대표적 질환은 미토콘드리아 DNA 결실과 복제와 관련된 컨스-세이어 증후군, 점돌연변이와 관련된 미토콘드리아근육병증, 간대근육경련성간질 그리고 유전자 돌연변이에 의한 레버유전성시신경병증 등이다

레버유전성시신경병증은 젊은 시기에 시신경의 손상으로 인해 통증이 동반되지 않으면서 젊은 성인기에 양쪽 시력이 진행성으로 악화되는 미토콘드리아 유전질환으로, 1871년 독일의 안과의사 레버(Theodore Leber)에 의해 처음으로 알려졌다. 여자보다 주로 남자에게(약 80%) 발현되며, 여자의 경우는 좀 더 늦게 발현되지만, 더 심하게 영향을 받는다. 모든 연령에서 예고 없이 나타나며, 양쪽 눈의 시력을 동시에, 또는 연속적으로 잃게 된다.

12. 다인자성 유전질환

다인자성 유전질환 또는 복합유전질환은 유전적 요인들과 환경적 요인들의 조합에 의해 발생하며, 전체 유전질환의 상당 부분을 차지할 뿐만 아니라, 대부분 성인에게 흔히 나타나는 질환들로 유전적 요인들이 작용하지만, 환경인자들의 영향을 많이 받는 것으로 알려져 있다. 대표적 질환으로는 관상동맥질환, 알츠하이머병, 당뇨와 골다공증 등이 있다.

13. 관상동맥질환

대부분의 관상동맥질환은 산업화된 사회에서 다양한 환경적 인자와 유전적 요인들이 관여하는 다인자성 유전질환으로 동맥경화 형태의 관상동맥질환은 오늘날 주된 사망원인이 되고 있으며, 지질대사를 포함하는 단일유전자 장애들의 합병증이다.

관상동맥질환은 혈관 내막에 지단백이 축적되면서 발생이 되는데, 고지혈증은 혈관내막으로 침투하는 지단백의 양을 증가시켜 동맥경화증이 될 수 있고, 동맥이 좁아지면서 동맥을 통한 혈류량이 감소되어 심근이 손상되는 것이다(그림 5-6).

이 질환은 여자보다 남자에게서 더 많이 발생하며, 일본인에 비해 미국인에서 6배가 더 많지만, 일본인이 미국으로 이주하게 되면 관상 동맥질환의 발생률이 3배가 증가되는데, 이는 환경요인의 중요성을 설명해 준다. 관상동맥질환의 유전학적 기초는 매우 복합적이며, 20가지가 넘는 유전자들이 후보유전자로 제시되기도 했다. 유전적 요인으로는 고혈압, 당뇨와 비만 등이 있으며, 환경적 인자에는 식이, 육체적 활동 그리고 흡연 등이 있다.

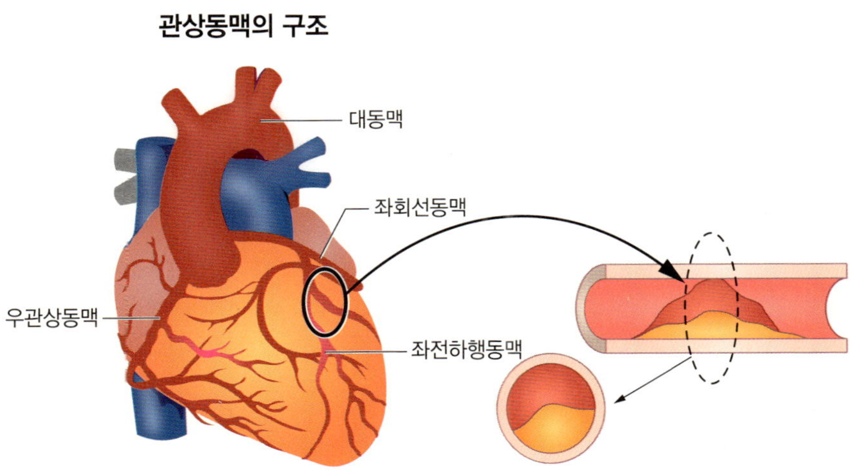

그림 5-6. 관상동맥의 구조와 관상동맥질환의 혈관 모양

14. 고혈압

혈압이란 동맥혈관의 벽에 미치는 혈액의 힘이라고 할 수 있으며, 단위는 혈압계의 수은(Hg)기둥의 높이를 mm 단위로 나타낸 것이고, mmHg이라고 표기한다. 개인의 혈압을 이야기할 때는 수축기와 이완기 혈압을 같이 언급하며, 수축기 140, 이완기 90 이상일 때 고혈압이라고 한다.

고혈압은 증상이 없는 질환으로 고혈압 환자의 절반 이상이 스스로 고혈압이 있음을 알지 못하고 있다. 두통, 피로, 현기증, 또는 이명 등이 고혈압 때문에 생기는 경우는 거의 없다.

고혈압은 관상동맥질환과 뇌혈관 질환을 비롯한 다양한 심혈관계 질환에 대한 중요한 위험 요인 중 하나이며, 40대 이상의 성인 인구의 약 15~20%에서 발병하는 만성 성인병의 중의 하나이다. 이 질환은 발병 원인에 따라서 본태성고혈압과 이차성고혈압으로 나누며, 전체 고혈압 환자의 약 95% 이상을 차지하고 있는 본태성고혈압은 정확한 원인이 밝혀지지 않았으며, 다양한 유전적 요인과 환경적 요인들의 복합적인 상호작용에 의해 발병하는 것으로 알려져 있다.

15. 정확하지 않은 고혈압의 원인

고혈압의 원인에 대해서는 아직 정확하게 알려지지 않았으며, 고혈압과 관련된 여러 요인 중 어떤 것이 주된 요인인지에 대해서도 연구자마다 다르다. 주로 유전적인 요인 또는 염분 섭취, 비만, 인슐린 저항성 등의 환경적 인자를 주된 요인으로 제시하고 있다. 또한, 본태성고혈압을 발생시키는 주요 장기가 무엇인지에 대해서도 혈관 자체인지 아니면 신장인지에 대해서 수십 년간 논란이 있었다.

16. 유전적 기초 확립이 어려운 고혈압

고혈압의 발생에도 유전적인 요인이 관여함이 잘 알려져 있다. 하지만 고혈압과 같은 다유전자성 질환은 특정 발병 유전자를 찾기가 상당히 어렵고, 연관성 연구를 통해 고혈압과 연관성을 보이는 여러 유전자로부터 그 발생 기전을 유추하고 있다. 최근에는 약 20만 명의 유럽인들을 대상으로 한 게놈 연관성 연구를 통해 혈압에 영향을 주는 유전자가 16개 존재한다는 연구결과가 발표되었다. 지금까지 특정 유전자에 의해 고혈압이 생기는 경우는 드물며, 기존에 알려진 12개의 유전자를 포함해 28개 유전자가 혈압 및 심혈관 질환과 관련된다고 밝혀졌다.

17. 염분섭취와 고혈압

고혈압이 염분과 관계가 있다는 것은 명확한 사실이지만, 그 기전에 대해서는 연구가 계속되고 있다. 염분을 섭취할 때 어떤 사람에게는 영향을 미치고 어떤 사람에게는 영향을 미치지 않는 것을 확인할 수 있는데, 이를 '염분민감도'라고 한다. 고혈압을 진단할 때 염분민감도에 대해서는 명확한 기준이 없다.

최근 20년간의 연구결과들에서 염분섭취 증가와 염분배출 감소가 고혈압을 유발하고 악화시키는 기전 역시 최근에 많이 밝혀지고 있다. 고혈압 환자는 염분섭취 과다, 신장 기능 감소 등을 통해 체내 염분이 과다하게 되면 혈압 조절이 어렵고 표적 장기의 손상을 초래하므로 적절한 염분 균형은 혈압 조절에 매우 중요하다.

18. 염분의 신장배설 결함과 고혈압

염분이 고혈압을 발생시키는 기전은 명확하지 않다. 그러나 최근에 밝혀진 내용을 보면 염분을 많이 섭취하거나 혹은 신장을 통해 염분이 잘 배설되지 않아 염분 저류가 발생하면 심근 및 혈관 민무늬근에 작용하여 수축력을 증가시켜 고혈압이 될 수 있다.

염분의 신장배설 결함과 고혈압이 관계가 있다는 예로는 고혈압으로 인한 말기 신부전증 환자가 신장 이식 후 고혈압이 없어지는 현상이 대표적으로 인용된다. 또한, 동물실험에서 고혈압이 있는 쥐에 정상 혈압 쥐의 신장을 이식하면 혈압이 정상화되는 반면, 정상 혈압 쥐에게 고혈압이 있는 쥐의 신장을 이식하면 고혈압이 발생한다는 사실은 이미 잘 알려져 있다. 즉, 고혈압은 신장과 함께 움직인다는 내용이다.

19. 약물유전체학과 고혈압

약물유전체학은 약물반응에 영향을 미치는 전체 유전자들의 변이에 대한 다형성과 변이에 의하여 결정되는 분자적 기능의 변이 정도, 약물에 대한 인체 반응의 영향을 연구하는 것이라고 할 수 있다.

성인의 약 25% 정도에서 발병하는 고혈압은 SNP 분석에 있어서 다원적 질환의 하나이며, 현재 사용되는 치료제로는 안지오텐신 전환효소 저해제, 베타 차단제, 칼슘통로 차단제, 이뇨제 등 4군의 약물이 사용되는데, 원인 미상인 본태성 고혈압 환자들에게는 어떤 약물이 반응할지에 대한 예측을 하기는 어렵다.

일반적으로 백인이나 젊은 환자에서는 흑인과 고령자에 비해 안지오텐신 전환효소 저해제에 대한 반응이 우수하다고 알려져 있지만, 때때로 시행착오의 문제가 발생할 수 있다. 따라서 약물반응에 대한 개별적 감수성을 인지할 수 있는 기술이 개발된다면, 최대 유익성을 발휘할 수 있는 맞춤된 개인

약물요법이 가능해질 것이다. 본태성 고혈압이 유전될 확률은 20~40% 정도이며, 단일 유전자 상염색체 우성유전은 드물게 발생한다.

20. 빨리 찾아오는 노인성 질환

뇌졸중 · 치매 · 파킨슨병은 노인성 3대 질환으로 꼽히는데, 최근에 발표된 자료에 의하면 환자들의 약 20%가 40~50대 중년층이라는 조사결과가 나왔다(그림 5-7). 지방을 많이 섭취하는 서구식 식습관과 운동부족 등으로 인해 40~50대가 비만 · 고혈압 · 당뇨 · 고지혈증 등을 앓으면서 그 결과 뇌혈관이 막히거나 터지는 뇌혈관 질환자가 급증하게 됐다. 이런 뇌혈관 손상 때문에 인지(認知) 기능을 관장하는 뇌 조직에 문제가 생기면 혈관성 치매가 올 수 있다.

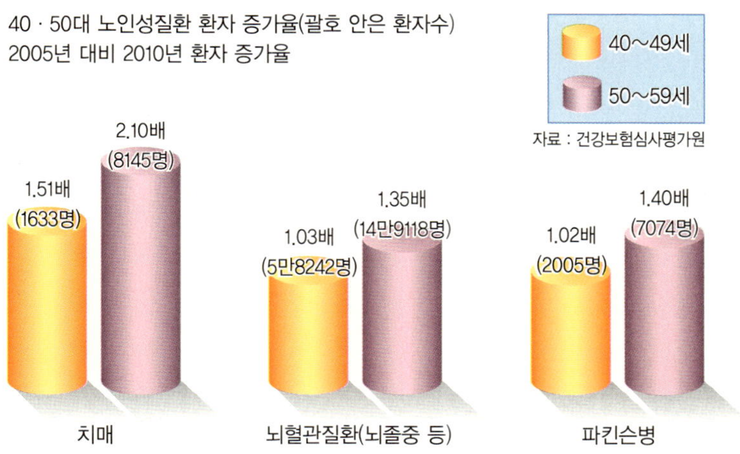

그림 5-7. 노인성 3대 질환 환자의 분포

21. 퇴행성 뇌신경 질환

신경퇴행성 질환이란 신경 세포들이 어떤 원인에 의해 조기 사멸로 이어져 뇌 기능의 이상이 생겨 발생하는 질환들을 통틀어 말한다. 대표적인 퇴행성 뇌신경질환으로는 치매를 일으키는 알츠하이머병이나 운동장애를 일으키는 파킨슨병, 그리고 헌팅턴병이 알려져 있다. 이 질환들의 특징은 발병이 서서히 시작되고, 일단 발병하면 사망할 때까지 지속적으로 병이 진행된다는 것이다. 또한 치료방법이 개발되지 않았기 때문에 병의 증상을 완화시키고 병의 진행을 지연시키는 약물치료를 한다.

22. 기억력을 관장하는 해마와 알츠하이머병

현대 의학에서는 '불치의 병'으로 인식되고 있는 알츠하이머병은 해마에 생긴 병변이 특징적이며, 시간이 지날수록 해마의 크기가 줄어들면서 기억력의 감소를 나타낸다. 알츠하이머병에 걸린 뇌세포들에서 '베타아밀로이드'라는 독성물질이 많이 발견되는데, 베타아밀로이드가 증가할수록 정상 뇌세포들이 죽게 되며(그림 5-8), 뇌의 기능에 심각한 문제가 발생된다.

알츠하이머병은 노인 치매의 가장 흔한 원인으로, 전체 치매의 50% 이상을 차지한다. 알츠하이머병은 발생연령 55~60세를 기준으로 조기 발생형과 자연 발생형으로 나뉘는데, 약 3~5% 이내의 환자에서 20~40세에 발병하는 가족성 질환이 조기 발생형으로 단일유전자 결함에 의한 상염색체 우성으로 유전된다.

23. 알츠하이머병의 진행

알츠하이머병의 가장 뚜렷한 초기증상은 기억장애로 발병 초기에는 이름

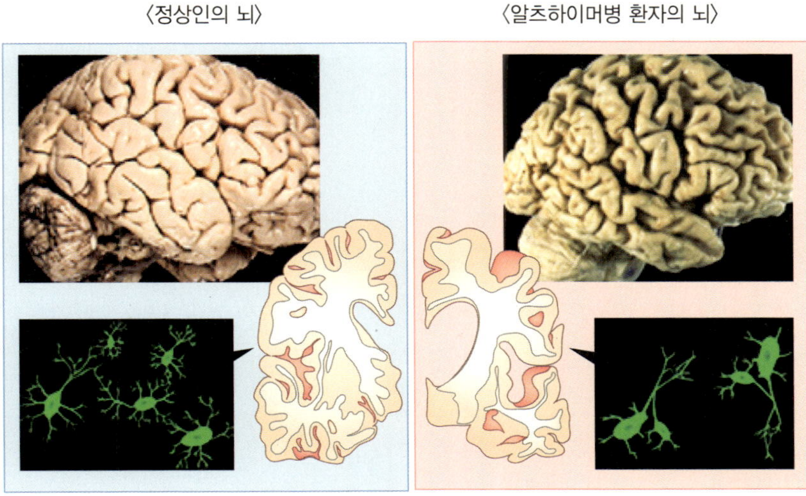

그림 5-8. 정상과 알츠하이머 뇌 조직 (사진:국가건강정보포털)

이나 날짜, 장소 등을 기억하지 못하고, 심해지면 화장실을 가거나 식사, 그리고 신발을 신는 일 등의 일상생활조차도 잊게 된다. 병이 진행될수록 심한 우울증과 기억상실 등을 보이다가 좀 더 심해지면 인격의 황폐, 격한 행동 등의 정신의학적인 증세도 동반된다. 발병 후 서서히 죽음에 이르는 기간은 6~8년 정도이지만, 사람에 따라 20년이 넘는 경우도 있다.

24. 알츠하이머병과 혈관성 치매의 차이점

알츠하이머병과 치매를 동일시하는 경우가 많지만, 알츠하이머병은 신경퇴행성 질환이며 치매는 알츠하이머병에 의해서만 생기는 것이 아니라 고혈압, 당뇨병, 심장질환 등과 같은 성인병이 원인이 되어 발생한다. 치매의 원인 중에서 두 번째로 흔한 혈관성 치매는 동맥경화나 혈전 등의 원인에 의해 뇌혈관이 막히거나 좁아져 뇌 손상이 생기는 경우이다(그림 5-9).

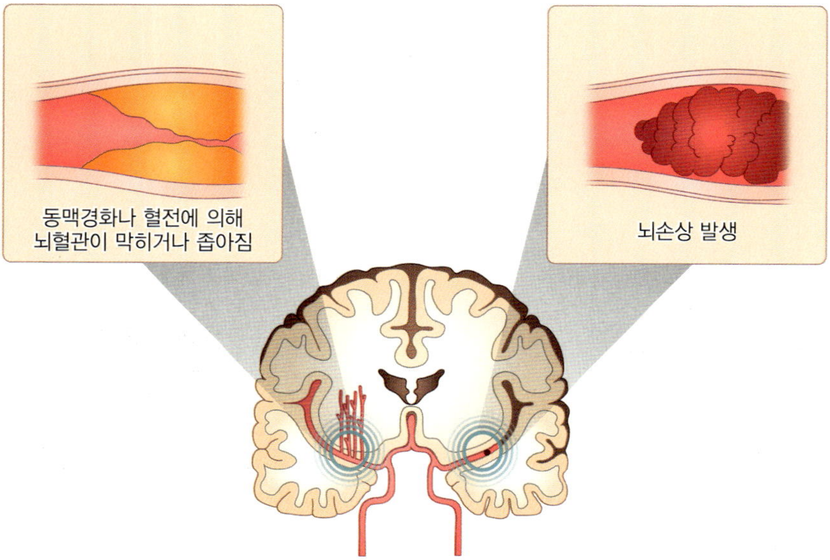

그림 5-9. 혈관성 치매 (그림:국가건강정보포털)

25. 판단력 장애와 감정의 기복이 심한 치매의 증상

치매는 후천적으로 일어나는 회복불능의 지능장애로서, 지능, 의지, 기억 등 정신적인 능력이 두드러지게 감퇴하는 정신박약과 같은 지능장애이다. 정신박약이 지능발육의 지체나 정지된 것에 비하여, 치매는 일단 발달된 지능이 대뇌의 병으로 인해 지속적으로 저하된 상태라는 점에서 구별된다.

치매의 증상으로는 과거의 기억이나 지식이 단편적으로 남아있고, 방향인식이나 판단력의 장애를 비롯해 감정기복이 심해진다. 특히 병이 진행되면서 사소한 일에도 짜증을 내고 흥분하거나 격해지는 등 일정치 않은 행동들은 주변 사람들에게 가장 견디기 힘든 스트레스로 작용한다.

치매환자에게서 흔히 관찰되는 망상으로는 환자의 나이가 실제보다 더 젊다고 우기거나 배우자를 부모나 자식으로 착각, 심하면 가까운 친지를 전혀 알아보지 못하는 경우도 흔하다. 또한, 배우자의 부정을 의심하며 텔레비

전에 나오는 등장인물을 실제 사람으로 착각하여 대화를 시도하기도 한다.

26. 가족이 더불어 이겨내야 할 치매

고령화 시대가 되면서 주변에서 치매환자와 가족들을 쉽게 접할 수 있다. 예전에는 노망이라고 해서 방치하기도 했지만, 치매환자는 뇌의 일부분이 손상 받아 아픈 것이지, 손상 받지 않은 부분은 정상인과 같다. 그리고 치매가 처음부터 중증으로 나타나진 않기 때문에 가족이 치매환자에게 따뜻한 관심을 기울이냐에 따라 중증도가 달라진다. 또한, 치매의 종류를 이해하고 그에 맞추어 대응하는 현명함이 필요하다. 치매의 종류에는 전형적인 치매 외에 간질 대발작의 반복으로 일어나는 간질치매, 유아에게 나타나는 유아치매, 편집증 특징을 보이는 편집증치매, 망상형 정신분열병의 망상치매, 중독치매, 외상치매, 혈관치매 등이 있다.

치매를 예방하기 위해서는 본인 스스로의 노력이 제일 중요한데, 독서를 많이 하는 등 지적인 자극을 지속적으로 주고, 적당한 운동과 함께 고혈압이나 당뇨와 같은 성인병 관리를 잘 해주는 것이 우선이다. 또한, 정부에서는 2007년부터 60세 이상 노인들을 대상으로 '무료치매검진사업'을 실시하기 때문에 보건소에서도 검사가 가능하며, 치매 진단을 받고 보건소에 등록된 환자에게는 투약관리 및 매월 정액의 치료관리비가 지원된다.

치매는 누구나 걸릴 수 있는 질병으로 완치는 불가피하지만, 조기에 발견하여 진행을 늦추는 것이 중요하므로 60세 이상의 부모님들은 특별한 치매 증상이 나타나지 않더라도 정기적인 치매검진을 받아 인생의 휴식기인 노년기를 가족과 함께 행복하고 아름답게 보내야 할 것이다.

27. 적극적인 치료가 필요한 치매

급격한 고령화로 65세 이상 노인 11명 중의 1명이 치매일 정도로 급증하고 있으며, 환자의 나이도 점점 젊어지고 있다. 치매는 본인뿐만 아니라 가족이나 주변 사람들에게 그 이상의 고통이 따르는 병으로 완치는 어렵지만, 약물을 투여하면 진행을 늦출 수 있고 일상생활도 가능하기 때문에 적극적인 치료가 중요하다. 아직 우리 사회에는 치매를 부끄러운 것으로 생각하여 쉬쉬하고 지내다가 제대로 된 치료를 받지 않는 경우가 많고, 치료시기를 놓쳐 가정파괴의 어려움마저 겪기도 한다. 치매는 일반적으로 기억력 감퇴가 먼저 시작되어 다른 인지 영역의 퇴행으로 진행되므로 치매가 의심된다면 검사를 받아야 한다.

28. 고령화 사회에서 남자와 여자의 치매

1980년 3.8%에 불과하던 65세 이상 노인인구의 비율은 2000년에 전체인구의 7.2%에 도달하여 고령화 사회에 진입하였고, 그 후로도 빠른 속도로 고령화가 진행되어 2018년에는 노인인구 비율이 14.3%로 고령사회에, 2026년에는 20.8%에 이르러서 초고령사회에 도달할 것으로 전망된다.

이러한 급속한 노인인구의 증가와 함께 치매환자의 증가도 예상되고 있는데, 향후 치매환자 수가 2010년 47만 명, 2020년 75만 명, 2050년 212만 명으로 급증할 전망이다(그림 5-10). 표준 치매 유병률은 연령과 성, 학력, 지역을 보정한 것으로, 여자(8.34%)가 남자(7.60%)보다 높게 나왔다.

한 조사결과에 따르면 65세 이상의 치매율은 남자가 3.7%인데 반해 여자는 10.9% 정도로 여자가 훨씬 많은데, 이러한 남자와 여자의 차이는 평균수명과 관계가 있다.

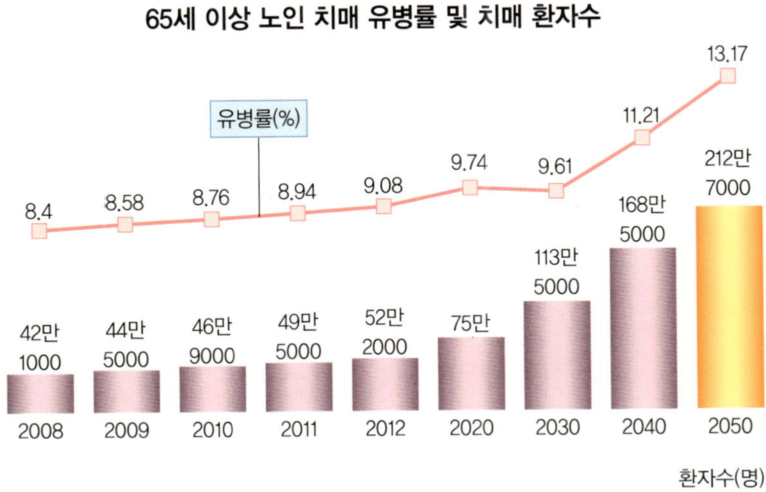

그림 5-10. 노인성 치매 유병률 및 환자수

29. 떨림과 근육강직의 파킨슨병

파킨슨병은 중뇌의 흑질 부위가 손상돼 신경전달물질인 도파민의 분비가 감소되어 발병하는 퇴행성 뇌신경질환으로 인지기능에는 문제가 없는 대표적인 이상 운동 질환이다. 도파민 분비량이 60~70% 정도로 감소되면 손발 떨림 현상이 나타나기 때문에 발병 초기라고 해도 상당히 진행된 상태이며, 특징은 한 손부터 떨리기 시작하고 가만히 있을 때 떨림이 나타난다. 병리학적 특징으르는 파킨슨병 환자의 흑질의 신경 멜라닌도 사라진다(그림 5-11). 완전한 치료법이 없는 파킨슨병은 진행속도를 최대한 늦추는 것이 치료의 목표이며, 부족한 도파민을 약물로 보충할 수 있고, 약의 효과가 떨어지면 '뇌심부자극술'을 시행하기도 한다. 우리나라는 2009년 통계로 파킨슨 환자가 7만 명이 넘는 것으로 추정하고 있다.

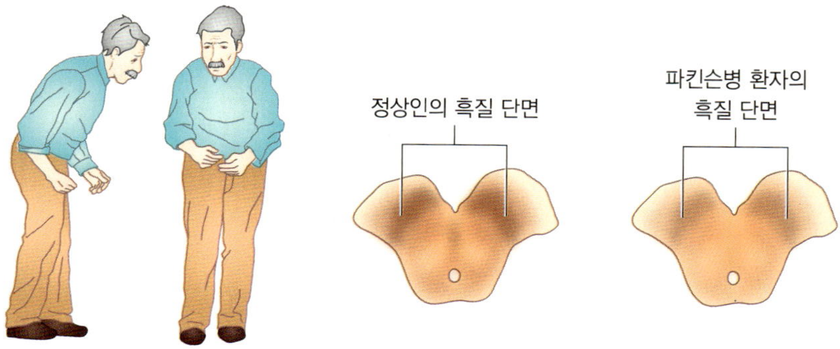

그림 5-11. 파킨슨병의 증상과 뇌의 병리학적 특징

30. 제초제를 많이 사용하는 농부들과 파킨슨병

파라쿼트(그라목손®, 속사포®, 파라코®)는 1882년 영국에서 합성된 이후 식물의 광합성 동안에 세포벽과 원형질을 파괴시키지만, 토양에 닿는 즉시 무독성의 화합물로 재빨리 분해되어 환경에 무해하다는 장점이 알려졌고, 상업적 목적으로 생산되어 비선택성 식물 전멸제(제초제)로서 세계 120여 국에서 널리 사용되었다.

우리나라의 경우는 1970년부터 수입이 되어 광범위하게 사용되고 있으며, 50%의 원료를 수입해서 24.5%로 희석한 것을 사용하고 있는데, 이는 외국에서 시판되는 상품(2.5~5%)에 비해 훨씬 높은 농도이다. 우리나라에서는 일반인 누구나 구입 및 사용이 가능하며, 2009년 파라쿼트 출하량은 1,340톤(농촌진흥청 고시)으로 토양뿐만 아니라 일반 하천까지 오염이 될 가능성이 높다.

파라쿼트는 제초제로서의 효과는 크지만, 사람을 포함한 대부분의 환경생물에 대해서는 매우 치명적인 것으로 알려져 있다. 이에 따라 오스트리아, 덴마크, 핀란드, 말레이시아 등이 사용을 금지하였고, 또한 미국에서는 '제한적 사용'으로 규정이 되어 있다. 최근에 발표된 연구결과들을 살펴보면, 파라쿼트는 인체 노출 시 체내에서 활성산소종의 형성 및 선택적인 도파민 신경세포의 독성을 유도하여 파킨슨병을 유발할 수 있으며, 농부들의 경우 유병률이 대조군에 비해 2~3배 높다고 보고하였다. 또한 2007년에 Ray Dorsey 등에 의해 발표된 자료(Neurology 30;68(5):384-6, 2007)에 의하면 파라쿼트에 노출된 농부들이 전 생애에 걸쳐 파킨슨병의 위험이 2배 더 높다는 사실과 특히, 아시아 국가들에서 많이 발생될 것이라고 전망했다.

31. '국민의 병'이 되어버린 당뇨병

30대 이상 한국인 10명 중 1명이 앓고 있는 당뇨병은 혈액의 포도당 농도가 높은데, 충분한 양의 인슐린을 생성하지 못하거나 인슐린이 제대로 작용하지 못하여 고혈당을 특징으로 하는 대사질환이다. 지난 20년간 폭발적으로 증가한 질병 중의 하나인데, 우리나라의 당뇨병 유병률은 1970년대 약 2%에서 시작하여 점차 증가하였으며, 2003년에는 약 5.9%, 2005년의 20세 이상 성인에서 당뇨병 유병률은 7.7%(269만 추정)이며, 남자(8.2%)가 여자(6.4%)에 비해 높았다. 현재 전 세계에 당뇨병 환자는 2억 9,000만 명이며, 국내에서도 500만 명에 이르는 것으로 보고되었다.

32. 치료가 달라지는 당뇨병의 유형

당뇨병은 크게 제1형 당뇨병과 제2형 당뇨병으로 분류하였고, 그 밖에 임신성 당뇨병과 기타 특이형으로 나눌 수 있다.

① 제1형 당뇨병

일반적으로 유년 시기나 성인 초기에 300명 중의 1명의 빈도로 발생을 하며, 인슐린을 생산하는 췌장의 β-세포가 자가면역 기전에 의한 파괴로 발생을 하기 때문에 인슐린 치료가 필수적이다. 제1형 당뇨병의 약 90%는 가족력 없이 발생되지만, 13개 이상의 다른 감수성 유전인자 위치가 보고되었다.

② 제2형 당뇨병

가장 흔히 볼 수 있는 유형으로 인슐린 분비 부족 및 인슐린 저항성과 같은 복합적 요인에 의한 상대적 인슐린 결핍상태라고 할 수 있다. 따라서 치료할 때는 식사요법과 운동요법이 선행되어야 한다.

③ 임신성 당뇨병

임신 중에 내당능 장애가 발생한 경우로, 주로 임신 중기나 말기에 발견이 되는데, 대부분은 분만 후에 정상 혈당을 유지한다. 임신성 당뇨병은 전체 임신부의 약 2~5%에서 발생하며, 임신성 당뇨병 환자의 절반은 출산 후 10년 안에 제2형 당뇨병으로 진행하는 것으로 알려져 있다.

33. 유전자변이와 당뇨병 발병위험도

최근까지 학계에서 발표된 당뇨병 관련 유전자는 약 34개 정도이며, 이 유전자들은 인슐린을 생산하는 췌장세포의 활동, 체내 인슐린 작용의 조절, 세포주기 조절에 관계하는 것으로 알려졌다. 또한 국내 연구 자료에서도 그동안 기능이 거의 알려지지 않았던 *TCF7L2*, *SLC30A8*, *HHEX*, *CDKAL1*, *CDKN2A*/*CDKN2B*, *IGF2BP2*, *FTO* 유전자 등도 당뇨병과 관련이 있는 것으로 밝혀졌다. 연구결과에서는 유전자변이를 0~2개 가진 사람의 당뇨병 발병 위험도를 1로 했을 때 5개 이상의 유전자변이가 있는 사람은 그 위험도가 최대 3.3배까지 높아진다고 발표하였다.

2012년 초 국내 연구진에 의해 멜라토닌 수용체와 관련된 *MTNR1B* 유전자 변이와 인슐린 합성과 관련된 *CDKAL1* 유전자 변이가 임신성 당뇨병 발병과 밀접한 관계가 있음이 최초로 규명되었다. 또한 기존에 알려진 34개의 제2형 당뇨병 유전자 변이 중 8개가 임신성 당뇨병 발병에도 중요하게 작용하는 것으로 확인되었다.

34. 당뇨병의 진행단계

일반적으로 당뇨병 수준으로 진행되기까지는 약 10년 정도의 시간이 걸린다. 공복 시 포도당 장애와 내당능 장애는 당뇨병의 전 단계로, 심혈관계질환과 뇌혈관계질환의 발병에 대한 위험도가 높다.

- 공복 시 포도당 장애 : 공복 시 혈장의 포도당 농도가 100~125mg/dL 사이
- 내당능 장애로 2가지 기준에 일치해야 함
  ① 공복 시 혈장의 포도당 농도가 126mg/dL 미만
  ② 경구포도당부하검사 동안 부하 2시간 후 혈장의 포도당 농도가 140~199mg/dL
- 다음 중 한 가지에 해당되면 당뇨병으로 진단할 수 있다.
  ① 당뇨병의 전형적 증상과 식사와 관계없이 혈장의 포도당 농도가 200mg/dL 이상
  ② 적어도 8시간 동안 공복한 다음 혈장의 포도당 농도가 126mg/dL 이상
  ③ 경구포도당부하검사 동안 부하 2시간 후 혈장의 포도당 농도가 200mg/dL 이상

35. 혈당을 조절하는 인슐린

인슐린은 췌장(이자)에서 만들어지는 호르몬으로 혈액 속의 포도당 수치인 혈당량을 일정하게 유지시키는 역할을 한다. 혈당량이 일정 이상으로 높아지면 인슐린이 분비되며, 혈액 내의 포도당을 세포 내로 유입해 다시 다

당류(글리코겐)의 형태로 저장하는 작용을 촉진시킨다. 또한 인슐린은 생화학 역사에 있어서 맨 처음 1차 구조식이 발견된 단백질이다. 1921년, 최초로 췌장에서 채취하여 인슐린의 결정을 얻어냈으며, 1955년에 소의 인슐린 구조를 밝혀내었다. 인슐린은 간세포에서 포도당을 글리코겐으로 저장시키는 작용과 혈액 내의 포도당을 세포 내로 이동시켜 포도당의 산화를 촉진시키는 작용을 한다.

36. 치료에 사용되는 인슐린의 종류

치료에 사용되는 인슐린의 종류에는 소, 돼지, 사람 인슐린이 있으며, 형태는 동물 췌장으로부터 분리한 돼지 및 소-돼지 혼합형, 대장균이나 곰팡이에서 만든 생합성한 사람 인슐린, 반합성 사람 인슐린 그리고 반합성된 사람 인슐린 유사체가 있다. 소 인슐린은 사람 인슐린과 3개의 아미노산이 다르며, 돼지 인슐린은 1개 아미노산이 다른데, 이런 차이 때문에 소 인슐린은 돼지 인슐린에 비해 더 많은 항원반응을 나타낸다. 반합성 인슐린은 돼지 인슐린에서 차이가 나는 아미노산을 사람 인슐린과 동일하게 치환하는 방법으로 만들어진다. 사람 인슐린과 사람 인슐린 유사체는 재조합 DNA 기술을 이용하여 만들어진다.

인슐린은 보통 인슐린의 최대 효과와 지속시간에 따라 분류하는데, 현재 사용되는 초속효성 인슐린은 리스프로이며, 속효성 인슐린은 레귤라, 중간형 인슐린은 NPH와 렌터, 그리고 지속형 인슐린은 울트라렌터 등이 있다.

37. 유전자 재조합에 의한 인슐린 생산

유전자 재조합 기술은 필요로 하는 특정 유전자를 분리하여 20분에 1회씩 분열하는 대장균에 넣어서 그 유전자에 의하여 만들어지는 물질을 짧은 시간에 다량으로 얻는 기술이다. 사람 인슐린 유전자를 분리하여 대장균의 유전자에 끼워 넣으면 대장균이 복제될 때 함께 복제되어 짧은 시간에 많은 양의 인슐린도 다량 얻을 수 있다(그림 5-12). 이렇게 만들어진 인슐린은 매우 싼값으로 당뇨병을 치료하는 의약품으로 쓰이고 있다. 현재 간염 또는 독감 예방 백신, 그리고 항암제인 인터페론 등 여러 가지 질병을 예방하거나 치료할 수 있는 의약품들이 유전자 재조합 기술에 의해 대량 생산되고 있다. 1978년 미국의 제넨텍(Genentech)社가 최초로 대장균에서 인슐린을 합성하였다.

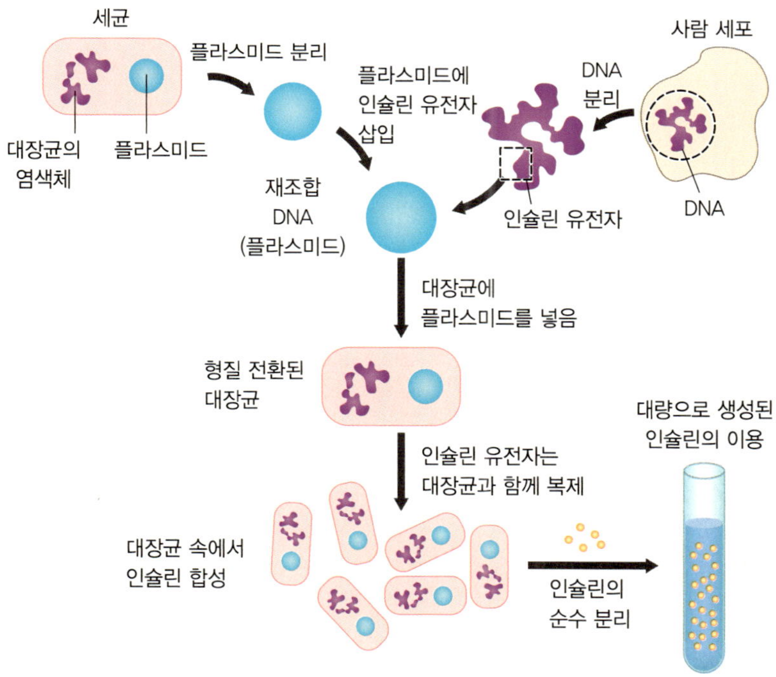

그림 5-12. 인슐린 재조합 과정

38. 비만과 인슐린 능력의 한계

옛날에는 경제적인 여유가 있는 사람들이 비만해진 뒤에 당뇨병이 생기는 경우가 많아서 '부자병'이라고 하였는데, 요즘엔 정신적 · 육체적인 스트레스, 서구화된 식습관 그리고 평균수명 연장 등으로 당뇨병 대란의 시대가 되었다. 일단 살이 찐 사람들은 혈당을 조절하기 위해 정상체중인 사람보다 더 많은 인슐린을 필요로 한다. 하지만 베타세포에서 인슐린을 분비하는 능력에는 한계가 있고, 언젠가는 인슐린 결핍을 초래하게 된다. 특히 제2형 당뇨병인 경우에는 복부비만이 원인이 될 수 있다. 복부 중에서도 내장지방조직이 인슐린 저항성을 일으키기 때문에 내장지방을 줄이는 것이 중요하다.

39. 서서히 진행되는 당뇨병

당뇨병은 하루아침에 발생되지 않는 만성질환으로 당뇨병의 수준으로 진행되기까지 10~20년에 걸쳐 서서히 진행된다. 그러나 당뇨병으로 진단받은 다음엔 정상으로의 회복이 불가능하므로 정기적인 검진이 필요하다. 당뇨병의 전단계인 공복 시 포도당 장애와 내당능 장애는 생활습관의 변화나 약물치료 등에 의해 정상인 상태로 회복될 수 있다.

40. 유난히 많은 당뇨병과 관련된 생약제

당뇨병에 관한 민간요법은 헤아릴 수 없을 정도로 많다. 특히 우리나라는 '소갈병'으로 이미 천여 년 전부터 당뇨병이 알려졌으며, 수많은 약방문과 치료법이 시행되었지만, 별반 효험을 볼 수 없었기 때문에 무서운 난치병의 하나로 여겨왔다. 실제로 당뇨병 환자들 중 민간요법을 한 가지도 안 해본 사람이 없을 정도이다. 현재 알려져 있는 민간요법은 거의 170여 종에 이르고 있는데, 사실, 이들 중의 어느 것이나 의학적 근거가 없는 치료법이며, 오로지 경험에 의한 것이다. 그러나 그 경험이란 것이 매우 애매하고, 각 민간요법이 당뇨병을 호전시킨다는 객관적인 자료도 없는 것이 현실이다.

① 민들레 뿌리

민들레는 국화과의 식물로 치커리(꽃상추)와 가깝고, 전통 미국의학에서 많이 사용되었다. 주로 혼합물 및 뿌리와 뿌리 윗부분을 달여서 신장질환, 소화불량, 가슴앓이를 치료하는 목적으로 사용하였으며, 인슐린이 아니라 이눌린을 함유한다. 혈당을 낮추는 효과가 있다. 그러나 특정 용량에서는 독성을 가질 수 있으므로 먹는 양은 주의가 필요하다.

② 인삼

인삼은 전통적으로 항당뇨 효과가 있는 것으로 보고되고 있으며, 에너지를 증가시켜 스트레스를 완화하고 면역체계에 영향을 준다고 알려져 있다. 특히 홍삼에 대한 연구들에서는 체력 증진과 면역기능 향상 외에도 고혈압, 당뇨, 치매, 심혈관질환, 아토피, 갱년기 증상, 불면증, 갈증, 피로감에 이르기까지 그 효능이 다양하다고 한다. 그러나 장에서 사포닌을 분해할 수 있는 효소가 적거나 없는 사람은 홍삼의 효과가 없을 수도 있다. 또한 출혈 위험이 있는 수술 전·후에는 혈액 응고기능을 떨어뜨리는 홍삼 복용을 주의해야 한다. 이처럼 사람마다 체질과 신체 상태가 다르기 때문에 자신의 몸에 맞는 것을 복용하는 것이 중요하다. 시베리아 인삼은 사포닌의 계열 성분인 진세노사이드(배당체)가 없기 때문에 파낙스 인삼과는 구분하여 사용해야 한다.

③ 달맞이꽃

달맞이꽃 기름은 오메가-6 필수지방산, 감마-리놀레닉산을 함유하고 있으며, 신경병증의 효과가 있는 것으로 알려져 있다. 동물실험에서는 혈압을 낮춘 결과가 있었지만, 사람의 경우에는 혈압의 변화가 없었으며, 필수 지방산의 대사산물에 영향을 받는 여러 질환에 다양하게 연구되고 있지만, 높은 수준의 연구가 부족하다.

④ 마늘

마늘의 핵심성분인 알리신은 혈관을 이완시키는 황화수소의 생성을 유도하는 것으로 알려져 있으며, 여러 연구결과를 통해 당뇨병 환자 또는 당뇨병성 고혈압 환자들이 마늘을 섭취하면 고혈압을 예방할 수 있다고 한다. 그러나 당뇨병 약을 같이 복용하는 경우 저혈당을 유발할 수 있으며, 혈당을 낮출 수 있는 알로에, 인삼 등과의 사용도 주의해야 한다.

⑤ 생강

생강의 올레오리진은 소화, 진해, 완하제, 제산제를 함유하고 있다. 한 연구에서는 생강 추출물이 당뇨병 환자들에게서 빈발하는 신장손상을 예방하는 데 도움을 줄 수 있다고 하였지만, 생강 추출물 공급량과 최소 유효량 등을 규명하는 작업이 뒤따라야 한다고 발표하였다. 또한, 출혈의 위험을 증가시킬 수 있으며, 혈당을 낮출 수 있으므로 주의해야 한다.

⑥ 감초

감초의 성분인 글리시리진은 설탕보다 50배나 달기 때문에 향료로 사용되어 왔으며, 한방에서 널리 사용되는 약제이다. 감초 뿌리에는 혈당을 떨어뜨리고 염증을 억제하는 아모르프루틴이라는 성분이 있지만, 차로 만들어 마시거나 먹는 것으로는 효과가 입증되지 않았다. 신장질환이 있는 사람이 너무 많이 먹었을 경우에는 체액의 염분 저류와 저칼륨혈증이 생겨 위험할 수 있다.

⑦ 마황

마황 성분인 에페드린이 교감신경을 흥분시키고 체중을 줄이는 효과가 있어 최근에는 살을 빼는 목적으로 사용되다 보니 부작용이 보고되고 있다. 특히 당뇨병 환자는 마황에 의해 글리코겐의 분해가 촉진되어 고혈당이 생길 수 있으며, 심혈관 질환의 심각한 잠재적 위험 및 사망의 위험을 포함하고 있기 때문에 사용하지 않는 것이 좋다.

⑧ 보충제

관절염 증상 완화를 위한 글루코사민 보충제는 아미노당의 일종이며, 일반적으로 안전하지만 당뇨병 환자들이 복용했을 때 혈당이 높아질 수 있다. 최근에는 글루코사민을 과다 또는 장기적으로 복용하면 췌장세포의 파괴로 인해 당뇨병이 발생할 수 있다는 연구 결과도 발표되었다. 식품의약청의 하루 권장량은 1,500~2,000mg으로 규정하고 있다.

41. 아는 만큼 피할 수 있는 당뇨병의 합병증

당뇨병의 합병증은 매우 다양하며 그 형태도 여러 가지이나 공통된 현상은 고혈당에 의한 인체 내에 여러 가지 대사 장애를 유발하여 발생한다(그림 5-13). 당뇨합병증의 종류는 응급을 요하는 급성합병증(당뇨병성 케톤산증, 고삼투성 비케톤성 혼수, 저혈당증)과 보통 10년에서 15년을 경과한 후에 생기는 만성합병증(당뇨병성 망막증, 신증, 신경병증)으로 나뉜다.

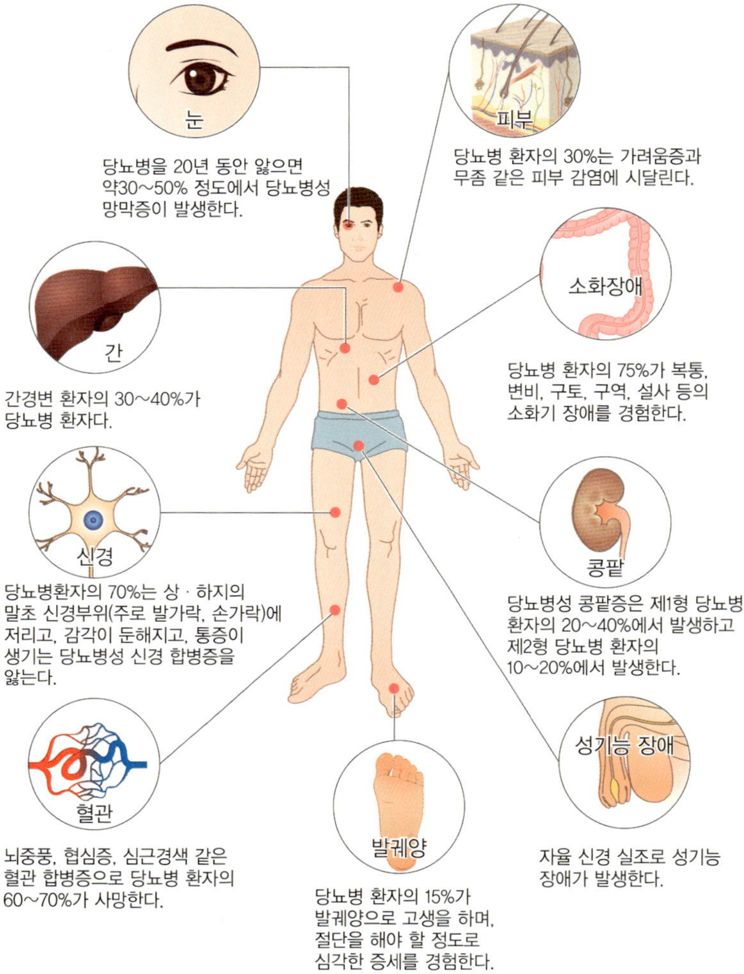

그림 5-13. 당뇨병의 합병증

42. 골다공증과 유전자의 다형성

골다공증은 주로 노화와 관련하여 나타나는 가장 흔한 뼈의 대사성 질환으로, 광범위한 유전적 및 내분비적 요인과 환경적인 요인이 복합적으로 나타나는 다인자성 유전질환이다. 이 질환은 칼슘이 침착할 수 있는 뼈 기질의 감소와 뼈 조직의 미세구조 변형에 의해 골절의 위험도가 증가되는 전신성 골격계 질환이다.

다양한 DNA 표지자를 이용한 연구들을 통해 비타민 D, 칼시토닌 및 에스트로겐 α수용체, 인슐린유사성장인자 I 등을 부호화하는 유전자들이 알려졌지만, 아직 확실한 다형성 표지자는 발견되지 않았다. 최근의 연구결과에서는 골밀도와 관련된 '*WNT16*', '*CTNNB1*', '*SOST*' 등 56개 유전자 변이가 발견되었다.

43. 무리한 다이어트와 골다공증

일반적으로 골밀도는 30세 전후에 가장 높고 이후 점차 감소하는데, 특히 여자의 경우 폐경기 이후에 골밀도가 급속하게 떨어지면서 골다공증이 발병한다(그림 5-14). 그러나 최근에는 50대 이상이 아닌 젊은 여자들에게 골다공증의 발생이 늘고 있는데, 무리한 다이어트와 운동 부족, 그리고 과도한 실내 생활로 인한 비타민 D 결핍 등이 원인으로 알려졌다. 또 흡연과 음주 증가도 젊은 사람들의 골다공증 발생과 연관이 있는 것으로 나타났다. 흡

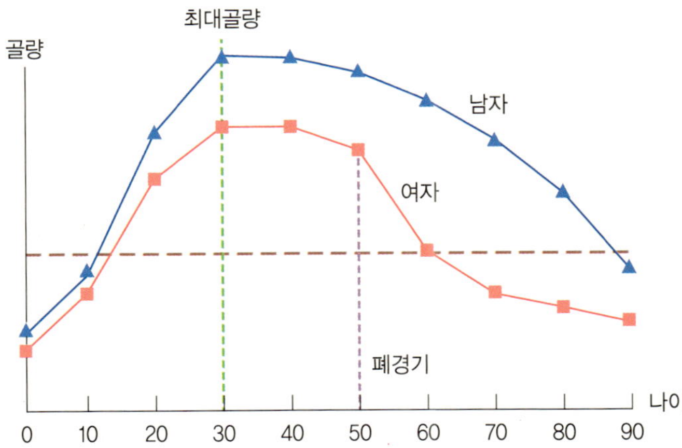

그림 5-14. 나이에 따른 골량의 변화

연은 뼈를 만드는 조골세포를 파괴해 뼈를 약하게 만들고, 칼슘 대사에 관여하는 여성 호르몬인 에스트로겐의 작용을 방해한다. 알코올은 몸 밖으로 칼슘 배출을 촉진하기 때문에 칼슘 흡수가 나빠져 골다공증 위험이 커진다.

44. 유전자 변이와 정신분열병

정신질환 중에서 가장 심각한 정신분열병은 전 세계인구의 1% 정도에서 나타나며, 환자의 70% 정도가 유전적 요인 때문일 것이라 추정하고 있다. 정신분열병은 현실과의 괴리감, 망상, 환각, 부적절한 감정과 기이하고 퇴행된 행동 등의 정신이상 증상을 나타내는 파괴적인 정신질환의 일종이다. 사람의 22번 염색체 손상으로 인해 뇌의 해마와 전두엽이 서로 협조하지 못하여 정신분열병이 발생할 가능성이 있다고 알려져 있다. 또한, 기존에 알려졌던 22번 염색체뿐만 아니라 1번과 15번 염색체에서 유전자 변이가 일어났을 때 정신분열증이 발병할 위험이 3~15배 더 높아졌다는 연구결과도 발표되었다.

45. 가족력이 중요한 조울병

조울병은 감정 기복의 폭이 지나치게 큰 양극의 감정성 정신질환으로서 일반적으로 우울증에서 출발하는 경우가 많다. 정서불안정, 심한 기분의 변동과 재발의 경향을 특징으로 하는데, 조병기에는 과도로 의기왕성하고, 매우 위험성이 높은 행동 등을 하는 반면 울병기에는 흥미 저하, 자신의 존재에 대한 무가치감 등의 불안이 나타나며, 신체적 완만화에 빠지기도 한다. 최근에 급격하게 늘어나는 조울병은 주로 후기 청소년기나 초기 성인기에 발병하며, 고혈압이나 당뇨처럼 만성적인 경과를 보이는 경우가 많으므로 평생 주의 깊은 관찰과 조절이 필요하다. 조울병은 가족적인 성향이 있는 것으로 알려짐에 따라 많은 연구소에서 조울병을 유발하는 유전자를 찾으려는 연구가 진행되고 있으며, 조울병 환자들의 유전자검사 자료를 분석한 결과 뇌 신경세포의 활동에 영향을 미치는 *ANK3*, *CACNA1C*의 두 유전자가 변이되면 조울병이 나타날 위험이 높다는 연구결과가 발표되었다.

46. 세로토닌의 감소와 우울증

우리가 살면서 평생 한번쯤 걸릴 확률이 약 20%라고 알려져 있는 우울증은 전반적인 슬픈 기분 및 무력감, 무능감, 고립감, 허무감, 죄책감 등을 느끼며 그로 인해 불면증, 체중감소, 식욕과 성욕 감퇴, 일상에서의 즐거움과 흥미 상실 등의 특성이 나타나는 장애이다. 우울증의 원인에 대해서는 완벽하게 밝혀지지 않았지만 우울증 환자의 뇌에서는 세로토닌이 감소한다. 세로토닌은 뇌하수체에서 분비되며, 신경세포 사이에서 신호전달의 역할을 담당하는 신경전달물질의 하나로써 세로토닌이 많이 분비되면 기분이 좋아지기 때문에 '행복 호르몬'으로도 알려져 있다. 우울증은 세로토닌을 받아들여야 할 신경세포가 세로토닌을 충분히 받아들이지 못하기 때문에 발생하는 것으로 알려져 있다. 세로토닌을 생성하는 음식에는 오리고기, 붉은살 생선, 콩, 우유, 바나나 등이 있지만 먹는 것으로는 부족하고, 세로토닌 분비 촉매제 역할을 하는 햇볕을 쬐는 것도 필요하다.

요즘은 우울증이 스트레스나 정신적 손상, 갈등보다는 대뇌의 호르몬이나 신경전달물질의 불균형에 의해 나타나는 기질적 원인이 더 강한 것으로 알려지고 있다. 또한, 우울증과 연관된 유전자가 3번과 17번 염색체상에 있다는 것이 알려지면서 우울증도 유전병일 수 있다는 연구 결과가 나왔다.

47. 체질에 따른 약의 효과

일반적으로 체질이란 선천적 유전인자와 후천적 환경요소에 의해 결정된 개개인이 지니는 유형적 특징이라고 하며, 이러한 체질은 개인마다 미묘한 차이를 보인다. 우리의 생명 활동은 단백질이 실행하고 있는데, 이 단백질을 만들고 작용하게 하는 것이 유전자이며, 그중에서도 1염기 차이를 만드는 배열을 '단일염기다형성(SNP)'이라고 한다. SNP는 질병의 발병이나 약의 효력에 매우 중요하게 작용하며, 현재 병에 걸리기 쉬운 정도와 약의 효과에 대해서는 SNP에 관계되어 있다는 견해가 지배적이다. 또한, 체질이나 병에 걸리기 쉬운 SNP를 발견해서 의료에 적용하려는 시도가 이루어지고 있으며, SNP 분석을 통해 개개인의 유전자 정보에 따라 치료하는 '맞춤의료'가 가능해질 수도 있다.

48. 유전자치료의 이해

유전자치료란 환자의 세포나 조직에서 질환을 유발하는 비정상 유전자를 정상 유전자나 질병 치료에 도움이 되는 유전자로 대체하는 치료기술을 의미한다(그림 5-15). 유전자치료의 장점은 질환의 근본 원인을 분자수준에서 규명하여 치료하는 것으로 개념은 1950년대부터 등장하였다. 그러나 1980년대 초반 레트로 바이러스를 이용한 백터가 개발되면서 구축되었으며, 이후 세계적으로 유전자치료의 성공을 위해 노력 중이다. 2003년 중국에서 처음으로 두경부암 치료제를 제품으로 상용하는 데 성공하였고, 현재 우리나라에서도 유전자 치료제가 임상단계에 있는 것들이 있다. 유전자치료는 생식세포 유전자와 체세포 유전자치료로 나눌 수 있다.

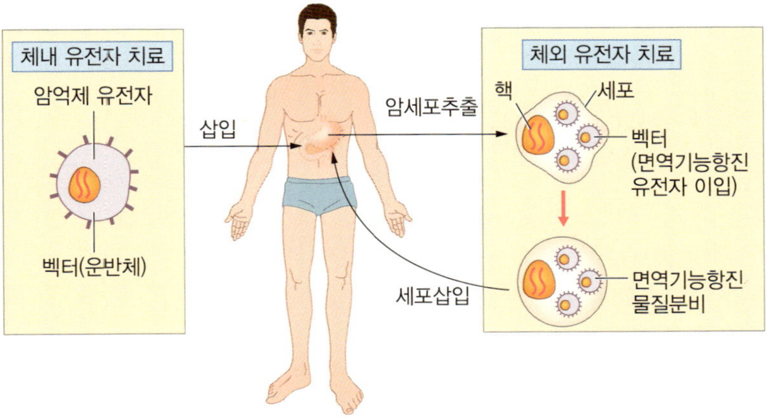

그림 5-15. 암환자에서의 유전자 치료법

49. 유전자 치료제의 개발현황

유전자 치료제는 분자생물학 및 재조합 DNA기술에 기반을 두고 있으며 1970년대 이론적인 토대가 마련되었는데, 1980년대에 레트로바이러스를 비롯한 벡터시스템에 대한 연구가 활발해지면서 유전자 치료제개발이 가시화되었고, 1989년 최초의 유전자 치료제 임상허가를 시작으로 본격적인 개발에 돌입하였다. 현재 시판되고 있는 유전자 치료제로는 2003년 10월 중국에서 두경부암 치료제가 세계 최초로 허가되었으며, 2004년 엡타머 체료제인 Macugen™을 노인성 황반변성 치료제로 승인받았다.

2009년 보고에 따르면, 진행 중인 유전자 치료제 임상연구 가운데 미국에서 이루어지는 연구가 975건(63.4%)으로 가장 높은 비율을 차지하고 있다. 1,537건의 임상시험 유전자 치료제 가운데 종양관련치료제가 대부분을 차지하였으며(993건), 심혈관계 질환 치료제가 137건으로 그 뒤이고, 그 외에 감염성 질환 치료제와 단일 유전자 질환 등이다. (*참고문헌 : 2011년 생명공학백서)

50. 유전자 치료제의 문제점

장점이 많은 유전자 치료제라 해도 임상으로의 적용에 있어서 여러 가지 문제점들이 노출되고 있다.

① 면역반응

외부 물질이 우리 몸에 들어오면 일단 면역체계가 작동하는데, 유전자 치료제도 면역반응을 유도하며, 반복 투여에 따른 더 큰 면역반응이 나타날 우려가 있다.

② 유전자 치료제의 발현기간

유전자 치료제로의 효과를 보기 위해서는 치료제의 기능이 오래 유지되어야 하는데, 치료제의 발현 기간이 짧은 경우에는 여러 번의 유전자 치료를 받아야 한다.

③ 다유전자 장애

특정 유전자의 돌연변이에 의한 질병의 경우 유전자 치료의 좋은 표적이 되지만, 알츠하이머병, 심장병, 고혈압, 당뇨병 같은 다인자성 질환의 경우에는 유전자 치료를 적용하기 어렵다.

④ 암 발생 가능성

DNA 유전자 치료제의 경우 염색체에 삽입될 때 혹시라도 암유발 유전자 근처에 삽입되면 암이 발생할 가능성이 높다.

⑤ 바이러스 전달체의 문제점

전달체인 바이러스 벡터 자체도 우리 몸 안에서 독성과 면역, 염증반응을 유도할 수 있는 문제점들이 있다.

51. 기대와 실망이 서로 엇갈리는 유전자 치료의 전망

암이나 선천성 유전질환, 그리고 알츠하이머병과 같은 난치병에 대한 유전자 치료가 알려진 지 수십 년이 경과하면서 그만큼의 사회적 기대감도 많이 증가되었다. 그러나 기존의 치료방법보다 장점이 많지만, 임상으로의 적용에 있어서 나타나는 여러 가지 문제점들 때문에 한계를 지니고 있다. 이러한 문제점들을 해결하기 위해서는 유전자 치료 자체의 안전성과 효율성을 높여야 하고 대상 질환에 대한 기초 연구가 꾸준히 이루어져야 할 것이다. 또한, 종교적 윤리적 측면에서도 충분한 공감대를 이끌어낸다면 유전자 치료는 난치병에 대한 주요 치료방법이 될 것이다.

52. 물체에 가해지는 힘 스트레스

일상적으로 많이 사용하는 스트레스는 원래 물리학에서 사용되던 용어로써 "물체에 가해지는 압력"을 의미하는데, 의학에 적용하면 '외부의 자극에 대한 생체의 반응'이라고 할 수 있다. 현재 스트레스라는 말은 모호하게 사용되고 있으며, 명확하게 정의하기는 어렵다. 우리는 일이나 학업에 대한 부담감, 그리고 사람과의 갈등 등에 의해 두려움, 불안감 또는 긴장감을 유발하는 원인을 스트레스라고 한다.

53. 스트레스에 대한 무의식적인 몸의 반응

스트레스를 받으면 속이 아프거나 두통이 생기며 심장 박동이 빨라지는 증상이 생기는데, 이는 스트레스가 심신에 다양한 영향을 미치기 때문이다. 또한, 심리적 스트레스나 물리적 스트레스에 상관없이 몸이 반응하는 증상들이 같다는 것은 우리 몸이 환경을 일정하게 유지하고 생존하기 위해 무의식적으로 일어나는 반응일 것이다. 이처럼 스트레스 반응은 눈앞의 긴급 상황으로부터 피하거나 몸을 지키기 위해 반드시 필요한 중요한 반응이다.

54. 모든 종류의 스트레스 반응 경로

심리적인 스트레스나 물리적인 스트레스에 대한 몸의 반응은 '자율신경'과 '내분비' 경로가 관계된다. 일단 스트레스에 직면했을 때 순간적으로 동공이 열리고 심장 박동수가 증가하는 것은 '자율신경'을 통한 스트레스 반응이다. 내분비란 호르몬에 의해 각 장기의 활동을 제어하는 작용을 의미하는 것으로 스트레스를 느낀 뇌는 뇌하수체로부터 부신피질 자극호르몬(ACTH)을 방출시키고, ACTH는 혈액을 통해 온몸을 순환하면서 신장 위에 있는 부신에 도달한다. 다음엔 부신에서 코티졸을 분비하고, 코티졸은 혈액으로 온몸을 돌며 백혈구 등의 면역세포와 간, 근육에 영향을 끼친다(그림 5-16).

자율신경을 통한 스트레스 반응은 스트레스가 사라지면 재빨리 원래의 상태로 되돌아가지만, 내분비의 반응은 혈액을 통하기 때문에 스트레스가 사라진 다음에도 몇 시간씩 계속되기도 한다.

55. 스트레스 감수성에 대한 개인차

같은 상황에서도 누구나 같은 스트레스를 느끼는 것은 아니다. 예를 들면 다른 사람들 앞에 서는 것을 즐기는 사람이 있는가 하면, 매우 스트레스라고 느끼는 사람도 있다. 이러한 스트레스의 개인차는 어렸을 때부터의 경험이나 유전적인 체질이 복합적으로 작용하여 생긴다고 하는데, 부끄러움이 많은 사람이라도 어릴 때부터 사람들 앞에 설 기회가 많아지다 보면 그것을 스트레스라고 느끼지 않게 되는 것과 같다. 스트레스로 인해 아토피성 피부염에 걸리는 사람도 있고, 궤양성 위염이 악화되는 사람도 있는데, 이는 사람마다 스트레스에 약한 장기의 종류가 다르고 유전적인 체질에 따라 달라진다고 한다.

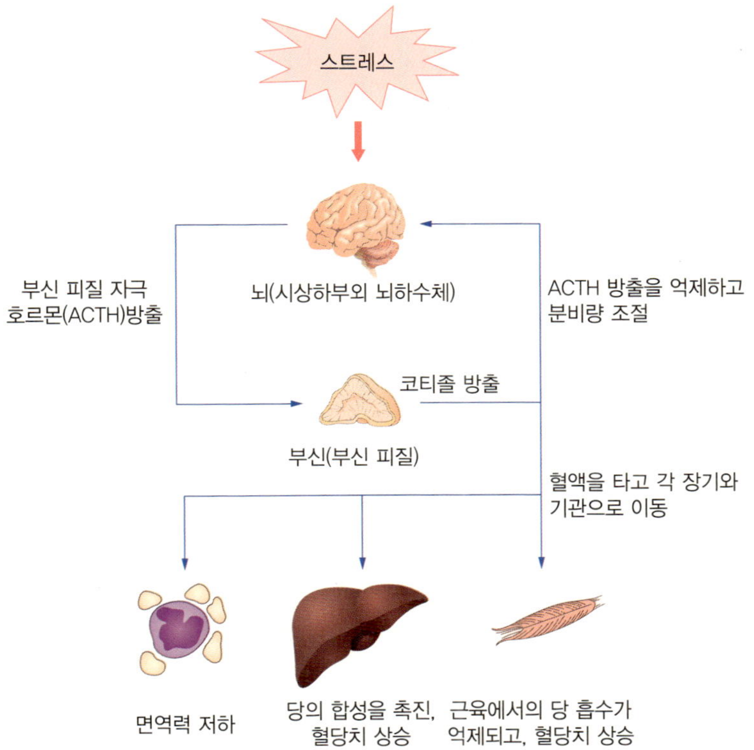

그림 5-16. 내분비를 통한 스트레스 반응 경로

56. 해마의 크기와 정신적 외상 후 스트레스 장애

외상 후 스트레스 장애는 일상생활에서 경험할 수 있는 사건에서 벗어난 사건들, 예를 들어 천재지변, 화재, 전쟁, 신체적 폭행, 강간, 자동차, 비행기, 기차 등에 의한 사건에서 정신적으로 충격을 받은 뒤에 나타나는 질환이다. 증상은 매우 다양하게 나타나는데, 주로 과민반응과 충격의 재경험, 감정 회피 또는 마비로 나타난다. 지금까지 과학자들은 외상 후 스트레스 장애가 기억력과 관련될 수 있다고 여겨왔으며, 실제로 외상 후 스트레스 장애를 겪고 있는 환자들에게서 해마의 크기가 줄어든 사례도 보고하였다. 해마는 기억을 제외한 다른 기능에 대해서는 많이 밝혀지지는 않았지만, 스트레스 호르몬 수용기가 풍부하기 때문에 장기간에 걸쳐 스트레스 호르몬에 노출되면 해마에 손상이 발생하여 크기가 줄어드는 위축 현상이 나타날 수 있다고 한다. 또한, 외상 후 스트레스 장애 환자들은 장기간의 스트레스로 인해 해마의 신경 발생이 감소되고, 신경세포들의 노화와 죽음이 빨라질 수 있다는 연구결과도 있다.

06
죽음에서의 자살과 암

들어가며

세상을 바꾼 혁신의 아이콘 스티브 잡스가 췌장암으로 사망하면서 그가 남긴 “죽음은 삶이 만든 최고의 발명”이라는 말은 많은 사람들로 하여금 긴 여운을 남기게 했다. 죽음은 누구도 피해갈 수 없는 숙명이기에 천국에 가고 싶다는 사람들조차도 그곳에 가기 위해 죽기를 원하지는 않는다. 죽음에 이르기까지의 아픔이나 고통, 주변 사람들의 슬픔, 그리고 무엇보다도 죽음의 실체를 모르는 미지의 세계가 두렵기 때문일 것이다.

최근 몇 년 사이에 우리 사회에서는 생활고나 취업난, 그리고 성적비관 등의 이유로 가장 불행한 죽음의 방식을 선택하는 자살이 심각한 사회문제로 부상되었다. 그리고 이제는 자살문제가 개인이 스스로 죽음을 선택할 수밖에 없도록 만든 사회공동체 모두의 문제라고 인식되고 있다. 또한, 사회적으로 고령화와 평균 수명의 증가로 인해 아무도 피해갈 수 없는 죽음을 많은 사람들이 암으로 맞이하고 있다. 최근에 암의 예방 및 치료방법이 눈부시게 발전했지만 많은 사람들은 아직도 암은 현대 의학이 해결하지 못한 가장 두려운 불치병으로 인식하기도 한다.

이 시대를 살아가면서 심한 고독감이나 현실을 회피하고자 하는 사람들이, 자살은 문제를 해결해 주지 않으며 유족에게 씻을 수 없는 상처와 고통을 남기기 때문에 죽음이 끝이 아님을 알았으면 좋겠다. 그리고 누구나 걸릴 수 있는 암을 두려워하기보다는 '앎'으로 이해하길 바라는 마음이다.

1. 사망의 3대 증상

죽음 혹은 사망은 생명체의 삶이 끝나는 것을 의미하는 것으로 예전에는 심장의 정지와 함께 호흡, 동공확대 등 여러 가지 생명활동의 정지를 사망의 특징이라고 하였다. 그러나 의학이 발전하면서 사망의 구체적인 생물학적 정의를 내리는 일은 상당히 어려워지고 있다. 생명의 유지에는 인체의 모든 장기가 필요하겠지만, 반드시 필요하다고 할 수 있는 장기는 심장, 뇌, 폐로 이 세 장기는 생명의 유지에 매우 중요하며, 어느 하나라도 죽게 되면 곧 나머지 기능이 정지하게 된다. 따라서 이 세 장기를 '3대 생명유지 장기'라고 하고, 모두 죽는 것을 심폐사라고 하며, 법의학과 민법에서는 원칙적으로 심폐사를 사람의 사망시점으로 한다.

2. 회복을 기대할 수 없는 뇌사

의학적으로 뇌사를 사망으로 판정하는데, 뇌사와 식물인간은 다르다. 뇌사는 대뇌와 뇌간이 모두 복구할 수 없는 손상을 입어 뇌 전체 활동이 정지된 상태이며, 회복을 전혀 기대할 수 없다. 반면에 식물인간은 호흡, 눈동자의 움직임 등 몸의 자율적 기능을 유지하는 뇌간은 살아있어 영양만 공급된다면 자력으로 계속 살 수 있고, 희박하나마 회복의 가능성도 있다.

3. 2010년도 사망원인

통계청에서 발표한 '2011년 한국의 사회지표' 내용에서도 2010년 사망원인 1위는 암으로, 이로 인한 사망률은 인구 10만 명당 144.4명으로 나타났다(그림 6-1).

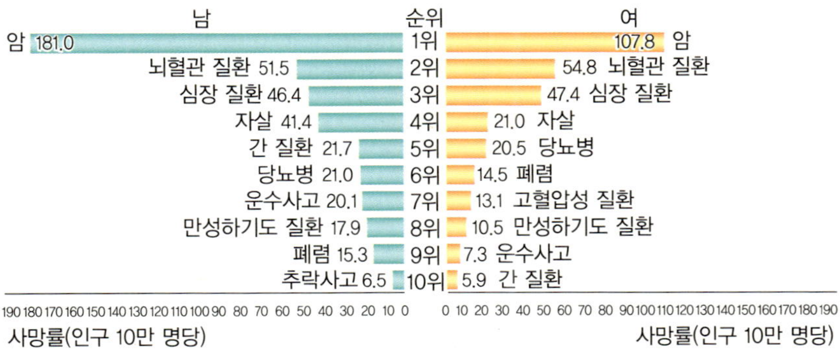

그림 6-1. 성별 사망원인 순위, 2010

4. 연령대별로 다른 사망원인 1순위

2010년도 사망원인을 연령대별로 1순위를 보면 1~9세는 운수사고, 10~30대 자살, 40대 이상은 암, 남녀 사망원인 순위는 4대 사인(암, 뇌혈관 질환, 심장 질환, 자살)까지 동일하다(표 6-1). 그리고 출생 후 1년 이내 사망하는 영아사망의 주요 원인은 대분류 수준에서는 출생 전후기에 기원한 특정 병태(53.3%), 선천기형, 변형 및 염색체 이상(19.1%)으로 나타났다. 영아사망자는 1,506명이었으며, 영아사망률(출생아 천 명당)은 3.2명, 성별로는 남아가 890명으로 59.1%를 차지, 남아의 영아사망률은 3.7명, 여아는 2.7명으로 남아가 높게 나타났다. 임신 28주 이상의 사산 및 생후 7일 미만의 신생아 사망을 의미하는 출생 전후기 사망자 수는 2010년 총 1,541명이었다.

표 6-1. 연령별 3대 사망원인 구성비 및 사망률, 2010

연 령	1위			2위			3위		
	사망원인	구성비	사망률	사망원인	구성비	사망률	사망원인	구성비	사망률
1-9세	운수사고	18.4	2.8	악성신생물(암)	14.2	2.1	선천기형 변형 및 염색체 이상	8.9	1.3
10-19세	고의적 자해(자살)	24.3	5.2	운수사고	22.7	4.8	악성신생물(암)	14.1	3.0
20-29세	고의적 자해(자살)	44.9	24.4	운수사고	16.6	9.0	악성신생물(암)	9.2	5.0
30-39세	고의적 자해(자살)	33.9	29.6	악성신생물(암)	19.2	16.8	운수사고	8.9	7.8
40-49세	악성신생물(암)	28.1	56.7	고의적 자해(자살)	16.9	34.1	간 질환	8.4	17.0
50-59세	악성신생물(암)	37.7	158.8	고의적 자해(자살)	9.5	40.1	간 질환	7.4	31.0
60-69세	악성신생물(암)	42.8	415.5	뇌혈관 질환	9.2	88.9	심장 질환[1]	8.0	77.3
70-79세	악성신생물(암)	33.8	925.5	뇌혈관 질환	13.0	357.1	심장 질환[1]	9.7	266.8
80세이상	악성신생물(암)	16.2	1530.0	뇌혈관 질환	12.3	1162.3	심장 질환[1]	11.4	1073.6

[1] 심장 질환에는 허혈성 심장 질환 및 기타 심장 질환이 포함

(자료 : 통계청)

표 6-2. 사망원인 연도별 변화

	1992	1998	2010
1위	암	암	암
2위	뇌혈관질환	뇌혈관질환	뇌혈관질환
3위	심장질환	심장질환	심장질환
4위	운수사고	운수사고	자살
5위	간질환	간질환	당뇨병
6위	고혈압성질환	당뇨병	폐렴
7위	당뇨병	자살	만성하기도질환
8위	만성하기도질환	만성하기도질환	간질환
9위	호흡기결핵	고혈압성질환	운수사고
10위	자살	호흡기결핵	고혈압성질환

(자료 : 통계청)

5. 사망원인의 연도별 변화

사망원인의 연도별 변화에서는 암이 지속적으로 1위를 나타내고 있으며, 가장 놀라운 변화는 자살로, 1992년 전체 사망원인 중 10번째에 해당했으나, 이후 지속적으로 증가하여 2010년 현재 전체 사망원인 중 4위에 해당하고 있다(표 6-2).

6. 연령대별로 사망률이 높은 암

통계청 자료에 의하면 암으로 인해 사망하는 사람들의 암의 종류를 연령대별로 조사하였을 때 다음과 같다(표 6-3).

표 6-3. 연령대별로 사망률이 높은 암의 종류

	1위	2위	3위
10대	백혈병	뇌암	
20대	백혈병	위암	뇌암
30대	위암	간암	유방암
40대	간암	위암	폐암
50대	간암	폐암	위암
60대	폐암	간암	위암
70대	폐암	위암	간암
80대	폐암	위암	대장암

(자료 : 통계청)

7. 세계적으로도 놀라운 자살률

자살(自殺)은 어떠한 수단과 방법으로 행위자가 자신의 죽음을 초래할 의도를 가지고 스스로 목숨을 끊는 행위로, 문화, 종교, 법, 사회제도에 따라 다양한 관점에서 바라본다. 우리나라의 경우 2010년 전체 사망 원인 중 자살이 31.2%였는데, 자살 사망자가 모두 15,566명(33분마다 1명)으로 2000년대 후반보다 연속 증가하였으며, 이는 최근 5년간의 집계 중 가장 큰 수치였다고 한다.

자살한 사람의 성별에서는 남자가 인구 10만 명당 41.4명으로 여자 21.0명보다 1.97배 높고, 연령이 높아질수록 증가하여, 60대 남자는 여자보다 3배 이상 높은 것으로 나타났다. 특히 80대 이상은 20대보다 5배 이상 높게 나타났다. 부모가 어린 자녀와 동반 자살한 경우 어린 자녀는 자살이 아닌 타살에 해당한다.

또한, 국제적으로 OECD 국가 간 자살률(OECD 표준인구 10만 명당)을 비교할 때 평균 11.3명에 비해, 한국은 28.1명으로 가장 높은 수준이다(그림 6-2).

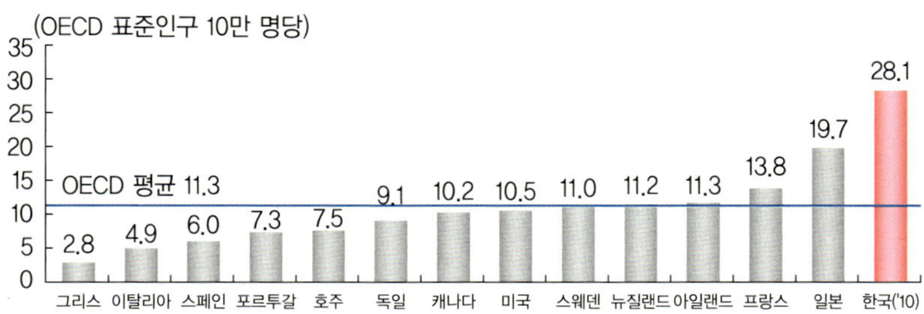

* 자료 : OECD(2011) OECD Health Dta 2011 : Statistics and Indicators for 34 Countries
* OECD 평균은 자료 이용이 가능한 33개 국가의 가장 최근자료를 이용하여 계산
* 한국 2010년 : OECD 표준인구로 자체 계산한 결과임

그림 6-2. OECD 국가 자살률 비교

8. 나이가 많아질수록 급격히 증가하는 자살률

통계청 발표 자료에 의하면 인구 10만 명당 74세 이하 노인 자살률은 81.8명으로 일본 17.9명, 미국 14.5명에 비해 5~6배 이상 많았으며 75세 이상 자살률은 10만 명당 160명이 넘는 것으로 나타났다. 성별연령별 자살률을 살펴보면 나이가 많아질수록 급격히 증가하는 경향을 보이고 있다(그림 6-3). 특히 80세 이상군은 10만 명당 123명으로 20대에 비하여 4배 이상 높았다. 국내 10대 자살률은 자살률이 낮은 호주나 미국 등에 비해서 큰 차이가 없는 반면 고령자 자살률은 다른 나라에 비하여 월등하게 높게 나타났다.

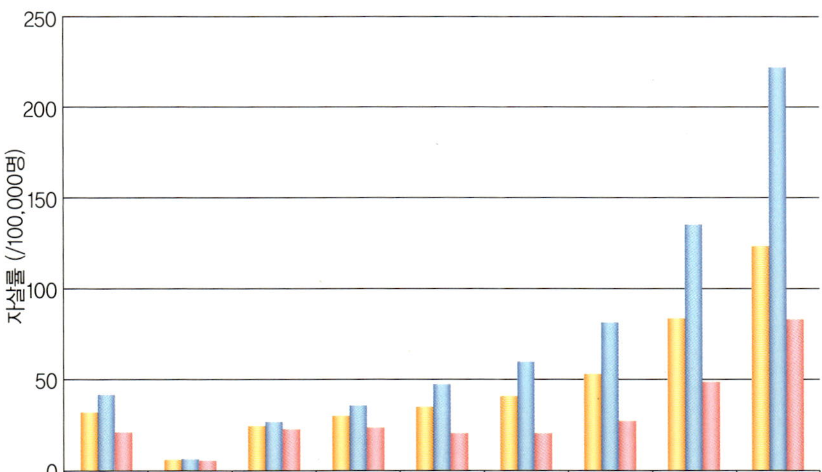

	총계	10~19세	20~29세	30~39세	40~49세	50~59세	60~69세	70~79세	80세 이상
전체	31.2	5.2	24.4	29.6	34.1	40.1	52.7	83.5	123.3
남	41.4	5.3	26.1	35.4	47.6	60	81.5	134.8	222.7
여	21	5	22.5	23.5	20	20	26.5	48.5	83.1

통계청

그림 6-3. 성별 연령군별 자살률의 변화

9. 노인 자살에 대한 여러 가지 원인들

우리나라의 경우 노인자살률은 청장년에 비하여 압도적으로 높으며, 성별과 연령을 보정한 뒤에도 농촌지역 자살률이 대도시지역에 비하여 훨씬 높다. 여러 보고서에서는 사회적 고립과 상실감이 주요 원인으로 보고되고 있는데, 자살을 행한 노인의 24~60%가 홀로 생활하는 노인으로 가족이나 의지할 수 있는 대상이 없는 것으로 나타났다. 특히 가까운 가족의 투병생활과 죽음 등에 의한 강한 상실감 때문에 고립상태에서 우울증을 경험하는 경우가 많았다. 더욱이 노인의 특성상 자살계획을 다른 사람에게 알리는 경우가 거의 없어서 노인자살률이 증가한다고 하였으며, 또한 남자의 자살이 연령이 증가함에 따라 급격하게 증가하는 양상을 보이고 있다.

10. 주변 사람들의 삶을 고통스럽게 하는 청소년의 자살

청소년의 자살은 촉발 사건에 의해 갑작스럽게 이뤄지므로 개선의 기회 자체가 없어지고 주변 사람들, 특히 가족의 삶을 고통스럽게 하기 때문에 그 심각성이 두드러진다. 청소년의 자살에 대한 연구들에서는 개인의 유전적 · 개인적 요인의 결과라기보다는 사회적 현상으로 이해하였으며, 개인과 환경이 서로 영향을 주고받으며 성장하는 과정에서 축적되는 경험의 결과라고도 하였다. 청소년의 자살에는 개인적 요인, 가정환경, 학교관련 요인들을 들 수 있다.

11. 자아존중감 상실과 청소년의 자살

자아존중감은 스스로에 대한 평가적 신념으로, 청소년의 높은 자아존중감은 자살행동에 대한 보호요인으로 작용한다고 알려졌다. 또한 부모자녀관계에서 자아존중감은 부분적 매개 효과가 있으며, 특히 학교에서의 자아존중감이 자살생각을 한 학생과 그렇지 않은 학생을 가장 잘 구별해주는 요인이다. 그러나 자아존중감이 높다 하더라도 가정이나 학교의 환경에 따라 자살생각의 정도는 증가할 수 있다.

사회적으로 부적절한 정서적 · 행동적 충동표출을 억제하고 조절하는 능력을 자아통제력이라고 한다. 자아통제력이 높을 때는 우울이나 분노 등의 내면화 적응문제를 조절하는 개인의 심리적 에너지로 작용하여 부정적인 생활사건이나 스트레스로부터 개인을 보호하는 기능을 하며, 부족할수록 자살의 가능성이 높은 것으로 나타난다.

12. 부모의 양육 태도와 청소년의 자살

6~12세의 아동들은 양육자의 감정과 자신의 감정을 완전히 구분하지는 못하며 가정 내 갈등은 아동 스스로에게도 부정적인 느낌을 갖게 된다. 실제로 자살시도를 했던 청소년들은 그렇지 않은 청소년에 비해 부모관계가 부정적인 경향이 있으며, 특히 부모의 거부적인 양육태도는 자녀의 자아존중감을 떨어뜨려 자살을 유발할 수 있다고 한다. 가족의 응집성과 만족이 낮은 가정의 청소년은 자살생각을 비롯해 정신질환, 비행 등을 경험하며, 가정에서 부부간 폭력이나 갈등을 보고 자란 청소년은 그렇지 않은 청소년에 비해 자살시도가 많다. 지속적인 가정의 폭력 환경에서 자란 청소년은 반사회적 행동을 포함하여 우울 · 불안 등의 문제들을 야기할 수도 있으며, 청소년의 자살이나 자살생각을 예측하는 데 심각한 위험요인일 수 있다.

학업문제 역시 부모의 기대와 맞물려 청소년들에게 상당한 스트레스로 작용하며, 우울함을 느끼거나 자살생각을 생각해본 학생들은 학업스트레스가 높게 나타났다. 2011년 통계청 자료에서도 성적진로문제 때문에 과반수가 넘는 청소년들이 자살충동을 느낀 경험이 있다고 보고되었다.

13. 부모의 욕심이 만들어낸 '엄친아'

'엄친아'라는 용어는 '엄마 친구 아들'의 줄임말로서 네이버 웹툰 '골방환상곡 8화 〈우월한 자〉(2005/12/12)'에서 사용되면서 신종유행어가 되었다. 주로 엄마가 잔소리할 때 등장하며, 자신의 자식에 비해 자신의 친구 아들은 항상 잘났다고 비교하는 말인데, 어쩌면 부모의 욕심이 만들어 낸 대상일 수 있다. 또한, 사회적으로 과도한 경쟁체제와 비교문화가 폭넓게 퍼져 있음을 보여준다.

예로부터 '부모를 자식의 거울'이라 할 만큼 자식교육에 있어 부모가 가장 큰 역할을 담당해야 하는데, 오히려 강박관념을 심어주는 엄친아와의 비교는 자식에게 자아존중감의 상실을 줄 뿐만 아니라 부모·자식 간의 소통의 단절을 불러올 수도 있다. 이 시대 엄마들의 가장 중요한 역할은 세상에서 하나뿐인 자녀의 독창성과 다양성을 인정하고 개개인이 가진 역량과 잠재력을 키워 나갈 수 있도록 용기와 격려, 그리고 사랑으로 자녀가 자아존중감을 가질 수 있도록 하는 것이 아닐까 한다.

14. 학교에서의 '왕따'와 청소년의 자살

집단따돌림은 소수 학생에 대해 다수의 학생들이 지속적으로 심리적·신체적 적대감을 표현하는 '왕따'의 형태로 나타나고 있다. 원만하지 못한 친구관계도 자살행동을 예측하는 만성적인 스트레스로 작용하는데, 14~16세 학생을 대상으로 한 연구에서도 또래집단으로부터 괴롭힘을 당한 학생은 높은 우울과 자살생각을 하였으며, 성인이 되어서도 신체적, 정신적 건강이 양호하지 않다고 한다.

청소년의 자살 또는 자살생각과 관련이 있는 학교환경 요인에는 교사와의 관계도 중요하게 작용한다. 교사와 학생관계는 학교교육에서 가장 보편적인 형태의 대인관계라고 할 수 있으며, 이 관계는 청소년이 학교에 잘 적응하는

데 중요하게 작용될 수 있다. 이처럼 교사와의 갈등은 또래와의 갈등과 함께 청소년이 대인관계 적응의 어려움을 유발할 수 있는 요인이 될 수도 있다.

15. 한국 암환자들의 자살률과 위험인자

1993년부터 2005년까지 전국 암 등록 자료에 등록된 환자들의 자료를 분석한 연구결과에서는 일반 인구에 비해 암환자의 자살률은 2배 높았다. 그리고 남자 환자의 자살률이 10만 명당 116명으로 여자 환자 10만 명당 32명에 비해 3.5배 이상 높았으며, 우리나라 일반 인구와 비교했을 때에도 여자 환자에 비해 남자 환자의 자살률 증가가 두드러졌다. 특히 췌장암에 걸린 남성은 6.01배, 폐암에 걸린 여성은 3.55배로 가장 높은 자살 위험을 보였고, 배우자가 없거나 무직이거나, 교육수준이 낮을 때도 높은 자살 위험을 보였다.

16. 우리나라 사람들이 제일 두려워하는 암

암 발생증가는 심각한 환경 공해 문제와 평균수명의 연장에 따른 인구의 고령화에 의한 것으로 우리나라에서는 통계적으로 국민 3명 중에 1명이 걸린다. 그리고 해마다 인구 5명 중 1명이 암으로 사망하고 있으며, 암의 발생빈도도 현저히 증가되는 추세를 나타내고 있다. 최근 들어 암의 예방 및 치료방법이 눈부시게 발전했지만 아직도 많은 사람들은 암을 현대 의학이 해결하지 못한 가장 두려운 난치의 병으로 인식하고 있다. 또한, 암은 발병을 예측할 수도 없고, 발병한 후에도 종잡을 수 없기 때문에 현대인들이 가장 두려워하는 질병이다.

17. 우리나라 암의 발생빈도

우리나라 중앙암등록본부의 발표자료(2010. 12)에 의하면, 1999년 101,032건이 등록되었던 암 발생 건수가 2008년 178,816건으로 증가하여 1999년 대비 56.5%가 증가하였다. 성별로는 남자가 1999년 57,594건에서 2008년 93,017건으로 61.5%가 증가하였고, 여자는 1999년보다 2008년에 97.5% 증가하였는데, 모든 암의 발생률이 1999년부터 해마다 약 9.2%의 증가를 보인 것으로 나타났다(그림 6-4).

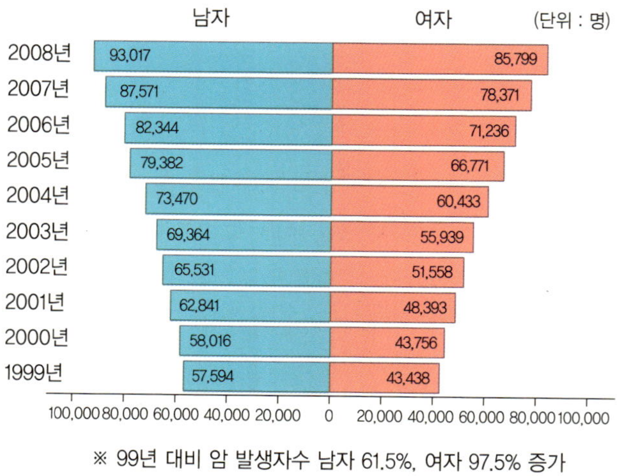

그림 6-4. 연도별 남녀성별 암 발생 건수 추이, 중앙암등록본부 발표자료(2010)

18. 주요 암의 발생분율

2008년 주요 암종 발생분율을 살펴보면, 위암이 전체 암의 15.73%를 차지하였으며, 갑상선암(15.1%), 대장암(12.7%), 폐암(10.5%), 간암(8.8%), 유방암(7.1%), 전립선암(3.6%) 순으로 나타났다(그림 6-5). 암 종류별로는 폐암과 대장암 췌장암의 증가율이 높았으며, 최근 10년간 암사망자 중 위암과 식도암은 감소한 반면, 폐암과 대장암, 췌장암 등은 증가하는 추세로 나왔다.

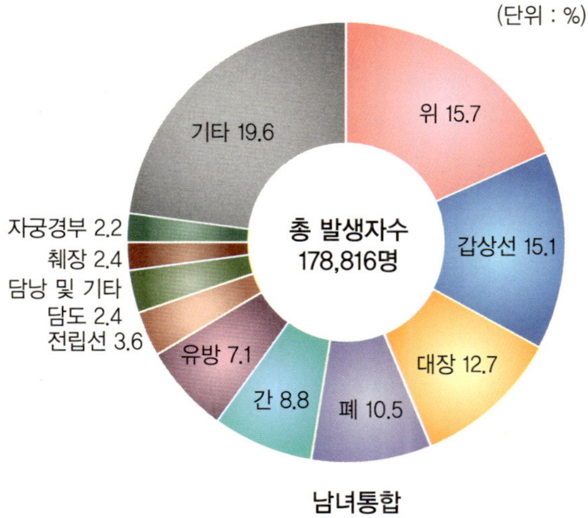

그림 6-5. 주요 암종 발생분율(중앙 암등록본부 발표자료, 2010)

19. 평균 수명까지 살았을 때 암 발생 확률

암의 발생은 젊은 사람보다는 나이 많은 사람들에게서 빈번하게 나타나며, 실질적으로 백신과 항생제의 발달로 감염성 질환에 의한 사망률이 떨어져 평균 수명이 증가하면서 암 발생률도 같이 증가를 하였다. 우리나라 국민들이 평균 수명 80세까지 생존할 경우 암에 걸릴 확률은 34.0%로 3명 중 1명이 암에 걸리는 것으로 나타났다(그림 6-6).

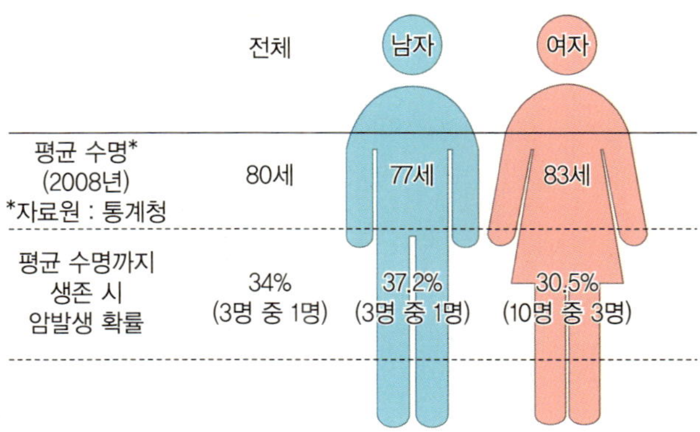

그림 6-6. 평균 수명까지 살았을 때 암 발생 확률(2008)

20. 한 개의 세포에서 시작되는 암

암은 기원전 5세기경 히포크라테스에 의해 '게(crab)'라는 의미의 용어에서 명명되었으며, 세포의 성장과 분열을 조절하는 기전에 이상이 생겨 발생한다. 암은 한 개의 세포가 비정상적으로 증식하기 시작하여 발생된 장소와 상관없이 세포가 무한증식을 하고, 몸 전체로 퍼져나가 정상적인 조직이나 기관을 파괴하여 결국은 죽음으로 가는 질병을 의미한다. 암의 가장 기본적인 특성 중의 하나는 한 개의 비정상적인 세포가 증식하기 시작하여 암이 발생한다는 것이다(그림 6-7).

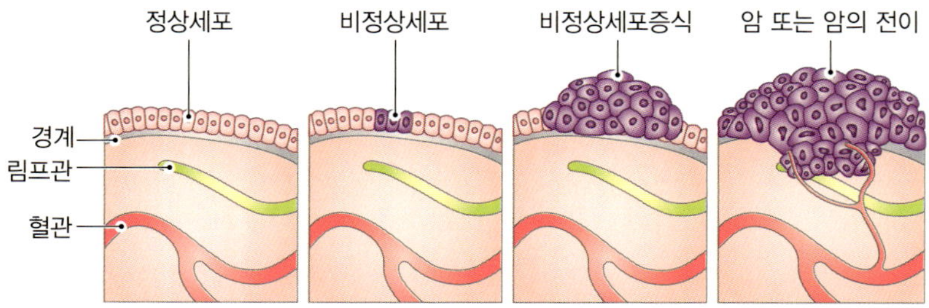

그림 6-7. 암의 진행과정

21. '혹'이나 '멍울'이라고 말하는 종양

종양은 '신생물'이라고도 하며, 인체에서 상당한 빈도로 형성되는데, 대부분은 크기가 작고 국지적으로 형성된다. 다른 조직으로 퍼지지 않기 때문에 사람에게 위험을 주지는 않는 종양을 '양성 종양'이라고 하며, 형태와 기능이 정상세포와 비슷하다. 반면에, 암이라고 부르는 '악성 종양'은 보통 정상세포보다 빨리 성장하고 분열하거나 정상적으로 죽지 않으며, 주변의 순환계나 림프계를 통하여 정상조직에 침투하거나 몸 전체로 퍼질 수도 있는데, 이를 '전이'라고 한다.

22. 양성종양과 악성종양의 차이

	양성종양	악성종양
표면	매끄럽다	울퉁불퉁하다
성장속도	일반적으로 늦게 자라며, 휴지기도 있다	주위 조직으로 침윤과 전이에 의해 퍼짐
유동성	잘 움직인다	잘 움직이지 않는다
전이	없다	흔하다
재발	적다	많다
예후	좋다	종양의 크기와 림프절 전이에 따라 다르다

23. 암의 3가지 유형

암은 생성된 장소와 유래한 세포유형에 따라 상피종양, 결체종양, 혼합종양의 세 가지 부류로 나눌 수 있다. 인체 암의 약 90%를 차지하는 암종은 몸의 내부와 외부 표면을 덮는 층을 형성하는 상피세포에서 발생하는 암이고, 뼈나 연골조직, 혈관, 지방, 섬유조직과 근육에서 유래하는 육종은 1% 정도로 가장 드물게 나타난다. 나머지는 인체 악성종양의 약 8%를 차지하는 백혈병 혹은 림프종으로 림프관과 혈액에서 유래하는 세포로부터 발생되는데, 림프종은 백혈구(림프세포)의 종양으로서 주로 고형 조직 덩어리로 자라는 반면에 백혈병은 악성혈액세포들이 주로 혈류에서 증식하는 암이다.

24. 모든 생물에서 세포의 분열과 성장을 조절하는 암유전자

마치 해로울 것같이 들리는 암유전자는 사람뿐만 아니라 모든 생명체에 정상적으로 존재하는 유전자이며, 세포의 성장과 분화에 중요한 역할을 한다. 단순히 잠재하고 있을 뿐 원래부터 나쁜 유전자는 아니고, 돌연변이가 되었을 때 세포의 증식이 촉진되어 암이 발생한다. 현재까지 밝혀진 암유전자는 대부분 세포의 증식, 세포주기의 조절, 세포의 예정된 죽음과 분화 등에 관여하는 유전자들이다. 현재까지 50여 개의 사람 암유전자가 발견되었으며, 실제로 사람의 암에서 돌연변이의 빈도가 높은 유전자는 10개 정도로 *RAS* 유전자 군의 점 돌연변이, *ERBB* 유전자 군의 증폭, *MYC* 유전자 군의 염색체 전좌에 의한 활성화 등이다.

25. 암을 억제하는 암억제유전자

사람의 세포에 있는 유전자 중 오직 몇 십 개는 암으로 변형되는 것을 억제하는데, 이를 암억제유전자라고 한다. 암억제유전자는 세포증식을 억제하거나 세포사멸을 촉진하는 것으로, 이들 유전자가 돌연변이 등으로 손상을 받으면 세포성장을 억제할 수 없고 세포는 과잉성장을 하게 된다(그림 6-8). 결국 유전자의 결실이나 불활성화가 암으로 이어질 수 있다. 지금까지 알려진 암억제 유전자에는 *p53*, 윌름 종양의 암억제유전자인 *WT1*, 망막아세포종의 암억제유전자인 *RB*가 대표적이다.

26. 다단계 과정을 거치는 암의 발생

암 발생기전은 단일과정에 의해 발생하는 것이 아니라, 체세포성 돌연변이들에 의해 추진되는 다단계의 과정으로 다양한 유전적인 변화의 결과이

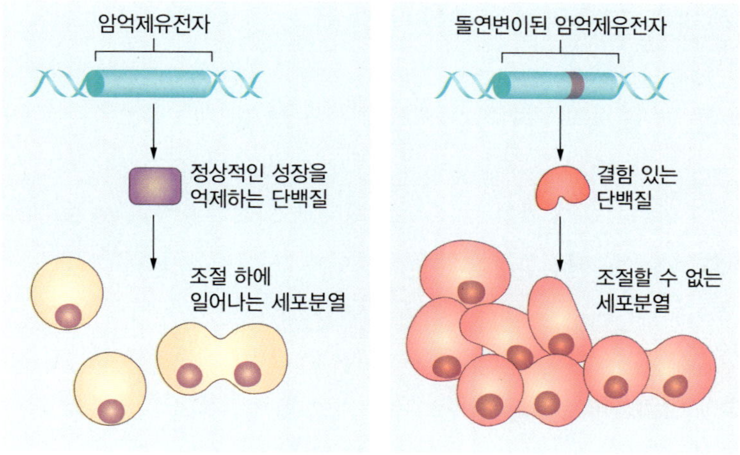

그림 6-8. 암억제유전자의 돌연변이에 의한 암의 발생과정

다. 사람의 발암과정에는 개시, 촉진, 진행 단계로 구분할 수 있는데, 이러한 단계들에 관여하는 요인들이 동시에 오랫동안 지속되므로 각 단계를 구별하기 어려운 경우가 많다.

27. DNA가 돌연변이 되는 암의 개시단계

특정 암 개시인자들은 DNA를 공격하여 돌연변이를 유발함으로써 암유전자를 활성화시키고, 빠르게 진행된다. 이 단계에서 암의 성질은 나타나지 않고, 개시된 세포는 암으로 발전시키는 인자에 노출되기까지 잠복 상태로 있다가, 노출이 되면 진행과정을 거쳐 분열증식을 하고 암을 형성하게 된다. 벤조피렌과 같이 세포의 DNA에 돌연변이를 일으키는 발암물질을 종양(암) 개시제라고 한다.

개시단계에서 유전자의 돌연변이가 일어났다 해도 그 세포가 분열을 하지 않는다면 암세포로서의 의미는 없다.

28. 서서히 진행되는 촉진단계에서의 암 예방

담배를 몇 년 피웠다거나, 기름진 음식을 몇 년 먹었다든지 또는 자외선 등에 노출되었다고 해서 암이 금방 생기는 것은 아니다. 정상적인 세포의 DNA에 돌연변이가 생기고 이것이 암세포로 되기까지에는 10~20년의 세월이 걸리는 것처럼 발암과정에서 촉진단계의 경우는 서서히 진행되는 가역적 과정이다. 따라서 암이 개시된 경우라 해도 촉진단계를 억제시키거나 지연시키면 암으로의 진행을 막을 수도 있다. 따라서 암 예방의 목적으로 암 예방물질을 고려한다면, 개시단계보다는 발암 촉진단계의 억제제의 개발이 실용적일 수 있다.

29. 암세포가 급속하게 증가되는 암의 진행단계

암의 진행단계는 정상세포의 돌연변이가 점차적으로 누적되고, 유전자 발현의 변화로 인해 생겨난 암세포가 비정상적인 특징을 가지며 급속하게 증가되는 것을 의미한다. 암의 진행은 암세포의 높은 증식률, 혈류에서 살아남는 능력, 암 치료 약물에 대한 내성, 면역력에 대한 저항성, 그리고 세포사멸 회피 등의 특징들을 가지고 급속하게 진행된다.

30. 복잡한 과정을 거치는 암세포의 전이

전이는 암의 대표적인 특성이며, 암환자에게 가장 흔한 사망 원인으로서 사망의 90%가 초기의 암보다 전이된 암에 의한 것이다. 이처럼 암세포는 초기에 형성되었던 조직에서 혈액으로 들어갈 뿐만 아니라, 모세혈관의 내피세포에 결합하여 다른 조직으로 이동을 하고, 다양한 표면단백질들을 발현하여 다양한 세포층을 통과할 수도 있다. 전이는 1차 악성종양의 일부에서 혈관신생과정으로부터 시작되는 복잡한 과정을 거치는데 3단계로 나뉜다(그림 6-9). 첫 번째 단계는 암세포가 주변 조직과 혈관에 침윤을 하는 것이며, 두 번째 단계는 순환계를 통해 멀리 이동을 하며, 세 번째 단계는 새로운 위치에서 재침윤하고 성장을 한다. 이러한 과정 중 한 개의 과정이 차단된다면, 전이는 일어나지 않을 것이다.

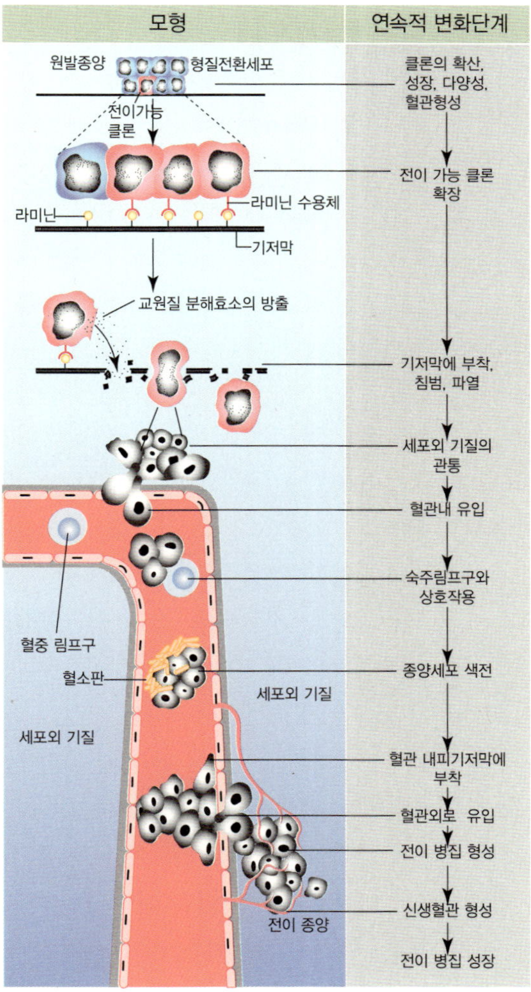

그림 6-9. 암세포의 전이과정

31. 암이 커질 때 꼭 필요한 혈관신생

정상 조직을 둘러싸고 있는 혈관에서부터 뻗어 나와 새로운 혈관을 만드는 것을 혈관신생이라고 한다. 암세포가 증식하고 확산되기 위해서는 지속적인 산소와 영양 공급이 필요하기 때문에 암세포는 혈관의 성장을 촉진하는 단백질을 생성함으로써 암세포 쪽으로 새로운 모세혈관이 생성되도록 신호를 보내 혈관생성을 한다(그림 6-10).

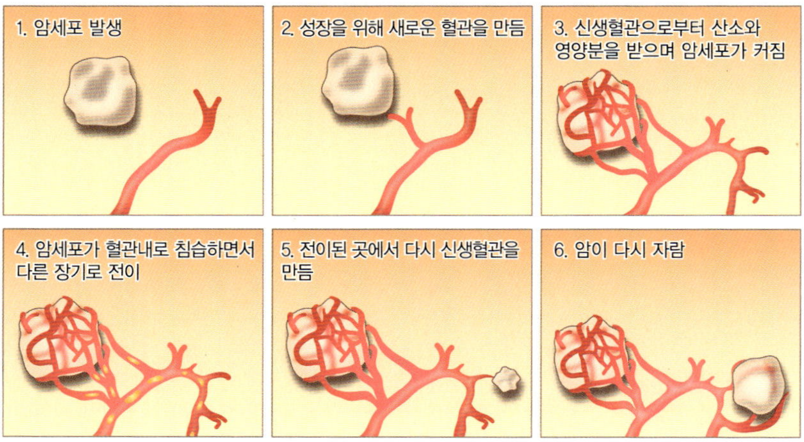

그림 6-10. 혈관신생을 하면서 자라는 암

32. 전이되었을 때의 암의 명칭

암의 명칭은 세포의 유형이나 발생 부위에 따라 붙여지는데, 암세포가 전이되어 다른 장기에 새롭게 생긴 암세포도 같은 이름 즉, 원발부위의 이름이 붙여진다. 만약 위암세포가 간으로 전이되었을 때 간암이라고 하지 않고, 전이성 위암이라고 한다.

33. 전이의 종류

① 침윤성 전이

정상조직을 뚫고 나가서 인접해 있는 다른 조직으로 파고 들어가는 형태

② 파종성 전이

체강표면과 점막표면에 씨를 뿌려 놓은 것처럼 암이 퍼져 있는 형태로, 복강이나 가슴강 같은 체내의 자연적인 공간 부위를 관통했을 때 발생한다. 결장암이나 난소암이 복막표면으로 퍼지는 경우가 많고, 위암이 진행되면 복강 내에 퍼지게 되어 심한 복수를 동반하기도 한다.

③ 림프행성 전이

림프행성 전이는 암종에서 흔히 발생하며, 우선 소속 림프절로부터 침범을 한다. 예로는, 유방암의 경우 겨드랑이 림프절로의 전이가 많고, 폐암은 폐문부 림프절로, 위암은 비르효 림프절 전이가 흔하다.

④ 혈행성 전이

육종에서 전형적으로 일어나는데, 암세포들이 혈관벽을 뚫고 혈관을 따라서 다른 곳으로 이동을 하며 그 곳에 침윤하여 다시 성장을 하는 것으로, 환자 생명의 위험성으로 보면 혈행성 전이가 림프성 전이보다 중요하다. 혈행성 전이는 혈관벽이 얇은 정맥을 따라 이동을 하는데, 간이나 폐는 가장 빈번한 2차성 침범 부위이다. 예로는, 유방암이 뼈로 전이된다거나 췌장암이 골반 내로 전이되는 경우 등이 있다.

34. 암의 전이를 촉진 또는 억제하는 유전자

암세포의 전이능력은 전이촉진 유전자의 활성증가와 전이억제 유전자의 활성감소에 의해 결정된다. 전이억제와 관련된 유전자에는 *NM23*, *KAI-1*, *KISS-1*, *BRMS1*, *MKK4* 등으로 규명되었으며, *KAI-1* 유전자는 11번 염색체 p11.2에 위치하며 전립선암의 전이를 억제하는 것으로 알려졌고, *KISS-1* 유전자는 흑색종과 유방암의 전이를 억제하는 것으로 알려졌으며, 1번 염색체 q32.1에 위치한다. 전이를 촉진 또는 억제하는 유전자에 관한 연구는 암의 전이를 막는 치료와 환자의 예후를 판단하는 데 있어서 도움을 줄 것이다.

35. 침윤과 전이에 의한 암세포의 확산

암은 침윤과 전이의 두 가지 기전에 의해 몸으로 퍼져 나가는데, 침윤은 암세포가 주변 조직으로 직접 이동하여 침투하는 것을 의미하며, 전이는 암세포가 혈류나 체액을 통해서 다른 곳으로 이동하여 새로운 종양을 형성하는 것을 뜻한다.

36. 암의 종류마다 차이가 나는 전이능력

2008년에 국내대형병원에서 1995~2007년에 치료를 받은 국내 7대 암 환자 8만 7천여 명을 대상으로 암이 어디로 전이되는지에 대한 분석 자료를 발표하였다(표 6-4). 7대 암에서 전이율이 가장 높은 것은 대장암, 위암, 폐암, 유방암, 간암, 자궁경부암, 전립선암 순이고, 암이 전이되는 부위로는 폐, 뼈, 간이 가장 많았다.

표 6-4. 7대 암의 종류에 따른 전이율암

	암의 종류	전이율
1	대장암	간(52.1%), 폐(15.7%), 기타(13.5%), 복막(12.3%), 뼈(4.5%), 뇌(1.9%)
2	위암	복막(30.4%), 간(29.8%), 기타(16.3%), 림프절(9.8%), 폐(7.0%), 뼈(6.7%)
3	폐암	뼈(27.9%), 폐(24.9%), 뇌(21.7%), 기타(10.8%), 간(10.1%), 림프절(4.6%)
4	유방암	뼈(36.2%), 폐(26.5%), 간(13.7%), 뇌(9.3%), 림프절(7.2%), 기타(7.1%)
5	간암	폐(44.0%), 뼈(26.8%), 기타(13.6%), 림프절(6.1%), 복막(5.4%), 뇌 (4.1%)
6	자궁경부암	폐, 림프절, 뼈 등에 골고루 전이
7	전립선암	뼈(78.3%), 기타(3.8%), 림프절(4.4%), 기타(3.8%), 간(3.7%), 뇌(2.3%)

37. 해석에 주의해야 하는 암의 5년 생존율

생존율이란 질병의 치료 후 일정기간이 지났을 때 몇 명이 생존했는지에 대해 백분율로 나타낸 것으로, 다양한 암의 종류와 관련하여 위험도를 비교할 때 일반적으로 5년 생존율을 사용한다. 또한, 암의 재발이나 전이를 경험한 환자들을 역추적해보면 대부분의 치료 후 5년 내에 발생했기 때문에 '5년 완치율'이라는 표현도 사용한다. 이러한 암의 생존율은 주로 암의 예후를 말할 때 이용하는 것이며, 의학적으로 중요한 통계라고 할 수 있다. 그러나 진단시점을 기준으로 계산하는 5년 생존율은 감지율의 차이에 따라 영향을 받을 수 있으므로 해석에 주의가 필요하다. 예를 들어, 57세에 위암으로 사망한 A와 B라는 사람이 있었는데, A는 50세에 검진을 통해 위암을 조기 발견한 경우이고, B는 53세에 위암이 2~3년간 진행 된 후 진단되었다고 가정했을 때, A는 5년 생존율에 포함될 것이고, B는 5년 생존율에서 제외될 것이다.

38. 필라델피아 염색체와 글리벡

만성 골수성 백혈병에서 나타나는 필라델피아 염색체는 염색체 9번의 *ABL*과 염색체 22번의 *BCR* 유전자에서 절단이 일어나고, 두 염색체의 절단된 말단은 교환이 되어서 융합유전자를 얻는다(그림 6-11). 염색체 22번에 생성된 *BCR-ABL* 융합유전자는 발암유전자처럼 행동하여 비정상적인 융합단백질 Bcr-Abl 티로신키나제를 만들어낸다. 만성 골수성 백혈병 치료제로 사용되는 글리벡은 암세포의 증식, 분화 및 생존에 관련된 세포핵으로의 신호전달을 모두 차단하게 되고, 이렇게 신호전달이 차단된 암세포는 결국 세포사멸 기전에 의해 죽게 된다.

1999년에 미국에서 '글리벡'에 대한 첫 임상효과가 발표되었고, 국내에서도 2003년부터는 의료보험으로 만성 골수성 백혈병과 위장관 기저암 환자에서 시판되기 시작하였다. 글리벡은 필라델피아 염색체가 존재하는 환자에만 적용할 수 있으며, 만성 골수성 백혈병 환자라도 *BCR-ABL* 암유전자가 음성인 경우에는 효과가 없다.

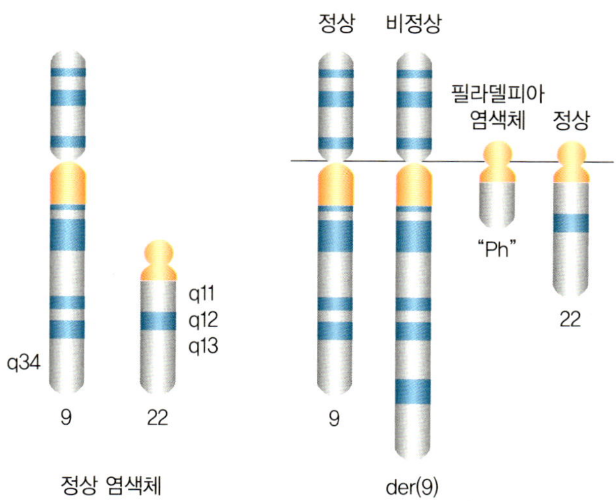

그림 6-11. 9번과 22번 염색체와 필라델피아 염색체

39. 국산신약 18호 슈펙트

국산신약 제18호로 허가받은 '슈펙트'의 작용기전은 글리벡과 거의 같다고 볼 수 있고, 물질 성분의 차이만 있을 뿐이다. 기존 만성골수성백혈병 치료약인 글리벡에 내성이 생겨 치료가 어려운 환자를 위한 치료제로서 국내의 일양약품의 기술진이 자체 개발한 아시아 최초의 백혈병 치료제로 기존 약물인 글리벡(노바티스사)보다 약 25~50배 이상의 뛰어난 약효를 나타내고 있다고 알려졌다. 표적항암제인 슈펙트는 6월에 건강보험공단과의 약가가 협상되어 10월부터 처방이 이루어지고 있다.

40. *HER2* 양성 전이형 유방함 치료제 허셉틴

암 치료를 목적으로 FDA에 의해 임상적 이용이 승인된 최초의 약물은 허셉틴이다. 허셉틴은 암의 성장에 관여하는 *HER2*라는 유전자를 선택적으로 공격하는 표적치료제로, 이미 *HER2* 양성 전이형 유방암의 치료제로 널리 사용되고 있다. *HER2* 유전자는 세포의 성장과 증식에 관여하는데, 정상인의 세포에 한 쌍씩 존재하지만, 일부 암환자에서 여러 쌍 존재함으로써 유전자가 과발현된다. 이 유전자가 과발현되면 예후가 불량하고 치료결과도 좋지 않다.

41. 가장 중요한 암억제유전자 p53

전체 암의 50~60%에서 관찰할 수 있는 p53 유전자의 돌연변이는 방광암과 유방암에서 쉽게 발견할 수 있으며, 암세포가 p53의 감독기능을 상실하면, 더 많은 DNA의 오류가 발생하고 임상적으로는 악성으로 진행된다. p53은 세포주기조절에도 관여한다고 알려져 있으며, 인체의 각종 암, 특히 간암, 폐암, 대장암 등 현재 가장 넓은 범위의 인체 암에서 변이가 발견되어 인체 암의 발생에 가장 중요한 암 억제유전자로 생각되고 있다. 그러나 최근에 p53 유전자가 암을 억제하는 기능을 하지만, 노화를 촉진시킨다는 연구 결과도 있다.

42. 1급 발암물질 벤조피렌과 p53유전자 돌연변이

담배 연기의 구성성분인 벤조피렌은 어떤 한 물질이 직접 불에 닿거나 뜨거운 물체에 닿아 탄 뒤에 까맣게 남는 물질이며, 자동차의 배기구에서 나오기도 하는데, p53 유전자에 돌연변이를 유발한다. 실제로 여러 종류의 암 조직에서 p53을 측정하면 특정부위 돌연변이가 집중되어 있는 것을 알 수 있으며, 유전자 빈도의 조사를 통해 그 암의 예후를 알 수 있을 뿐만 아니라 치료에도 응용할 수 있다. p53이나 세포사멸이 일어나는 데 필요한 유전자의 돌연변이에 의해 생기는 암은 DNA 손상이 프로그램 된 세포사멸을 일으키지 않기 때문에 화학적 요법이나 방사선 요법으로 치료하기 어렵다.

43. 화학적 발암물질 발견의 역사

1761년 영국의 의사 힐(John Hill)은 가루 형태의 코담배를 흡입하는 사람들에게서 비강암의 발생률이 비정상적으로 높음을 보고하면서, 담배에 발암물질이 존재한다고 주장하였다. 이후, 1775년 또 다른 영국의 내과의사 포트(Percival Pott)는 굴뚝청소부들에게서 음낭암이 많다는 것을 발견하면서, 검댕 및 콜타르에의 노출과 음낭암을 관련지었다. 1915년에는 일본 동경대학의 야나기와와 이시카와 등은 콜타르와 관련된 일을 하는 근로자들에게서 피부암의 발생이 많다는 사실을 주목하고 토끼의 귀에 콜타르를 계속 바른 결과 피부암을 일으킨다는 실험에 성공하였다. 1920~1930년대에는 콜타르의 다방향족 탄화수소가 암을 유발하는 물질임을 밝혀냈다. 1933년에는 발암원의 대표적인 화학물질인 벤조피렌이 단일화학성분으로 분리되었다.

1895년 프랑크푸르트의 외과의사 렌(Ludwing Rehn)은 아닐린 염료공장 주변의 근로자들에게 방광암이 집단적으로 발병한다는 보고를 통해서 β-나프틸아민, 벤지딘 등의 방향족 아민에 발암성이 있다는 것을 알려졌으며, 1938년 휴버(Wolfgang Huber) 등이 개를 이용한 실험에서 2-나프틸아민이 발암의 원인임을 증명하였다. 1930년대에 독일의 크로뮴 생산 공장의 근로자들에게서 폐암의 발병률이 높다는 보고를 통해 크로뮴이 폐암을 일으킨다는 보고가 나오기 시작했으며, 현재는 크로뮴 6가 화합물이 폐암을 일으킬 수 있다는 것이 증명되었다.

44. 암을 유발하는 화학물질들

화학적 발암물질은 구조가 다양하고 자연물질과 합성물질이 있으며, 체내에서 대사과정을 거치지 않고 직접 작용하여 화학적 형질을 전환하기도 하지만, 대부분은 직접 반응하지 않고 신진대사의 과정에서 반응성이 강한 친전자성 물질이 되면서 간접작용 발암원이 된다(표 6-5).

표 6-5. 암을 유발하는 화학물질들

알려진 화학적 발암물질과 관련된 암의 형태		
화학 발암물질	관련산업	암의 형태
4-Aminobiphenyl	고무	폐암
Asbestos	절연, 공사	폐암, 늑막암
Benzene	용매, 연료	백혈병
Cadmium	색소, 배터리	폐암
Ethylene oxide	화학, 살균	백혈병
2-Naphthylamine	염료	방광암
Mustard gas	화학무기	인후암, 폐암
Vinyl chloride	플라스틱	간암

45. 자외선과 멜라닌 색소

피부암의 발생빈도는 흑인보다는 백인에게서 훨씬 높은데, 그 이유는 자외선 B가 멜라닌 색소에 의해 차단되기 때문으로, 그 차이는 50배에 달한다. 예를 들면, 아일랜드계가 이탈리아계보다 피부암 발생이 약 5배 정도 높으며, 하와이에서는 백인이 아시아계보다 40배 정도 높다.

46. 신체조직을 통과해서 암을 유발하는 X-선

1895년 독일의 물리학자 뢴트겐(Wilhelm Roentgen)이 우연히 전리방사선의 형태를 발견하였으며, 이를 X-선이라고 명명하였고, 1901년에 첫 번째 노벨물리학상을 수상하였다. X-선은 UV 방사선의 파장보다 짧은 전자기장 방사선의 형태로 많은 물질을 통과할 수 있기 때문에 인체의 내부를 관찰할 수 있었고, 의학적인 진단과 치료에 급격한 변화를 가져오게 했다. 그러나, 에디슨(Thomas Edison) 실험실의 연구원이 자신의 손을 찍어서 X-선 장비를 정기적으로 점검하는 과정에서 심한 방사선 화상을 입었고, 그 조직에서 암이 발생하여, 1904년 X-선에 의한 첫 번째 암 사망자가 되면서 그 위험성은 나중에 인식하게 되었다.

47. 유전독성 발암물질과 비유전독성 발암물질

유전독성 발암물질은 영구적으로 DNA에 손상을 주는 화학물질이며, 비유전독성 발암물질은 DNA에 직접 작용하지 않고, 면역억제나 호르몬의 불균형, 세포독성 등 다른 기전에 의해 암을 발생시키는 화학물질이다(표 6-6).

표 6-6. 유전독성 발암물질과 비유전성 발암물질

유전독성 발암물질	비유전독성 발암물질
알킬화합물	고체물질 : 플라스틱, 석면
Benzo(a)pyrene	호르몬 : 에스트로겐, 안드로겐
Dimethylnitrosamine	면역억제제 : Purine 유도체
비소, 니켈, 크로뮴	보조 발암제 : Phorbol ester, catechol
방사선	촉진제 : 담즙산, 사카린, Phorbol ester 유기염소계 살충제(DDT 등)

48. 암을 유발하는 바이러스

인체에서도 중요한 발암성 바이러스가 있는데, 핵산의 구성성분에 따라 DNA와 RNA 종양바이러스로 나누어진다(표 6-7). 이들 바이러스는 인체 암 발생원인의 15% 정도를 차지하고 있다.

표 6-7. 암을 유발하는 바이러스의 종류

DNA 바이러스			
분류	바이러스	숙주	유도하는 종양
Herpes virus	Herpes simplex, type2	사람	자궁경부암
	Ebstein-Barr virus	사람	버킷림프종(Burkitt lymphoma) 인두암
Hepadnavirus	B형 간염	사람	간세포암종
RNA 바이러스			
Retrovirus	HTLV-1	사람	T-세포 백혈병
	AIDS virus	사람	AIDS 관련 림프종
Flavivirus	C형 간염	사람	간세포암종

49. 에이즈의 합병증

에이즈 환자들은 HIV에 의한 직접적인 사망 외에도 면역력이 약해지면서 다른 합병증으로의 사망률이 증가했는데, 주로 카포시육종과 악성 림프종, 그밖에 호지킨병, 다발성 골수종, 백혈병, 그리고 자궁경부암, 구강암 등의 발생빈도가 높다. 카포시육종에서 분리된 바이러스는 헤르페스 바이러스에 속하며, 에이즈가 아닌 장기이식환자에서도 발견된다. 카포시육종은 신체 어느 부위에나 생길 수 있지만, 특히 피부나 위장관, 폐에 잘 생긴다. 얼굴, 입안, 잇몸에 주로 많이 생기는데, 환자들의 피부에 생긴 카포시육종은 통증은 없지만, 본인이 카포시육종을 볼 때마다 에이즈 환자라는 것을 생각하게 되므로 심한 정신적 고통을 받게 된다. 에이즈 환자에서 발생하는 악성 림프종은 주로 중추신경계이며, 골수, 위장관, 간을 침범하기도 하고, 여자에게서는 유두종 바이러스에 의한 자궁경부암의 발생빈도가 높다.

50. 암을 유발할 수 있는 의약품

심각한 질환에 처방되는 약물들은 효능이 탁월하겠지만, 암을 발생시킬 수 있는 위험도는 높다고 할 수도 있을 것이다(표 6-8). 그 예로, 1940년대 임산부에게 유산을 방지하기 위해 처방한 합성 에스트로겐인 diethylstilbestrol(DES)은 몇십 년 뒤에 임신당시 복용했던 여성의 딸들에게서 질암의 발생률이 상승하면서 문제가 되었다. 현재 DES는 항암제로 쓰이는 유일한 에스트로겐으로, 전립선암과 폐경 후 유방암제로 쓰인다. 또한, 장기이식을 받은 환자에게 사용되는 면역억제제도 장기이식의 거부반응은 막을 수 있지만, 암을 초래할 수도 있다.

표 6-8. 암을 유발할 수 있는 의약품

의약품		유발할 수 있는 암 종류
진통제	Phenacetin	신장암
항암제	Chlorambucil	백혈병
	Cyclophosphamide	방광암, 백혈병
	Melphalan	백혈병
	Thiotepa	백혈병
호르몬제	Estrogens	유방암, 자궁암
	Oxymetholone	간암
면역억제제	Azathioprine	림프종, 피부암, 간암
	Cyclosporine	림프종, 피부암
피부연고	Arsenic compounds	피부암, 간암
	Methoxypsoralen	피부암

51. 여자보다 남자에서 5배나 많은 간암

우리나라에서 간암발생률이 10만 명(40~60세)을 조사한 결과 여자는 15.6명 남자는 74.8명으로 약 5배나 남자가 높게 나타났다. 간암의 유형 중 85% 이상이 주로 간세포에서 발생하는 간세포 암종이며, 담도에서 생기는 담관 암종, 혈관육종, 간모세포암 등이 있다. 간에는 다량의 혈액이 흐르기 때문에 위나 대장 같은 다른 장기로 암세포가 전이되는 경우가 많다. B형 간염에 의한 간경변증에서 간암의 발생이 많고, 간정맥 내로의 침윤도 흔하며, 폐로 전이가 잘된다. 담관세포암은 간 내부 담관의 상피로부터 유래하는 암으로 간디스토마의 영향을 추정하고 있다.

간암은 비교적 원인이 분명히 밝혀져 있는데, 일반적인 위험인자는 B형 또는 C형 간염바이러스에 의한 만성 감염과 간경변증들, 그리고 아플라톡신 B1에 오염된 음식의 섭취도 원인이 된다. 알코올 과다섭취로 인한 간경화가 암으로 진행할 수도 있으며, 염화비닐이나 비소 같은 발암성 화학물질에 대한 노출도 관련될 수 있다.

52. 아플라톡신B1과 간암

땅콩에 있으며 곰팡이의 한 종류인 Aspergillus flavus가 분비하는 독소인 아플라톡신 B1에 의해서 생성된 에폭시드는 DNA의 구아닌과 반응하여 점 돌연변이를 일으키게 되고, 간암의 주요 원인이 될 수 있다. Aspergillus flavus가 따뜻하고 습한 지역에 많이 살기 때문에 열대지역에서 간암이 흔히 발견된다.

최근 남아프리카 공화국과 중국 남부지방의 간세포암 환자들 조직의 약 40% 이상에서 암 억제유전자인 p53 유전자의 돌연변이가 발견되었는데, 이는 p53 유전자의 돌연변이에 의해 간암이 발생한다는 것을 시사한다.

53. 완치율이 높은 '갑상선암'

갑상선암은 완치율이 95%에 이상으로, 자라는 속도도 매우 느려 조기발견이 용이하기 때문에 '착한 암'이라 부르는 경우도 있지만, 암의 종류에 따라 다르다. 전체 갑상선암의 80~90% 정도가 모낭세포에서 유래하는 유두암종이며, 여포암종은 6~16%를 차지하고, C 세포로부터 유래하는 수질암은 1~3%를 차지한다.

유두암종은 가장 흔한 갑상선암으로 남여의 비는 1:3으로 여자에 많으며, 15~35세에 많이 발생한다. 여포암종은 40대 이후 여자에게 많이 발생하고, 피막형과 침투형이 있으며, 혈관이나 폐로 전이되는 경우가 많아서 5년 생존율이 약 30% 정도이다. 반면에 수질암은 생존율이 65% 미만일 정도로 고약하며, 미분화암은 대부분 진행이 된 후에 발견되기 때문에 한 달 내에 사망할 수도 있다.

유두암종은 일반 식이에서 요오드 함량을 낮게 섭취하면 위험성이 높아지며, 고용량의 전리방사선에 노출되는 것은 갑상선암에 대한 매우 위험한 인자이다. 그리고 핵무기와 핵발전소 사고로 유출된 방사능 낙진은 방사성 형태의 요오드를 함유하고 있기 때문에 갑상선암의 위험도를 증가시킨다.

54. 치료가 어렵고 재발이 잘되는 난소암

난소암은 50~59세의 폐경기 전후에 가장 많이 발생하며 여자들에게 걸리는 암 중에서 가장 치료가 힘들고 재발이 잘된다. 난소에는 여러 종류의 종양이 발생을 하지만, 70~80%는 양성종양이며, 여자에게 발생되는 악성종양의 5% 정도가 난소에서 발생하는데, 대부분의 난소암은 상피세포에서 발생하는 선암종이다.

55. 출산을 많이 할수록 낮아지는 난소암의 위험도

난소암의 발생기전은 분명하게 밝혀지지 않았지만, 임신이나 출산이 한 번도 없는 여자, 초경이 빠르고 폐경이 늦어 배란을 상대적으로 많이 한 여자, 불임치료를 위해 과배란 약제를 투여받은 여자들은 난소암 발병 위험이 높은 경우로 알려져 있다. 배란은 난소 표면의 상피세포가 미세하게 터지면서 난자가 난소 바깥으로 배출되고 이후 손상 부위가 다시 치유 재생되는 과정인데, 이것이 수백 번 반복되다 보면 유전자 돌연변이가 생겨 암으로 진행된다는 지속배란 가설과 같은 의미이다. 따라서 지속배란을 막는 것이 난소암의 발병 위험을 낮추는 방법이 될 수 있다. 지속배란을 막는 경우는 출산을 많이 하거나, 임신기간 동안과 수유기 초기까지 배란이 억제되고, 또 먹는 피임약이 배란을 억제하고, 결과적으로 난소 상피세포의 손상과 유전자 돌연변이가 일어날 확률이 감소하기 때문에 난소암 발병 위험을 낮춘다.

56. 줄기세포 연구에서 난자기증에 대한 문제

난자 채취를 위한 과배란 유도는 여러 개의 난자를 키우기 위해 호르몬 주사를 일정 기간동안 매일 맞아야 하며, 호르몬의 혈중 농도를 검사하기 위해 일정 기간 간격으로 혈액채취를 해야 한다. 또한, 호르몬이 투여된 지 일주일 후, 난자가 잘 자라고 있는가를 보기 위해 매일 생식기를 통한 질식 초음파 검사를 실시한 후, 난자 채취를 하기에 적절한 시기라고 판단이 되면 약물이나 국소 마취를 한 상태에서 배란 직전의 난자를 난포 상태로 양쪽 난소에서 흡입 채취한다. 난자 채취의 고통과 부작용으로 인한 난자 확보가 어려워 연구를 중단한 외국과는 달리 너무나도 쉽게 난자를 구할 수 있는 우리의 상황, 특히 황우석 교수의 줄기세포 논문조작 사태 때 본인의 의사에 따라 난자 기증이 이루어지기는 했지만, 과배란에 의한 난소암 발병과 같은 장기적인 영향에 대한 인식이나 설명을 해주지 않았기 때문에 난자 기증에 대한 윤리적 문제가 제기된 것이다.

57. 발병 빈도는 낮지만, 발병하면 생명이 위험해지는 치명적인 백혈병

인구 10만 명당 5명 정도로 발병빈도는 낮지만, 발병하면 생명에 치명적인 백혈병은 백혈구계 세포가 골수나 림프절 등에서 무제한으로 증식하는 질환으로 고형종양과는 달리 혈류에 비정상적이고 미성숙한 백혈구들이 축적되어 일어난다. 백혈구는 과립구와 림프구로 나뉘는데, 과립구가 증가한 경우를 골수성 백혈병이라고 하며, 림프구가 증가했을 때는 림프성 백혈병이라고 한다.

백혈병은 급성과 만성으로 나누기도 하는데, 미성숙 세포가 대부분일 때 급성이라고 하며, 만성인 경우는 각 발육단계의 세포를 볼 수 있다. 급성백혈병은 모든 백혈병의 50~60%를 차지하는데, 젊은 성인에서 빈도가 높은 것은 급성 골수성 백혈병이며, 급성 림프구성 백혈병은 어린이들에게서 흔하게 일어나는 암이다. 만성 골수성 백혈병은 40~50대에 많이 발생하며, 만성 림프구성 백혈병은 60대 이후에 발생한다.

58. 방사성 물질의 노출과 백혈병의 발생

백혈병이 발생하는 원인은 아직까지 정확하게 알지 못하지만, 방사성 물질에 노출되거나 유해물질 때문에 유전자 변이가 일어난다는 몇 가지 사실만 밝혀져 있을 뿐이다. 백혈병 발생은 다량의 전리방사선에 노출이 된 사람이나 흡연, 벤젠, 포름알데히드 등의 화학물질에 만성적으로 노출된 사람에게 발생할 위험이 높다. 방사선에 의한 백혈병은 방사선에 노출된 후 가장 먼저 발생한다고 알려져 있으며, 피폭선량에 따라 다소간의 차이는 있지만, 피폭 2년 후에 발생하기 시작하여 4~8년 사이에 발생빈도가 가장 많아진다.

59. 백혈병을 유도할 수 있는 항암제

다발성 골수암, 악성 림프종, 유방암, 그리고 난소암 등에 치료제로 사용되는 알킬화제(특히, Melphalan, Cyclophosphamide, Mechlorethamine) 약물과 방사선 치료를 받은 경우 각각의 종양은 치료가 되었지만, 3~5년이 지난 후에 일부 환자에서는 5, 7, 11, 17번 염색체에 손상을 주는 급성 백혈병이나 골수이형성증후군이 생길 수도 있다. 급성 림프구성 백혈병, 고환암 등에 쓰이는 Topoisomerase II Inhibitor 종류는 11번 염색체에 손상을 주며, 2차성 백혈병을 유도할 수 있다.

60. 남자도 걸릴 수 있는 유방암

유방암은 대체로 유방상피내암종으로 대부분이 여자에게서 발생을 하지만, 남자도 유방과 조직의 일부를 가지고 있기 때문에 발생이 가능하고, 전체 남자암 발생의 0.2%를 차지한다. 일반적으로 남자유방암의 발생연령은 여자보다 5~10세 늦은 60세 전후이며, 유방암에 잘 걸리는 집안이거나 정류고환 또는 고환염 등 고환에 이상이 있으면 잘 걸리는 것으로 알려졌다. 그리고 대부분의 남자들은 가슴에 멍울이 있어도 유방암이라고 생각하지 않아서 치료를 늦게 시작하기 때문에, 수술 후 경과는 여자유방암보다 나쁘다.

61. 위험인자를 찾기 어려운 유방암

유방암의 원인은 아직 정확히 알려지지 않았지만, 일반적으로 유방암의 약 10% 정도가 가족력이 있는 경우에 많이 발생하고, 주로 *BRCA1*이나 *BRCA2* 유전자의 돌연변이에 의한 것으로 알려져 있다. 뿐만 아니라 식생활 습관, 호르몬제의 사용, 방사선 노출 등 여러 가지 인자가 알려져 있기는 하지만, 유방암 환자의 70% 정도에서는 어떠한 위험인자도 찾을 수 없다. 경구피임제 사용과 유방암이 발생하는 시기에 관해서는 아직 밝혀진 사실이 없으며, 저용량 경구피임제에 대한 위험도도 아직 불확실하다. 알코올 섭취도 유방암의 발생과 관련이 있는데, 특히 30세 미만의 여자가 가장 많이 관련된 것으로 알려져 있다.

62. 유방암 치료제 타목시펜과 부작용

타목시펜은 1967년 영국의 하퍼(Michael Harper)와 왈폴(Arthur Walpole)이 피임약으로 개발하였으며, 항에스트로겐 효과가 있음이 알려지면서 1970년 이후에는 유방암 치료제로 널리 쓰였다. 특히 가족력이나 병력에 의해 유방암 발생률이 높은 여자에게서 유방세포의 에스트로겐 수용체를 차단하는 약물인 타목시펜은 약 50% 정도의 발암 위험률을 낮출 수 있는 유용한 약물로 부각되었다. 그러나 타목시펜은 에스트로겐을 모방한 물질이기 때문에 자궁내막암, 혈전, 홍조 등이 발생할 위험이 증가하는 부작용이 있다. 하지만 호르몬 수용체 양성인 경우에는 타목시펜의 치료가 잃는 것에 비해 얻는 것이 명백하기 때문에 반드시 필요하고, 그밖에도 골다공증을 줄여주거나 심혈관 질환을 예방할 수 있다는 보고들도 있다. 타목시펜을 복용 중인 환자들은 정기적으로 부인과적인 검진을 받아두는 것이 반드시 필요하다.

63. 상당히 진행될 때까지 뚜렷한 증상이 없다는 '위암'

위암 환자의 대부분은 선상상피세포로부터 발생하는 선암종으로 위의 내부 내층에서 형성된다. 그밖에, 아주 희귀한 카시노이드 종양 등이 있으며, 카시노이드 위암은 다른 기관으로 전이를 하지 않는 특징이 있다.

암세포의 침윤정도에 따라 조기위암과 진행위암이 있는데, 조기위암은 림프절의 전이 유무와 관계없이 암세포가 점막이나 점막하층에 국한되어 있는 것이며, 진행 위암은 보르만(Borrmann)의 5가지 분류로 나눈다(그림 6-12). 위암은 점막상피에서 발생하여 조기암에서 진행암으로 진전되기도 하는데, 국소침범을 통해 주위 장기로 퍼지거나 림프관성 또는 혈행성 전파를 통해 복막전이와 원격전이를 일으킬 수 있다.

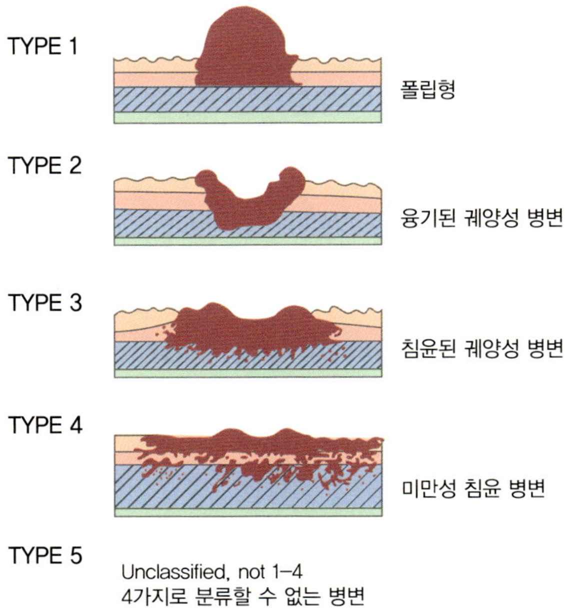

그림 6-12. 보르만의 5가지 분류

64. 위암의 원인은 식습관이나 환경적 또는 의학적 요인으로 분류

위암의 원인은 잘 알려져 있지 않지만, 원인과 관계된 많은 연구결과들을 보면 크게 식습관, 환경적 요인, 그리고 의학적 측면으로 분류할 수 있다. 식습관 부분에서는 염장 육류 및 어류의 식이, 고질소산화물 식이, 비타민 A와 C의 부족 등으로 나타났다. 환경적 요인으로는 훈제 등의 조리방법에 의한 다환 방향족 탄화수소화합물질, 광부나 고무 처리직에서의 만성적 노출, 흡연자의 경우는 위암 발생률이 두 배 정도 높다. 의학적 측면으로는 과거의 위 수술, 위염, 그리고 헬리코박터 파일로리의 감염 등을 들 수 있다.

65. 헬리코박터 파일로리 감염과 위암

헬리코박터 파일로리는 나선형의 박테리아로서 1982년 위궤양 발생의 첫 번째 단계를 특징짓는 위염 환자에게서 처음으로 분리되었고, 1994년에 세계보건기구에서는 헬리코박터균이 위암을 일으킬 수 있는 유발인자로 발표되었다. 헬리코박터균이 암을 유발하는 과정은 확실하게 밝혀지지 않았지만, 헬리코박터균이 독소를 분비하고 이 독소에 의해 염증이 생기면서 위점막 세포의 증식을 촉진하고, DNA의 손상을 초래하는 것으로 생각되고 있다(그림 6-13).

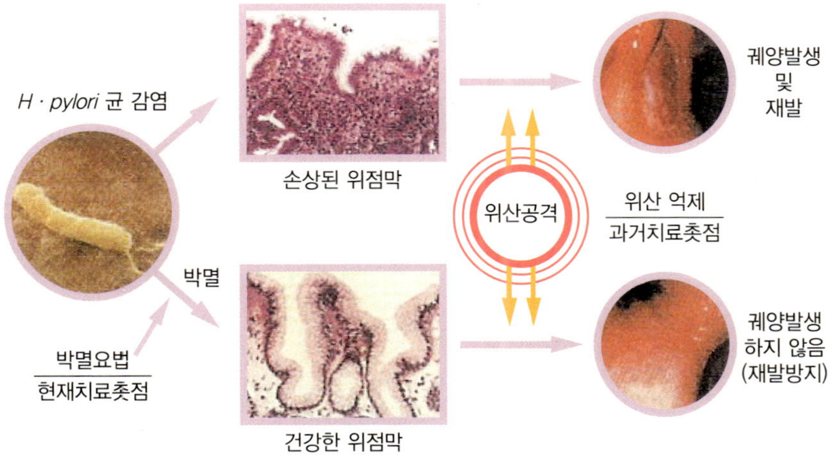

그림 6-13. 헬리코박터균의 치료 시점

66. 혈액형 수용체와 헬리코박터균의 감염

암 유발의 위험은 헬리코박터균 유형에 의존적이다. 따라서 다양한 박테리아종에 반응하는 면역반응이 감염에 영향을 줄 수 있으며, 헬리코박터균은 사람의 혈액형과 관련된 세포표면 수용체와 결합하여 위 세포에 붙어 있기 때문에 혈액형도 중요한 역할을 한다. 몇몇의 헬리코박터 종은 O형 혈액형의 수용체와 결합하는 것을 선호해서 다른 혈액형보다 만성적 감염이 되기 쉽다.

67. 의견이 상반되는 헬리코박터균 치료의 필요성

헬리코박터균은 우리나라 40세 이상의 성인에서 70% 정도가 감염되어 있는데, 헬리코박터균이 있다고 무조건 제균해야 하는가에 대해서는 이견이 많다. 무조건 치료를 해야 한다고 주장하는 반면, 선택적으로 치료해야 한다고 주장하는 사람들도 있다. 헬리코박터균의 치료에 사용하는 항생제는 아목시실린(amoxicillin)과 클라리스로마이신(clarithromycin)이 주로 사용되는데, 클라리스로마이신에 내성을 지니는 헬리코박터균도 발견되었으며, 이러한 항생제 내성은 헬리코박터균 치료 실패의 주요 원인이 될 수 있다.

68. 가족 간에 전염될 수 있는 헬리코박터균

헬리코박터균은 위에 기생하는 세균으로 우리나라 성인의 60% 정도가 감염되었으며, 감염된 사람은 그렇지 않은 사람에 비해 위암에 걸릴 확률이 두세 배 높은 것으로 알려져 있다. 우리나라에서 헬리코박터균은 주로 5세 이하에 감염되어 평생 동안 지속되는데, 사람에서 사람으로 전염되며, 대변, 구토물, 침 등을 통한 가족 간의 전염이 주된 경로일 것이라고 추정하고 있다. 일반적으로 헬리코박터균을 치료하지 않아도 되지만, 소화성 궤양이나, 위의 림프종이 있는 경우에는 위암 예방과 진행을 막기 위해 헬리코박터균을 항생제로 치료해야 한다. 약 1~2주간 항생제를 포함한 약제를 투여하면 약 90% 정도에서 균이 박멸되며, 일반적으로 치료 후의 재감염율은 4% 미만이라고 한다.

69. 남자를 슬프게 하는 '전립선암'

전립선은 안드로겐의 표적기관으로 15g 전후의 둥근 모양의 외부 분비선이며, 전체 전립선암의 대부분이 선세포에서 발생한 선암종이다. 암세포는 초기에 피막을 뚫고 주변 조직으로 침투하거나, 림프절과 다른 장기로 전이하기도 하는데 특히 척추로 전이가 많이 된다. 전립선암의 발병원인은 명확하게 밝혀지지는 않았으며, 고령화 또는 환경요인과 상관이 있다고 알려져 있는데, 고령화가 되면서 안드로겐이 감소됨에 따라 암이 외선에서 발견되며, 암이 안드로겐 의존성 성장을 하는 것을 보면 남성호르몬과 깊은 관련이 있음을 알 수 있다.

환경적 인자로서는 지방, 카로틴 또는 비타민 A 등과 같은 영양소와 나이트라이트 계통의 발암물질이 전립선암의 발생빈도를 높이거나 촉진하는 것으로 알려져 있다.

전립선암은 40세 이전에는 매우 드물지만 50세 이후에는 급격히 증가하게 되며 전립선암의 2/3는 65세 이상의 남자에서 발견이 되는 것으로 보고되고 있다.

70. 전립선암 검사에 사용되는 종양표지자

전립선 특이항원(Prostate-specific antigen, PSA)은 1979년 왕(Ming Wang) 등에 의해 양성비대증의 전립선 상피세포에서 분리 정제된 분자량 33,000~34,000의 당단백질로서 유전자는 19번 염색체 q13.3 부위에 위치한다. PSA는 전립선 상피세포에서 주로 합성되는 일종의 세린단백질 분해효소로서 지금까지 발견된 종양표지자 중에서 가장 널리 사용되고 있다. 혈액검사로 가능한 PSA는 조직특이성과 민감도가 높아서 전립선암의 선별, 진단, 그리고 암 위험도 예측과 재발여부의 표지자로 사용되지만, 조기 전립선암의 선별이나 검출에는 효과적이지 않다.

71. 노인에서 남성호르몬의 보충과 전립선암

노인에서의 장기간 남성호르몬 보충의 위험성은 확실하게 밝혀지진 않았지만, 테스토스테론의 부작용에는 적혈구증가증, 수면 중 무호흡증의 유도나 악화 유방 압통 등이 있다. 특히 전립선암은 안드로겐-의존성 암이기 때문에 전립선암의 병력이 있는 남자에서 안드로겐 복용은 절대적인 금기이다. 많은 노인은 전립선에 암의 현미경적 병소를 가지고 있기 때문에 남성호르몬의 복용이 암으로의 진행 여부는 아직도 예측할 수 없다.

72. 선진국의 암이라고 인식하는 '대장암'

대장암은 직장암과 결장암으로 구분할 수 있으며(그림 6-14), 주로 결장이나 직장 내면의 상피세포에서 보이는 양성 또는 혹과 같은 용종에서 시작되고, 95% 이상이 선암종이다. 대장암은 소득수준이 높은 집단에서 발생률이 높아 일반적으로 '선진국의 암'이라고 인식되고 있으며, 90% 이상은 50대에서 발생한다. 대장암은 위암과 마찬가지로 점막상피로부터 발생하여 진행하게 되며, 전이는 림프행성, 혈행성, 그리고 파종성 모두 볼 수 있고, 주로 간에 제일 많다.

대장암의 원인은 환경적 요인과 유전적 요인 등으로 나눌 수 있는데, 환경적 요인 중에서 가장 중요한 것은 식생활습관으로 동물성지방 및 포화지방의 과다한 섭취가 대장암의 발생빈도를 높인다고 알려져 있다. 전체 대장암의 5~15% 정도는 유전적 요인에 의해 발하는데, 유전자가 돌연변이 된 상태로 유전되었을 경우에 가족성 대장 용종증과 원인유전자가 밝혀진 유전성비용종증 대장암 등이 있다.

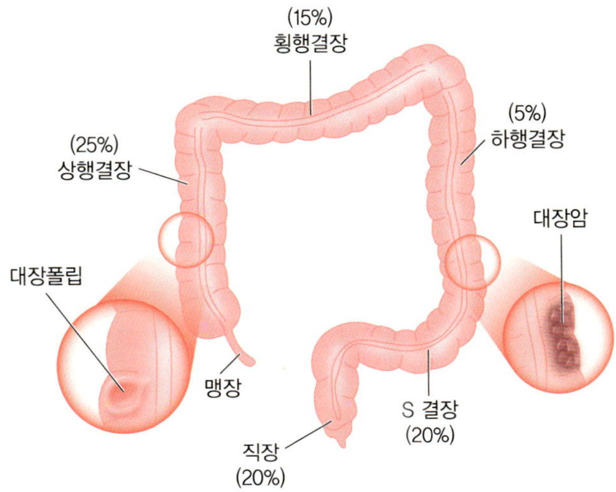

그림 6-14. 대장의 각 부위별 암 발생률

73. 까다롭고 조용한 '폐암'

폐암은 병리조직학적 형태에 따라 4가지로 분류할 수 있는데, 편평세포암, 선암, 소세포암, 그리고 대세포암이 있다. 폐암의 가장 흔한 형태는 비소세포암으로 소세포암보다는 느리게 자라면서 전이를 한다. 소세포 폐암은 전체 폐암의 약 20%를 차지하는데, 매우 공격적인 암이라서 빠르게 전이를 한다. 폐는 흡연 또는 유해물질로 한번 손상되면 재생되지 않지만, 폐의 약 40%만 있어도 일상생활에 지장이 없다. 그리고 대부분의 폐암은 전이를 시작하기 전에는 증상이 나타나지 않기 때문에 까다롭고 조용하다고 이야기하며, 진단 시에 이미 전이가 시작되기 때문에 5년 생존율이 15% 이하이다.

폐암의 주요 원인은 흡연이며, 흡연자뿐만 아니라 간접흡연자도 위험성이 증가한다. 고농도의 라돈, 석면에 노출되거나 만성적으로 비소, 카드뮴, 석탄생산품, 니켈, 크롬산염과 같은 작업장 화학물질에 대한 노출도 원인이 되지만, 흡연자가 더 많은 영향을 받는다.

74. 후천적 유전자 돌연변이를 일으키는 흡연

담배연기에는 400종류 이상의 화학물질이 포함되어 있고, 이 중에 40종류 이상이 동물실험에 적용했을 때 발암성을 나타내며, 이러한 화학물질이 후천적 유전자 돌연변이를 일으킨다. 담배연기에 많이 함유되어 있는 다환성 탄화수소인 벤조피렌은 그 자체는 무해하지만, 시트크롬 P450을 함유하는 효소에 의해 반응성이 큰 에폭시드로 활성화되고, 에폭시드 화합물은 DNA 염기와 반응을 하여 점돌연변이를 일으킨다. 따라서 유전적으로 시트크롬 P450의 활성도가 높은 사람이 담배를 피울 경우에는 폐암에 걸릴 확률이 높다.

CYP1A1 유전자에서의 유전적 다형성은 폐암의 발생과 관련이 있으며, *CYP1A1* 유전자 위치에 있는 다른 대립유전자 중에서 '고유발성' 대립유전자를 가진 사람들에게서(특히 흡연자) 폐암의 위험도가 높은 반면에, '저유발성' 동형접합체를 가진 사람들에게는 폐암이 덜 발생한다고 알려져 있다.

75. 항암제 화학요법의 원리

항암제는 암세포를 죽이거나 암세포가 분열하는 능력을 방해하는 약물을 총칭한다. 주로 DNA에 직접 작용하여 DNA의 복제, 전사, 번역과정을 파괴하거나 혹은 대사경로에 개입하여 핵산 전구체의 합성을 방해하고 세포분열을 저해함으로써 암세포에 대한 독성을 나타낸다. 항암제가 작용하는 대사경로는 암세포뿐만 아니라 정상세포에도 동일하게 작용하기 때문에 항암제 투여에 따른 독성은 불가피하다. 화학요법은 약물이 혈류를 타고 순환하기 때문에 특히 이미 전이한 암 치료에 적합하며, 5개의 부류로 나눌 수 있다.

- DNA에 작용 : Busulfan, Melphalan, Cyclophosphamide, Chloambucil 등
- 대사 저해제 : Mercaptopurine, Cytarabine, Flurouracil 등
- 튜불린 작용 : Vinblastine, Vincristine, Taxol 등

- 호르몬제 : Tamoxifen, Arimidex, Flutamide 등
- 기타제제 : 그밖에 분류하기 어려운 여러 가지 기전의 약물이 존재

76. 국내에서 허가된 표적항암제

표적항암제란 암 세포만을 골라 죽이거나, 암 세포에 영양을 공급하는 혈관 생성을 차단하는 항암제로 독성은 줄이고 효과는 높인 항암제라고 할 수 있다(표 6-9). 그러나 모든 사람에게 적용이 가능한 것이 아니고, 같은 종류의 암환자라도 표적물질을 가지고 있는 환자에게만 적용이 가능하다. 예를 들면 유방암에 쓰이는 '허셉틴'이란 항암제는 유방암 성장에 관여하는 특정 유전자인 '*HER2*'만을 선택적으로 공격하는데, 모든 유방암 환자에게 효과가 있는 것은 아니라 '*HER2*'란 유전자에 의해 유방암에 걸린 사람들에게 효과가 있다. 이 때문에 유방암 환자를 무작위로 선정해 처방하면 완치율은 5%에 불과하지만, 유방암 조직검사를 해서 '*HER2*'가 나온 환자들에게 투여하면 완치율이 40~60%로 상승한다.

표 6-9. 국내에서 허가된 표적항암제의 종류와 효능

약 이름(성분명)	효능
Gleevec (Imatinib)	만성골수성백혈병
Nexavar (Sorafenib)	신장세포암 · 간세포암
Mylotarg (Gemtuzumab ozogmicin)	급성골수성백혈병
Mabthera (Rituximab)	림프종
Mabcamparth (Alemtuzumab)	만성임파구성백혈병
Sutene (Sunitinib)	신세포암 · 위장관 기저종양
Sprycel (Dasatinib)	만성골수성 · 급성림프구정 백혈병
Avastin (Bevacizuma)	결장직장암 · 유방암 · 폐암 · 신세포암
Erbitux (Cetuximab)	결장직장암 · 두경부암
Iressa (Gefitinib)	폐암
Zevalin kit inj (Ibritumomab Tiuxetan)	림프종
Tarceva (Erlotinib)	폐암 · 췌장암
Tasigna (Nilotiib)	만성골수성백혈병
Tykerb (Lapatinib)	유방암
Herceptin* (Trastuzumab)	유방암

자료 : 식품의약품안전청 · 약학정보원

77. 암의 예방

대다수의 인체 암 발생에는 환경에 존재하는 물질들이나 생활 습관이 매우 중요하기 때문에, 이러한 위험요인들에 대한 노출을 막거나 줄임으로써 암 발생의 위험도를 낮추는 것이 암 예방의 기본이라고 할 수 있다. 그리고 암의 발생은 수년~수십 년이 걸리는 다단계 과정이므로, 발암물질에 노출되었다 하더라도 악성종양으로 진행되는 단계 중 특정 단계를 차단하거나 저해할 수 있는 기회가 있다는 사실을 알 수 있다. 따라서 발암인자에 대한 노출을 줄이고, 혹시 발암물질에 노출되었다 해도 악성종양으로 진행되는 단계를 방지할 수 있는 노력을 통해서 암을 예방할 수 있을 것이다.

78. 가장 비중이 높은 발암요인

흡연은 가장 비중 있는 발암요인으로 폐암, 후두암, 구강암, 그리고 식도암의 주요 원인이며, 췌장암, 방광암, 신장암, 위암, 자궁암도 유발한다고 알려져 있다. 흡연에 의한 발암의 위험성은 흡연 시작 연령, 담배의 종류, 1일 흡연량, 그리고 담배 내 '타르' 함유량 등에 의해 결정된다.

후두암과 구강암의 발생은 1일 흡연량과 용량-반응관계가 있으며, 식도암의 80% 이상은 흡연과 관계가 있다. 방광암과 신장암 환자의 40%, 췌장암 환자의 30%가 흡연과 관련되어 있다고 보고되었으며, 특히 췌장암은 흡연의 발암 대사물질이 혈액 혹은 담즙에 섞여서 폭로되기 때문에 발생하는 것으로 보인다.

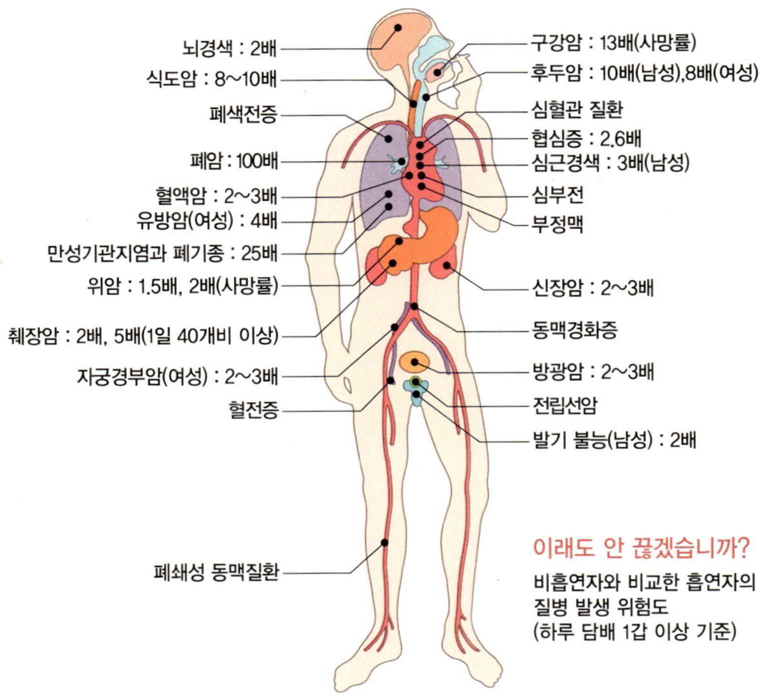

이래도 안 끊겠습니까?
비흡연자와 비교한 흡연자의 질병 발생 위험도
(하루 담배 1갑 이상 기준)

79. 청소년의 흡연과 금연에서의 25년

25세 이후에 흡연을 시작한 경우 폐암으로 인한 사망률은 비흡연자의 2.5배인데 반해 15세 이전에 담배를 피우기 시작한 경우에는 18.7배라는 보고가 있다. 이처럼 금연이야말로 암 발생의 위험도를 낮추는 가장 효과적인 방법이긴 하지만, 흡연을 중지한 후 5년이 지나야 폐암 위험도의 감소가 나타나기 시작하고, 금연 후 25년이 경과해야만 흡연한 경험이 없는 사람과 비슷한 정도의 위험도를 가지게 된다. 또한, 청소년기에 흡연을 시작하여 계속 흡연하는 사람들은 24년의 수명이 단축될 수 있다는 보고도 있다.

위암과 백혈병도 흡연과 관련이 되어 있으며, 흡연기간이 길수록 대장에서 발견되는 암의 상태는 악성으로 진행된 상태가 많다. 그리고 과도한 흡연과 어린나이에 흡연을 시작한 여자의 경우 유방암 발생의 위험이 그렇지 않은 여자에 비해 75% 정도 증가되는 것이 보고되었다.

80. '햄버거-베이컨-스테이크' 식습관과 암

섭취하는 음식의 종류에 따라 발생하는 암의 종류가 달라질 수도 있다는 사실에서 음식이 암 발생에 영향을 끼칠 수 있다는 것을 시사한다. 그러나 개인마다 식습관이 다르기 때문에 암 발생에 미치는 영향을 각각의 음식별로 파악하기는 어렵다.

암의 발생에서 '햄버거-베이컨-스테이크'로 대변되는 서구의 고지방식이 중요한 역할을 하는 것으로 여겨지고 있다. 유방암, 대장암, 직장암, 그리고 전립선암과 같이 서구인에게서 많이 발생하는 암들이 동양인에게서 식이가 서구화되어감에 따라 점차 증가하는 경향이 있다는 사실 등이 이 가설을 뒷받침한다.

81. 효과가 미미한 비타민의 암 예방

비타민 A, B6, B12, C, E, 엽산(folic acid) 같은 항산화 비타민들이 자유라디칼을 소거할 수 있는 성질을 가지고 있기 때문에 산화적 DNA 손상을 막아서 암을 예방할 수 있다는 가능성이 제시되었고, 많은 역학연구의 결과에서 비타민의 섭취가 암발생률의 감소를 보여주기는 했지만, 그 효과는 대체로 미미하다.

암을 예방할 수 있는 비타민은 엽산이다. 엽산은 DNA 염기인 티민 합성에 필요한 메틸기의 공급원으로서 엽산의 부족은 DNA에 손상을 주어 암 발생의 위험도를 높일 수 있는데, 그 예로는 엽산이 부족한 사람들에게서 대장암 발생이 증가하였다는 연구결과가 있다.

82. 대장암의 예방과 관계가 없는 식이섬유

식이섬유란 주로 복합다당체로 구성되어 소화가 되지 않는 성분으로서 식물성 식품에 함유되어 있다. 식이섬유에 대한 관심은 1970년대 초에 섬유소 성분이 풍부한 식이가 대장암에 보호효과를 가져올 수 있다는 역학적 보고에서부터 시작되었다. 초기의 후향적 역학연구에서는 많은 양의 식이섬유를 섭취하는 사람들에게서는 대장암의 발생률이 낮은 것처럼 보였지만, 대규모의 전향적 역학연구결과에서는 식이섬유 섭취가 대장암 예방과 상관성이 없음을 발표하였다

83. '제7의 영양소' 화학물질 파이토케미컬

파이토케미컬(Phytochemical)은 식물에서 유래한 다양한 화합물로서 단백질, 탄수화물, 지방, 무기영양소, 비타민을 제외한 건강기능 항진효과가 있는

식물화합물들을 제한적으로 지칭한다. 파이토케미컬이 아직 필수 영양소로 규정돼 있지 않지만 몸에 해로운 활성산소를 제거하고 세포손상을 막아 각종 질병 예방에 도움을 준다고 해 '제7의 영양소'라고 부르기도 한다. 이는 식물이 성장하고 열매를 맺는 과정에서 채소나 과일은 따가운 햇볕에 노출되는데 장시간 햇빛을 견디면서 각기 다른 소량의 파이토케미컬을 만들어낸다.

현재까지 밝혀진 파이토케미컬의 수는 1,000종류가 넘고 연구를 통해 이들 중 다수가 우리 몸을 질병으로부터 보호하는 기능이 있음이 보고되고 있다. 실험실 연구에 따르면, 수십 종의 파이토케미컬이 갖는 암 예방과 관련된 성질로는 발암물질의 대사활성화는 억제하고 해독화는 촉진시키며, 발암물질과 DNA의 결합을 억제, 발암유전자 발현 억제, 암세포 사멸, 그리고 혈관신생 억제와 침윤성 및 전이성 억제 등을 들 수 있다.

84. 결론짓기 어려운 파이토케미컬의 암 예방

파이토케미컬이 가지는 다양한 생리활성이 주로 항산화 작용을 통한 세포손상 보호의 효과뿐만 아니라 암 예방을 한다고 알려졌다. 그러나 파이토케미컬을 얼마나 섭취해야 하는지, 이것이 어떻게 다른 물질들과 상호작용을 하는 것인지, 어떻게 먹는 것이 효과가 좋은지에 대해서는 아직 밝혀진 바가 없다. 또한, 파이토케미컬의 암 예방효과는 임상실험을 통해 평가되지 않았으므로 아직까지 이들의 효용성에 대해서 결론짓기는 어렵다.

85. 불확실한 아스피린의 암 예방

아스피린은 스테로이드가 아닌 대표적인 항염증제로 항염증, 진통, 해열의 세 가지 기능을 가진다. 버드나무과 식물이 해열진통에 탁월한 효과를 보인다는 민간요법이 연구되어 오면서, 1897년에 호프만(Felix Hoffman)이 살리실산을 무수아세트산으로 아세틸화하여 처음으로 순수한 상태의 아스피린을 합성하였다.

1990년대 역학적인 연구를 통해 아스피린을 정기적으로 복용한 사람들에게서 대장암 발생률이 50% 감소함이 보고되기도 했는데, 2000년도에 대규모로 임상시험이 시작되었으나, 심장병과 중풍의 발생 위험도를 증가시킨다는 사실이 밝혀지면서 2004년도에 중단되었다. 따라서 아스피린의 암 예방효과에 대한 미래는 불확실하지만, 암 발생률을 낮출 수 있는 유용성에 관한 연구는 계속 진행이 될 것이다.

86. 암 예방에 유용한 암 백신 개발

감염인자들에 노출됨으로써 발생한 암들의 경우 백신을 사용한 면역반응으로 암 예방이 가능하다. B형 간염의 경우 1982년 이후 효과적인 백신이 보급되고 있으며, C형 간염 바이러스는 유전적 다형성이 크기 때문에 백신 개발이 늦어지고 있지만, 후보백신이 개발되어 효능 평가 중에 있다. 이외에 자궁경부암을 유발하는 사람유두종바이러스(Human papillomavirus; HPV)에 대한 백신도 국내에는 2종류가 나와 있다.

87. 자궁경부암을 예방하는 HPV 백신

현재 HPV 백신은 100여 종이 넘는 HPV의 종류 중 자궁경부암에서 가장 많이 발견되는 고위험군인 HPV 16과 18형을 예방하도록 만들어졌다. 따라서 HPV 16, 18형과 관련된 자궁경부암만을 예방할 수 있으며, 전체 자궁경부암의 약 70%를 예방할 수 있다. 권장되는 접종 나이는 9~26세이며, 가능하면 성생활이 시작되기 전에 접종하는 것이 가장 효과적이라고 알려져 있다.

남자들의 성기나 항문에 생기는 생식기사마귀는 HPV 6형과 11형에 감염되어 발생하는데, 이러한 생식기사마귀의 예방을 위해 HPV 백신을 접종할 수 있다.

07

생활 속에서의 돌연변이와 방사선

들어가며

산업화과정에서 공장의 굴뚝은 공업화의 상징이었지만, 요즘 사람들은 굴뚝의 연기를 보면 다이옥신이 연상되어 혐오스럽게 느낀다. 인류는 산업혁명 이후 무분별한 개발과 많은 화석연료의 사용으로 산업화와 경제 발전을 이루었다. 하지만, 대기오염과 지구온난화의 환경문제가 발생하였으며, 가축의 대량사육에 의한 배설물 증가와 농약 및 비료사용, 쓰레기 매립으로 인해 토양오염이 유발되었다. 특히, 합성세제의 과다한 사용과 공장폐수 유입 등에 의한 수질 오염은 심각한 수준이다.

세계적으로 하루가 멀다 하고 발견되는 돌연변이는 그 원인을 확실하게 규명할 수는 없지만, 오존층의 파괴와 공기 중에 떠다니는 수많은 화학 물질과 수질 오염 그리고 방사선 누출 등과 밀접하다고 할 수 있다. 우리나라에서 2006년 개봉하자마자 큰 이슈가 되었던 영화 '괴물'은 연구원이 하수구에 버린 유해물질로 인해 괴물이 탄생되었다는 내용으로 사람들로 하여금 환경오염 문제의 심각성을 각인시켰다.

과학이 발달하고 삶이 풍요로워질수록 환경오염이 날로 심각해지면서 결국은 사람들이 위협받게 되었다. 이처럼 우리의 주변에는 DNA 변이를 일으키는 물질들이 넘쳐나고 있지만, 다행스럽게도 우리의 몸은 손상된 DNA를 회복(복구)시키는 메커니즘을 가지고 있기 때문에 100세까지도 살 수 있는 것이다.

2011년에 발생한 일본 후쿠시마 원전사고로 인해 전 세계는 1986년의 체르노빌 원전사고의 대재앙을 떠올리며, 원자력 발전에 대한 관심이 집중되면서 우려의 대상이 되었다. 특히 일본과 지형적으로 가까운 우리나라는 후쿠시마 원전 사고 이후 원자력에 대한 사회적 여론이 부정적으로 바뀌고 있는 현실이지만, 전체 발전량의 32.1%를 차지하는 원자력 발전을 제외했을 때, 에너지 문제를 해결할 수 있는 대안은 명확하지 않다. 이러한 문제들은 순전히 과학기술만의 문제도 아니고, 전문가와 업계 그리고 정부관계자들에 의해 결정되어서도 안 되며, 이 시대를 살고 있는 모든 사람들이 관심을 가져야 할 부분이다. 이러한 상황에서 가장 중요한 것은 문제점들에 대한 좀 더 객관적이고 정확한 정보를 확보하는 것이 필요하다. 그래야만 문제들을 정확하게 파악하고 합리적인 대책을 찾을 수 있을 것이다. 한편으론 사람들이 원자력발전소의 방사선피폭은 매우 위험한 것으로 생각하지만, 의료기관에서 의료와 관련하여 피폭하는 방사선량에 대해서는 비교적 관대하거나 무관심하기도 하다는 점은 정말 특이하다.

1. 유전자가 상처받는 돌연변이

돌연변이는 하나의 세포 또는 한 개체에서 DNA 분자의 염기서열이나 표현형의 변화를 의미하는 것으로 DNA는 A, T, G, C라는 4글자만으로 구성되어 있으며, DNA의 정보에 의해서 사람이 살아가는 데 없어서는 안 될 온갖 단백질이 만들어지고 있다. 예를 들어 겸상적혈구병은 β-글로빈의 6번째 코돈 GAG(글루탐산)이 GTG(발린)으로 치환되면서 발생한다. β-글로빈에서 Glu6Val 돌연변이가 생기면 산소가 해리된 헤모글로빈의 용해성을 감소시키고, 적혈구를 불완전하게 재생하여 낫 모양을 만든다(그림 7-1).

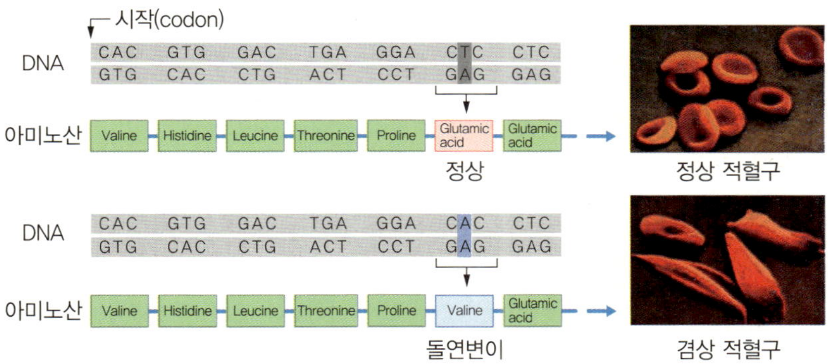

그림 7-1. 유전자 돌연변이에 의한 겸상적혈구 헤모글로빈

2. 남들과 다를 수밖에 없는 0.1% 유전적 차이

모든 사람은 인종에 관계없이 약 99.9%가 동일한 유전적 염기서열을 가지고 있으며, 오직 0.1%만이 사람 간의 차이를 보인다. 이러한 0.1%의 차이는 사람 간의 유전적 차이뿐만 아니라 사람의 특성이나 외모 등 상당부분을 결정한다고 알려져 있다. 또한 당뇨 · 치매 · 암 등의 특정 질병의 여러 가지 특성들이 개인에 따라 유전정보가 다르고, 이에 따라 약물반응도 달라지는데,

이를 다형현상(polymorphism)이라고 한다.

3. 자연발생적인 돌연변이

대부분의 돌연변이는 통계상으로 무작위적이며 예측을 할 수 없기 때문에 자연발생적이라고 하고, 세포 내 DNA의 복제, 수선, 재조합 과정에서 오류에 의해 발생된 돌연변이는 자연발생 돌연변이라고 한다.

4. 인위적으로 유도된 돌연변이

화학적 작용이나 방사선과 같은 인위적인 요소에 의해 발생하는 유도된 돌연변이는 여러 가지 화학물질이나 이온화 방사선, 자외선 등의 고에너지와 알킬화 약제와 같은 돌연변이유발원 등에 의해 직접적으로 염기를 손상시켜 염기쌍의 수소결합이 손상되거나 손상된 DNA가 더 이상 주형으로 작용하지 못하도록 만드는 것이다. 일단 염기가 변환되어 유전정보가 바뀌고, 표현형이 바뀌고 나면, 그 원인을 찾아낼 수는 없다.

5. 사람에서 가장 흔한 유전체 돌연변이

유전체 돌연변이는 사람에서 가장 흔한 돌연변이로 세포에서 감수분열이나 유사분열 중 특정 염색체의 분리 오류에 의해 염색체 수의 변화가 생기는 것으로, 용량의 변화를 초래할 뿐만 아니라 수백 또는 수천 개의 유전자들의 발현 정도를 변화시킨다.

6. 염색체의 구조를 변화시키는 염색체 돌연변이

염색체 돌연변이는 각 염색체의 구조를 변화시키는 것으로서 유전체 돌연변이보다 낮은 빈도로 발생하며, 중복, 결실, 역위, 전좌 등이 속한다(그림 7-2). 이러한 돌연변이는 세포분열 1,700번 중 한 번의 비율로 발생한다고 알려져 있으며, 일반적으로 생존하지 못하거나 정상적인 생식을 하지 못하기 때문에 자연적으로 발생하거나 감수분열 중 전좌된 비정상적 분리에 기인하고, 다음 세대로는 전달되지 않는다.

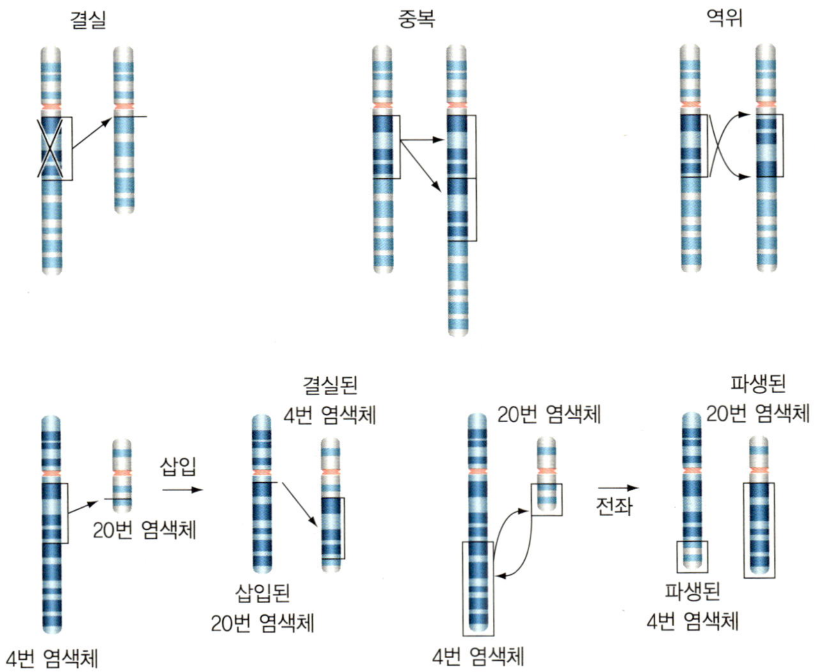

그림 7-2. 염색체 돌연변이

7. DNA 염기서열이 변한 유전자 돌연변이

유전자 돌연변이는 핵이나 미토콘드리아 DNA 염기서열의 변화로서, 단일 염기에서부터 수천 개의 염기의 변화까지 다양하다. 유전인자 돌연변이의 발생기전은 DNA 복제과정에서 발생하는 오류 또는 DNA 손상의 복구 실패이다. 복제오류는 부정확한 염기를 적정한 염기로 대체하는 교정과정에 의해 신속하게 제거되면서 교정이 되고 있는데, 실제로 복제오류 점검에 의하여 DNA 복제오류의 99.9% 이상이 교정된다.

8. 이상을 초래하지 않는 돌연변이

돌연변이라는 용어는 멘델의 법칙을 재발견한 드브리스(Hugo de Vries)가 처음으로 사용하였으며, 모든 유전자 돌연변이가 외부로 표현되는 표현형에 이상을 초래하지는 않는다. 특히, DNA 돌연변이가 폐물 DNA나 인트론에서 발생하였다면, 임상증상으로 나타나지 않을 수 있기 때문에 이런 경우는 돌연변이라고 하지 않고 다형현상이라고 한다.

9. 자손에게 유전되지 않는 체세포 돌연변이

체세포 돌연변이는 하나의 세포에서부터 시작하는 것으로, 유전자형적으로 정상과 돌연변이 조직의 혼합물인 생물체를 생기게 하는데, 대부분의 암은 DNA 손상에 의한 체세포 돌연변이에 의해 발생하며, 다음 세대에 유전은 되지 않는다. 그러나 생식세포에서의 돌연변이는 그에 영향을 받은 개체에서는 비정상화를 일으키지는 않지만 자손에게 유전될 수 있고, 다음 세대에서 질환을 일으킬 수 있다.

10. 유전체 돌연변이와 자연유산

유전체 돌연변이는 감수분열 중에 특정 염색체 쌍의 분리오류에 의해 초래된다. 유전체 돌연변이는 최소한으로 감수분열 25~50번 중 한 번의 비율로 발생을 한다고 추정을 하는데, 이는 분리오류에 의한 비배수체 태아들이 임신 직후에 임상적으로 인지하지 못하는 사이에 자연 유산되기 때문일 것이다. 조디(Lynn Jorde) 등이 1999년에 발표한 자료에 의하면 임신 첫 삼분기 유산의 50%, 두 번째 삼분기 유산의 20%에서 염색체 이상이 동반되는 것으로 알려져 있다. 염색체의 수적 이상은 사람의 염색체 이상 가운데 가장 흔하고 임상적으로도 중요한 의미를 갖는데, 임상적으로 인지된 모든 임신의 최소 5%에서 일어난다고 알려져 있다.

11. 화학물질에 의한 돌연변이

환경에서 자연적으로 존재하는 화학물질 중에는 DNA에 변이를 일으키는 특징을 가지고 있는 물질이 많은데, 예로는 담배 연기, 페인트, 석유화학제품, 살충제, 염료, 식품, 약물 등이 있으며, 노출의 경로는 흡입, 피부흡수와 섭취이다. 화학물질 중에는 DNA의 염기와 비슷한 모양을 한 것이 있는데, DNA 복제 과정에서 잘못된 염기를 받아들여 돌연변이가 발생하기도 한다(그림 7-3).

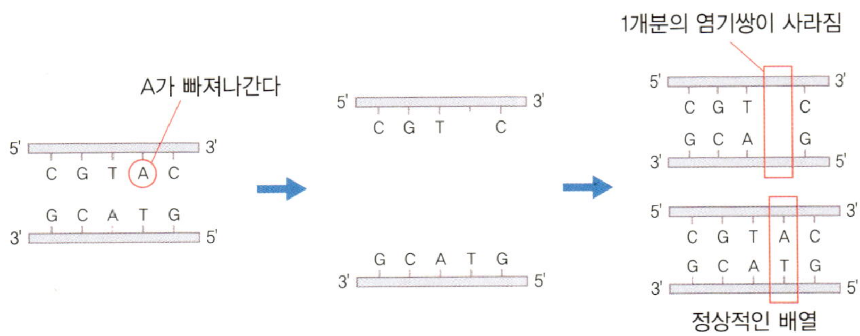

그림 7-3. 화학물질이 일으키는 유전자 손상의 예

12. 대부분 회복되는 DNA의 손상

DNA 분자는 끊임없이 손상을 받을 수 있는데, 이런 돌연변이는 유전적 정보에 영향을 미쳐 비정상 단백질을 형성할 수 있다. 그러나 우리 몸속에는 DNA의 변이를 회복할 수 있는 메커니즘이 마련되어 있기 때문에 DNA에 손상을 받아 DNA에 변화가 생긴다 해도 돌연변이가 발생되기 전의 단계로 정확하게 회복된다. 하지만, 방사선 등으로 인해 DNA가 큰 손상을 받았을 때는 회복이 불가능하게 되고, 부정확한 회복 때에 일어난 축적으로 인해 암세포가 될 수 있다.

13. 돌연변이 유발원

돌연변이 유발원은 돌연변이를 일으킬 수 있는 물리 또는 화학적 물질을 의미하는 것으로 자외선에 의한 돌연변이를 제외하고, 체세포와 생식세포 DNA에서 돌연변이의 발생 간 차이는 없으며, DNA 복제기간 동안 염기가 변형된 분자적 형태로 되거나 상호변이 됨으로써 발생된다. 그러나 대부분의 돌연변이는 화학물질에 의해 발생되며, 방사선에 의한 돌연변이는 10~15% 정도이다.

14. 화학물질 및 물리적 인자의 노출기준

'CMR 물질'은 발암성(Carcinogenic), 생식세포 변이원성(Mutagenic) 및 생식독성(Reprotoxic) 물질을 의미하며, 인체에 가장 유해한 고독성물질(Chemical of very high concern)로 알려져 있다. 2012년 3월, 고용노동부는 「화학물질 및 물리적 인자의 노출기준(고용노동부고시 제2012-31호)」을 고시함으로써 화학물질을 다루는 현장 근로자들에게 독성이 높은 화학물질 중 발암성

물질과 생식세포 변이원성 및 생식독성 물질에 대한 유해성 정보도 제공한다. 이러한 정보는 사업장뿐만 아니라 일반 사람들에게도 좋은 정보가 될 것이다.

15. 2차 대전에 사용된 '겨자가스'

최초로 알려진 돌연변이 유발 화학물질인 겨자 가스는 1, 2차 세계대전에서 사용됐으며 독성이 20년 넘게 지속된다. 겨자가스(mustard gas, sulfur gas)는 알킬기를 DNA 염기에 전달하는 물질 중 하나로 흡입하였을 때 강한 고통과 광범위한 폐 손상을 일으켜 사망하게 되는데, 독일군은 유태인들의 대량학살에 사용하였다. 한편 겨자가스에 노출된 병사들의 혈액에서 백혈구와 임파구 수가 감소한 것을 발견하면서 백혈병과 임파종에서 암세포를 죽일 수도 있다는 것에 착안하여 최초의 항암제가 탄생하게 되었다.

16. 강력한 독소를 생산하는 세균의 발육을 억제하는 '아질산나트륨'

우리 식탁에 자주 올라오는 햄, 소시지, 맛살, 생선묵 따위에 가장 많이 들어 있는 첨가물 중에는 헤모글로빈 또는 미오글로빈이 산화되어 회색으로 변하지 않도록 방지하는 '아질산나트륨'이 있다. 아질산나트륨은 몸속에서 '니트로소아민'이라는 발암성물질로 되어 간암을 유발 할 수 있으며, 빈혈, 구토, 호흡기능 약화가 생길 수 있다. 아질산(HNO_2)은 복제 중의 DNA와 비복제 중인 DNA 모두에 반응하는 강력한 돌연변이 유발원으로서 염기의 아미노기를 케토기로 치환함으로써 쉽게 전이, 돌연변이를 유발한다고 알려져 있다. 그러나 아질산나트륨은 지구상에서 발견된 가장 강력한 독소를 생산하는 혐기성 세균인 Clostridium botulinum의 발육을 억제하며, 우리가 흔히 먹는 상추와 시금치 같은 채소에도 햄이나 소시지의 30배나 되는 아주 많은 양이 들어 있다. 만약에 아질산나트륨을 과다 섭취할 경우 암에 걸린다면, 벤조피렌이 많다는 숯불구이를 상추에 싸서 먹었을 때는 머지않아 암에 걸린다는 이야기가 될 것이다.

17. 어린이들에게 위험한 '아질산나트륨'

아질산나트륨은 그 자체가 독성을 나타내기 때문에 일정 농도 이상 섭취하게 되면 혈액 중의 헤모글로빈이 산화되어 헤모글로빈의 산소운반 능력을 상실시키는 메트헤모글로빈을 형성한다. 따라서 산화헤모글로빈 환원효소가 부족한 생후 6개월 미만의 유아에서는 위험할 수도 있지만, 성인에게는 큰 위험이 없는 것으로 보고되었다. 그러나 소시지나 햄 등을 많이 먹는 3~6세 아동에서의 아질산염 섭취율이 국민 전체 평균치보다 5배가 높은 것으로 조사되어 주의가 필요하다. 현재 우리나라는 아질산염의 사용기준을 제품 내 아질산 이온 잔존량으로 70ppm 이하로 규제하고 있다.

18. 매우 안전하다는 'MSG'

MSG(글루타민산나트륨)은 흥분성 신경전달물질로 과량의 글루탐산이 신경조직에 흡수될 경우 신경 세포막을 파괴하기 때문에 유아에게 극소량이라도 뇌하수체가 파괴될 가능성이 있으며 성장은 물론 일반 대사에 이상을 불러올 수 있다는 실험보고가 있었다. 그러나 세계 각국은 MSG를 안전한 식품첨가물로 지정해 사용하고 있다.

우리나라의 경우도 2010년 식약청에서 MSG는 안전하며 사용량을 규제하지 않는 첨가물로 인정하고 있지만, 우리나라에서는 부정적 인식이 강해서 기피하는 성향이 나타나고 있다. 과거에는 MSG를 해조류의 열수 추출에 의해 얻어져 화학조미료라고 하였지만, 최근에는 MSG를 생성할 수 있는 미생물을 이용하고 있다. MSG를 먹었을 경우 일시적인 메스꺼움이나 두통 등의 과민 반응에 대해 WHO는 2시간 이내 사라지는 일시적인 반응이라고 발표하였다. 그리고 MSG는 우리가 흔히 먹는 밀이나 고기, 생선, 토마토 등에 풍부하게 존재하기 때문에 엄마들이 조리할 때 천연재료를 많이 사용한다면, 'MSG 유해론'을 걱정할 필요는 없을 것이다.

19. 쓰레기를 소각처리 할 때 만들어지는 '다이옥신'

환경오염 물질로 알려진 다이옥신은 원래 자연계에 존재하던 물질도 아니고, 인위적으로 만들어지지도 않았으며, 전혀 의도하지 않은 상태에서 우연히 발견된 합성화학물질이다. 제초제나 살균제 등의 제조과정이나 제지공장의 표백공정, 철강 산업의 광물질 용해과정 등 산업 활동에서 발생되며, 산불이나 화재, 쓰레기 소각 등의 연소과정에서도 발생된다. 자동차배출가스, 담배연기 및 생선구이나 숯불구이 등 음식물 조리과정에서도 발생할 수 있다.

20. 배설되지 않고 지방에 축적되는 '다이옥신'

다이옥신은 상온(25℃)에서 무색의 결정성 고체이며, 물에는 잘 녹지 않고 열화학적으로 안정해서 생물체 안으로 들어온 후로는 잘 배설되지 않으며, 지방에는 잘 녹는 성질 때문에 생물체의 지방에 축적이 된다. 또한 자연계에서 한 번 생성되면 잘 분해되지 않고 안정적으로 존재면서 토양이나 침전물들 속에서 축적되고 생물체 내로 유입되면 수십 년 혹은 수백 년까지도 존재할 수 있다. 이처럼 다이옥신은 현대생활의 다양성에 의해 만들어진 화합물 중 가장 독성이 강한 물질 중의 하나이며, 사람에게 발암의 위험이나 또 다른 질병을 야기할 수도 있다.

21. 최종적으로 사람의 몸속에 축적되는 '다이옥신'

다이옥신은 250~400℃ 온도범위에서 소각할 때 발생되며, 750℃ 이상의 고온으로 소각하면 오히려 분해 및 파괴가 된다. 따라서 많은 사람들은 폐기물 소각로에 대한 다이옥신 발생원만 제어하면 다이옥신에 관한 오염문제는 해결될 것이라고 생각하겠지만, 다이옥신의 발생원은 너무나 다양하고 물리·화학적으로 안정하기 때문에 대기, 토양, 어패류와 식품류 등 거의 모두에서 다이옥신이 검출되고 있다. 사람은 매일 약 100~200피코그램(1pg=10^{-12}g)의 다이옥신을 섭취하고 있는데, 주로 호흡이나 식품섭취, 토양 등의 일상생활과 관련이 있다. 대부분이 음식, 주로 육류, 유제품, 생선, 어패류의 섭취를 통해 이루어지며, 물을 통한 섭취는 무시해도 좋은 수준이다(그림 7-4). 다이옥신의 1일 섭취 허용량은 몸무게 kg당 2~4pg/kg/day으로 알려져 있다.

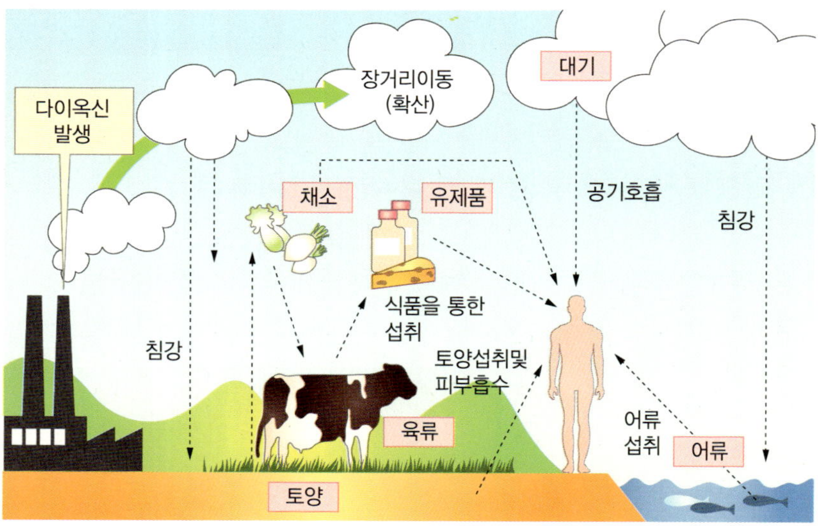

그림 7-4. 다이옥신의 섭취 경로

22. 다이옥신의 생물학적 반감기

다이옥신은 청산가리(KCN)에 비해 독성이 1만 배나 강하기 때문에 지금까지 사람이 만들어낸 물질 중, 특히 TCDD(2,3,7,8-tetrachlorodibenzo-p-dioxin)가 가장 독성이 강하다고 알려져 있으며, 97년 2월 WHO 산하 국제암연구센터에서는 가장 위험한 발암물질로 규정했다. 다이옥신의 독성이 처음 알려진 것은 염소생산 공장의 근로자들에게 급성 염소성 여드름이라는 피부질환이 알려지면서부터이다. 인체에 미치는 발암성에 대해서는 논쟁이 계속되고 있다.

반감기란 매체 내의 오염물질의 농도가 반으로 감소하기까지의 걸리는 시간으로 인체 내에서 다이옥신의 생물학적 반감기는 5~11년으로 알려져 있다. 사람 몸에 들어온 TCDD의 반감기는 월남전 참전군인, 독일의 직업적 노출결과, 이탈리아의 지역오염 결과 등으로 계산된 결과에서 2774일에서 3640일까지 매우 긴 반감기를 보여주었다. 그리고 다이옥신은 엄마의 혈액과 모유를 통해 태아 및 영아에게 오염이 가능하며, 발달장애 등을 일으킬 수 있는 것으로 잘 알려져 있다.

23. 발암성 다이옥신 '고엽제'

고엽제는 가장 독성이 강한 TCDD(2,3,7,8-tetrachlorodibenzo-p-dioxin) 계열의 다이옥신을 함유한 독성 제초제로, 미군이 베트남전 당시 고엽제를 담은 드럼통에 오렌지색의 띠를 둘러 표시를 한 후로 흔히 '에이전트 오렌지'라고 불리기도 한다. 베트남 전쟁에서 살포된 고엽제에는 청산가리의 1만 배, 비소의 3천 배에 이르는 독성뿐만 아니라 치사량이 0.15g인 다이옥신의 불순물이 들어 있다. TCDD는 독성이 매우 강력하기 때문에 2ppm(0.000002%) 정도의 미량이 함유된 것으로도 사람에게 암을 일으키며, 생식독성과 신경독성, 그리고 태아에 대한 발달독성을 가질 수 있다.

고엽제가 오염물질로 부각된 것은 베트남전쟁 이후로 1969년 고엽제 살포 지역에서 출산 이상의 증가가 알려지면서부터이고, 1971년에는 전 세계적으로 고엽제의 사용을 전면 금지시켰다. 1979년에 독성학 전문연구자들 사이에서 TCDD의 치명적 독성이 널리 알려졌으며, 우리나라에도 고엽제 후유증이나 후유증으로 의심되는 환자가 2010년을 기준으로 약 12만 5천여 명에 이른다.

24. 우리나라에서 세계 최초로 밝혀낸 생식독성 물질인 '2-브로모프로판'

많은 화학물질이 생식기능 저하를 일으킬 수 있는 것으로 알려져 있지만, 사람마다 개인적인 차이가 크고 사생활의 문제이기 때문에 외부로 밝혀지는 사례는 많지 않다. 그러나 1995년 8월 전자부품공장에서 접촉형 스위치 제조공정 업무를 담당하던 여성근로자 11명에게서 생리가 중단되고, 2명에게 재생불량성빈혈이 나타나는 사건이 발생해 산업보건연구원에서 역학조사를 실시하여 인과관계를 밝혀냈다. 이 사건 이전에는 2-브로모프로판에 의한 독성은 거의 알려진 적이 없고 동물실험 결과도 없었으며, 생식기능을 저하시킨다는 소견이 한국에서 나오기 전까지는 물질 자체의 독성에 대해 잘 알려지지 않았다.

2-브로모프로판은 오존층을 파괴하는 프레온 물질의 대체물질로 사용되어 왔고, 실제 미국이나 일본에서는 사용하는 데 큰 문제가 없었다. 이 사건이 발생하기 전에는 2-브로모프로판에 대한 작업장의 노출기준이 마련되어 있지 않았지만, 산업보건연구원에서는 역학조사 결과와 동물실험 결과를 근거로 2-브로모프로판의 노출기준을 1ppm으로 제시했다.

25. 생식세포에 돌연변이를 일으키는 '페놀'

생식세포에서의 돌연변이는 자손에게 유전될 수 있고, 다음 세대에서 질환을 일으킬 수 있는데, 대표적인 예로는 페놀이 있다. 페놀(C_6H_5OH)은 페닐기에 하이드록시기가 결합한 방향족 화합물로서 물에 녹는 수용성이며, 수용액은 약산성을 띤다. 페놀은 영국의 외과의사인 리스터(Joseph Lister)가 수술을 위한 살균제로 사용하였으며, 아스피린과 같은 약품의 제조 공정에 사용되기도 하고, 제초제의 원료로 사용되기도 하였다. 페놀은 소화기, 호흡, 피부접촉 등을 통해 인체에 흡수되면 심각한 장애를 유발시킬 수 있는 맹독성 물질로 2차 세계대전 이전부터 대량학살에 이용되기도 하였다. 페놀 증기는 폐를 통해 쉽게 흡수되며, 상부기도에 자극적이고 안구에 닿을 경우는 안구가 부식되어 심각한 시각장애가 유발될 수 있으며, 피부에 닿을 경우 빠르게 체내로 흡수되며 전신 중독으로 발전할 수 있다.

26. 대부분 호흡으로 섭취되는 '벤젠'

벤젠(Benzene; C_6H_6)은 휘발성 탄화수소로서 실온에서는 달콤한 향을 가진 무색투명한 액체로 존재하며, 물에는 거의 녹지 않지만, 아세톤이나 알코올, 에테르 같은 유기용매에 잘 녹는다. 벤젠은 구조적으로 매우 안정된 화합물로서 물과 섞이지 않고, 쉽게 증발해버리기 때문에 '휘발성 유기화합물'이라고 하며, 산화제와 격렬하게 반응하고 휘발성이 강하여 매우 기화하기 쉽다. 대부분 호흡으로 섭취되는 벤젠은 자동차와 사업장, 가정에서 사용하는 유류 제품에서 많이 발생하여 증발에 의해 대기 중으로 퍼진다.

27. 음료수에서의 '벤젠'

벤젠은 음료수 중 비타민 C와 박테리아, 효모, 곰팡이 등의 생성을 억제하기 위해 첨가되는 방부제인 안식향산나트륨이 같이 존재할 경우 미량 생성될 수 있다. 따라서 식약청은 2006년 시중에 유통 중인 비타민 C 함유 음료를 2차에 걸쳐 수거 · 검사한 후 1차 1회 37개 제품 중 36건, 1차 2회 30개 제품 중 27건에서 벤젠이 검출되었다고 발표하였으며, 유통과정에서 빛, 온도, 보관기간 경과에 따라 벤젠의 검출량이 다른 것으로 판단된다고 밝혔다. 벤젠은 건강상 유해영향 유기물질 목록에 포함되어 있으며, 기준치는 0.01mg/L(10 ppb) 이하이다.

28. 화장품 원료로 사용하는 '벤젠'

벤젠은 농도가 낮을 때는 달콤한 냄새가 나는데, 이러한 특징 때문에 화장품 원료로 사용되기도 한다. 일반화장품에는 벤젠뿐만 아니라, 폴리염화비페닐, 티타늄, 지르코늄, 비스무스, 안티몬, 바륨 같은 수많은 용해물질과 중금속이 들어있다. 그러나 화장품은 대다수의 사람들이 매일 사용하는 등 생활과 밀접한 관련이 있으므로 2010년 10월에 식약청에서 '화장품 중 유해물질 분석법 가이드라인'을 추가하였다. 그리고 국가에서 주도적으로 화장품 원료관리를 강화하여 보다 안전한 원료로 제조된 제품만 시중에 공급되도록 관리할 필요성이 있음에 따라 2012년 7월에는 「화장품 원료지정에 관한 규정」 전부개정고시(안)를 공고하였다.

29. 벤젠의 노출과 백혈병

벤젠에 노출된 후 몇 달 혹은 몇 년이 지나서 재생불량성 빈혈이 생길 수 있으며, 심해지면 백혈병으로 발전하기도 한다. 100 ppm 이상의 고농도 벤젠에 노출될 경우에는 100명 중 1명의 재생불량성 빈혈이 발생할 수 있다는 연구결과도 보고되었다. 벤젠 중독 초기에는 골수의 과형성이 나타나다가, 점차 조혈기능이 저하되며 지방변성이 일어나고 체온상승, 잇몸출혈, 코피, 점상출혈 등과 같은 재생불량성 빈혈 증상들이 발현된다. 벤젠에 의한 혈액질환의 치료법은 없으며, 노출중지가 가장 중요하다.

벤젠은 확실한 발암성 물질로 사람에게 급성 및 만성 백혈병을 일으킬 수 있다는 근거도 충분하며, 고농도로 장기간 노출된 근로자에서 특히 많이 발생한다. 체내에 흡수된 벤젠의 일부가 골수 내에서 대사되면서 유전독성과 변이원성이 있는 중간대사물질을 형성하고 이에 의해 백혈병이 유발되는 것으로 추정되는데, 급성골수성백혈병이 벤젠에 의해 유발되는 가장 흔한 유형으로 알려져 있다.

30. DNA를 절단하는 몸속의 '활성산소'

우리 몸속에서 발생하는 물질 중에 DNA를 손상시킬 수 있는 활성산소는 몸속에서 유기물이 분해되었을 때 발생하는 산소의 화합물을 의미하는 것으로 슈퍼옥시드($O2^{\bullet-}$)나 히드록시라디칼($HO^{\bullet}$), 과산화수소(H_2O_2) 등 다양하게 존재한다. 활성산소는 방사선을 쬐었을 때도 발생하는데, 몸속에 들어간 방사선은 세포 안의 물 분자와 접촉하여 전자를 튕겨나가게 한다. 이 전자가 다른 물 분자에 닿으면 활성산소가 발생하고, 튕겨져 나온 전자 자체가 DNA에 손상을 줄 수도 있다. 활성산소는 미토콘드리아에서 주로 발생되는데 세포 내의 단백질과 유전자는 활성산소의 공격을 받으면 손상이 될 수 있다. 또한 활성산소가 뇌에서 신경세포를 공격하면 파킨슨병 같은 뇌질환을 일으킬 수 있고, 인체 곳곳에서 유전자를 손상시켜 각종 질병을 유발한다(그림 7-5).

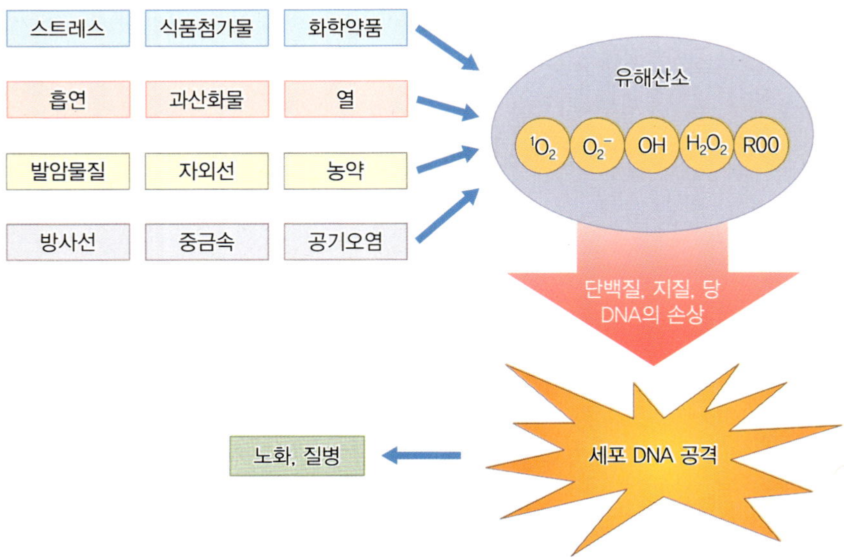

그림 7-5. 활성산소의 발생원인과 그 영향

31. 세균 증식을 억제해 염증을 막기도 하는 '활성산소'

10여 년 전부터 활성산소가 세포의 성장과 분화에 긍정적인 역할을 한다는 사실이 알려지면서 활성산소에 대한 연구가 활발하게 이루어지고 있다. 최근에 발표된 연구결과에서는 활성산소가 세포에 계속 성장 신호를 보내기 때문에 활성산소가 몸에 없으면 세포는 자라지도 분열하지도 못한다고 발표하였다. 또한 활성산소는 세균 증식을 억제해 염증을 막기도 하는데, 장내 세균 수가 많아지면 '듀옥스'란 효소가 활성산소를 만들어 살균작용을 한다는 사실도 밝혔다. 이처럼 적당한 활성산소는 세포가 성장하는 데 도움을 주지만, 너무 많게 되면 세포를 죽이는 독성물질로 작용한다.

32. 자외선에 의한 유전자의 손상

태양광선에서 가장 짧은 파장인 자외선은 이온화반응을 일으킬 정도로 충분한 양의 에너지를 가지고 있지는 않지만, DNA에 순간적으로 자외선의 에너지가 흡수되면 복제와 전사를 방해하는 돌연변이를 유발한다. 자외선은 4mm 두께의 오존층에 의해 차단될 수 있지만, 최근에는 공업용 탄화플루오르에 의해 오존층이 파괴되고 있으며, 자외선에 피부를 지나치게 노출하면, 피부암의 위험이 증가한다. 그리고 자외선에 의해 세포분열이 억제되어 세포가 죽게 되므로 자외선은 세균에 대한 효과적인 살균제가 될 수 있다. 우리 몸속의 DNA 염기는 자외선을 흡수하는데, 1가닥의 DNA에 자외선이 흡수되면 염기가 끊어지고 일그러져 복제가 되지 않게 된다(그림 7-6).

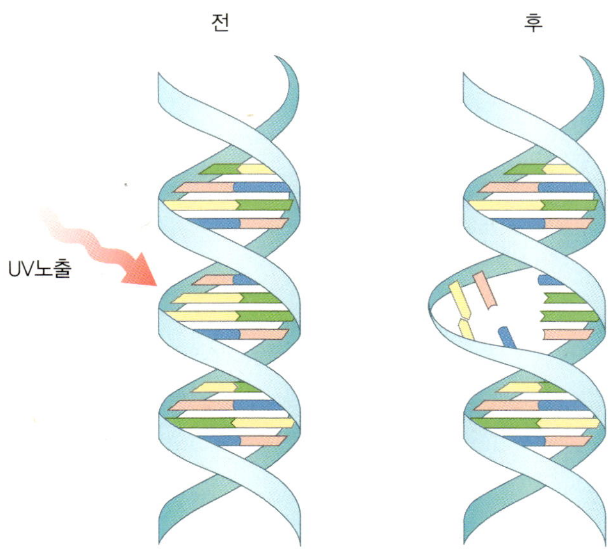

그림 7-6. 자외선에 의한 돌연변이

33. 두렵지만 피할 수 없는 방사선

대부분의 사람들은 방사선에 대한 두려움을 가지고 있다. 하지만 방사선이란 에너지를 가지고 있는 일종의 보이지 않는 광선이며, 우리 일상에서 흔하게 접할 수 있는 전자레인지의 극초단파, TV와 라디오의 전파, 레이더 그리고 병원에서의 X-RAY 등 모두가 방사선의 일종이다. 또한 방사선은 지구의 탄생과 함께 사람과 더불어 존재하고 있으며, 사람들은 엄마의 배속에서부터 방사선에 노출되면서 살아가기 때문에 방사선을 쬐는 것만으론 문제가 되지 않는다. 이처럼 방사선과 함께 생활을 해도 아무런 문제가 없는 것은 우리 주위에 있는 방사선의 양이 매우 적기 때문이다.

문명이 발달할수록 방사선의 위력은 점점 커질 것이며, 항상 우리와 같이 할 수밖에 없는데, 일시에 너무 많은 방사선을 쬤을 때 여러 가지 신체적 장애가 발생한다. 따라서 방사선작업에 종사하거나 그 작업장 주변에 가까이 가야 할 일이 있을 경우에는 가능한 한 방사선을 받지 않도록 하는 것이 최우선의 방법이다.

34. 방사선의 정체

방사선은 에너지를 가진 입자 혹은 파동의 흐름이 공간이나 매질을 통해 전파되는 것을 의미하며, 발생하는 근원에 따라 자연방사선과 인공방사선의 두 종류로 나눌 수 있다(그림 7-7). 자연방사선은 흙, 공기, 물, 채소, 생선, 육류 등 지구상 모든 물질로부터 자연적으로 발생되며, 전 세계적으로 평균 자연방사선량은 약 2.8mSv 정도인 것으로 보고되고 있다. 인공방사선은 의료 방사선, 보안검색장치, 전자레인지나 TV 같은 전자제품, 원자력발전소 등 인위적인 행위에 의해 발생된다. 의료용 방사선은 질병의 진단이나 치료 목적으로 발생되며, 흉부 엑스레이(X-ray) 1회 촬영 시 피폭량은 0.1~0.3mSv, CT의 경우 5~10mSv 정도, 한국동위원소 협회의 자료(2011)에 의하면 우리나라 국민의 연평균 의료용 방사선 피폭량은 0.74mSv 정도로 보고되고 있다.

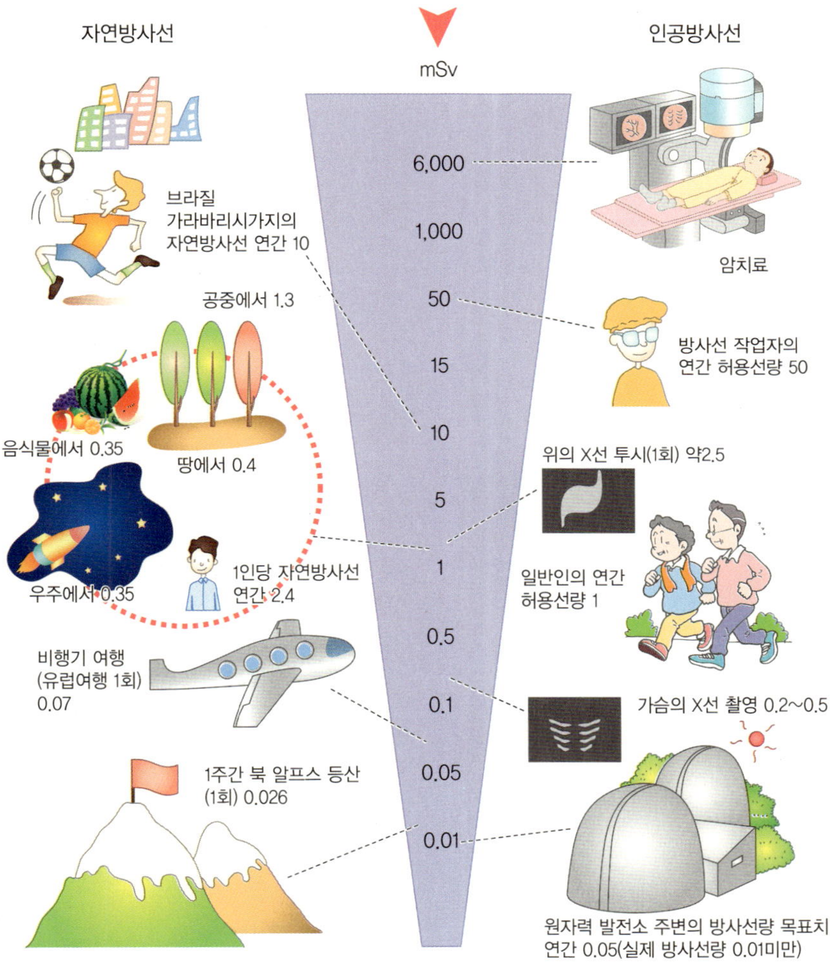

그림 7-7. 자연방사선과 인공방사선

35. 생활 속에서 방사선의 이용범위

일반적으로 방사선의 이용은 의학적 이용이 가장 많이 알려져 있고, 대부분의 사람들도 이러한 의학적 이용만을 생각한다. 그러나 방사선의 이용 범위는 식품을 저장하거나 농작물 품종개량의 농업분야, 그리고 유해물질을 분석하거나 우주개발의 연구 분야 등 헤아릴 수 없을 정도로 많은 분야에서 이용되고 있으며(그림 7-8), 우리 일상생활에 많은 편리함을 주고 있다.

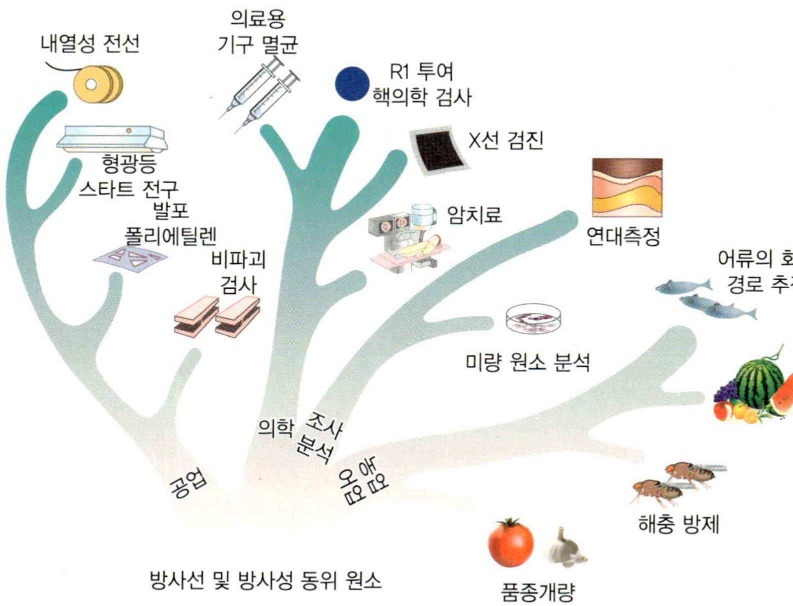

그림 7-8. 방사선의 이용범위

36. 방사선을 발견한 퀴리부인

마리 퀴리는 폴란드 출생으로 최초의 방사성 원소인 폴로늄과 라듐을 발견했고, 이러한 공로를 인정받아 1903년 남편과 함께 노벨물리학상을, 1911

년에는 단독으로 노벨화학상까지 받았을 뿐만 아니라 마리 퀴리의 딸과 사위도 방사능 연구로 노벨상을 받았다. 그녀가 발견한 라듐은 그 시대에 미용은 물론 정신장애 치료에까지 효과가 있다고 알려졌으며, 방사능의 위험성은 널리 알려지지 않았기 때문에 방사능에 노출된 사람들이 죽어갔다. 물론 퀴리부인도 방사능의 초기 합병증인 백내장을 앓았으며, 1934년 7월 4일 66세의 나이에 재생불량성 빈혈로 사망했다. 그러나 마리 퀴리가 발견한 동위원소는 현대과학과 의학 분야의 기초를 마련해 주었으며, 우리 삶의 거의 모든 부분에서 중요한 역할을 하는 방사선을 잘못 이용했을 때 엄청난 재앙을 가져올 수도 있다는 경고의 메시지를 우리에게 남겼다.

37. 방사선에 의한 유전자 손상

방사선이 유전자에 닿으면 유전자를 구성하고 있는 원자와 원자 사이의 결합을 끊어 버리는 작용이 일어나면서 유전자 손상이 발생한다. 유전자는 아주 긴 분자로 2개의 사슬로 연결되어 있어서 한쪽의 사슬만 절단된 경우는 바르게 회복되며, 두 개의 사슬도 한 곳만 절단되면 DNA 회복 기전에 의해 회복이 된다. 그러나 두 개의 사슬이 여러 군데 동시에 절단되면 유전자 전체의 연결에서 떨어져 나가게 되고, 떨어져 나간 DNA가 다른 유전자 부위와 연결이 되거나 손실이 되는 경우에는 돌연변이가 발생한다(그림 7-9).

38. '방사능'과 '방사성 물질'의 차이

'방사능'이란 방사선을 방출하는 능력을 의미하며, '방사성 물질'이란 방사능을 가진 물질로(그림 7-10) 요오드-131이나 세슘-137 등이 있다. 후쿠시마 원전 사고 이후 원전에서 멀리 떨어진 도시에서 대기 중의 '방사선'이 늘어난 것은 방사선이 직접 도착한 것이 아니라 대기에 유출된 방사성 물질이

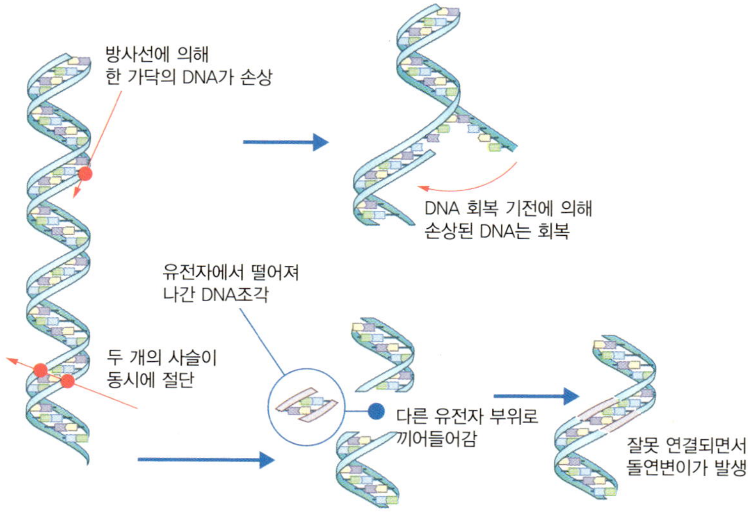

그림 7-9. 방사선에 의한 DNA 손상

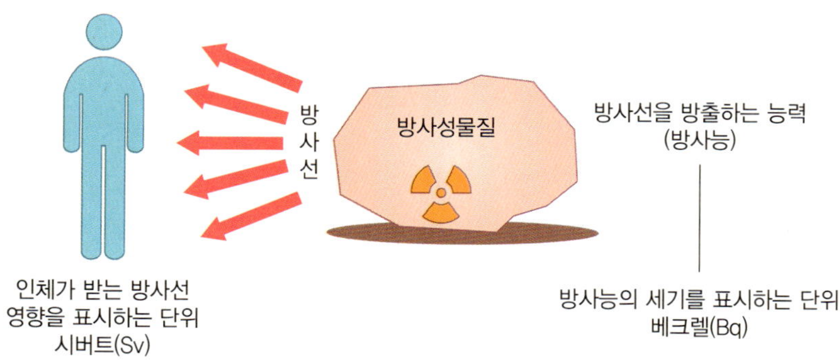

그림 7-10. 방사능과 방사성 물질

바람을 타고 이동한 것이다. 대기 중의 방사능 물질은 지면에 천천히 떨어지지만, 비와 함께 급속하게 지상으로 떨어지면 토양에 달라붙거나 강물에 녹아 들어가고, 농작물 등에 방사성 물질이 달라붙는다. 이리하여 일본의 정수장이나 농작물 등에서 방사성 물질이 검출되었다고 볼 수 있다.

39. 방사성 물질의 종류와 반감기

방사성 물질에는 토양에 있는 우라늄이나 토륨, 공기 중의 라돈 그리고 음식물 중에는 칼륨 40이 포함되어 있다. '반감기'란 방사성 원소가 원래 양의 반으로 감소되는 데 걸리는 시간을 의미하며(그림 7-11), 방사성 원소의 종류에 따라 다르지만(표 7-1), 온도나 압력 등 외부의 어떤 조건에도 영향을 받지 않는다. 반감기의 종류에는 핵분열이나 변환에 의한 물리적 반감기, 신체 대사과정에 의한 생물학적 반감기 그리고 인체 내 영향을 고려한 유효 반감기로 구분할 수 있다.

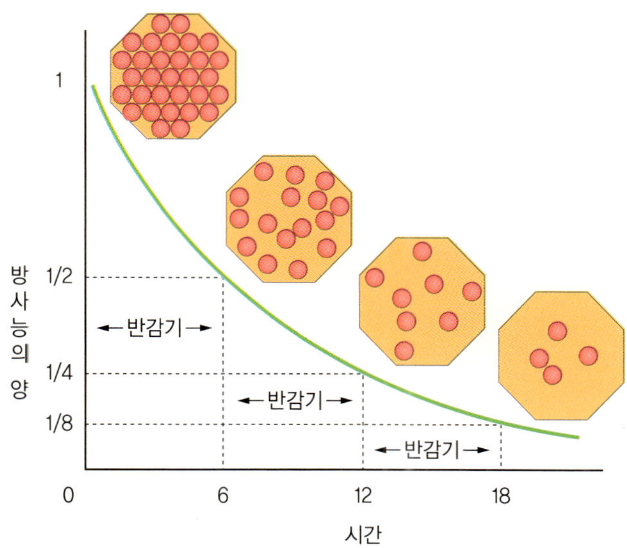

그림 7-11. 방사능의 반감기

표 7-1. 방사성물질과 반감기

방사성물질	방사선의 종류	반감기
우라늄(U-238)	알파(α)선	약 45억 년
우라늄(U-235)	알파(α)선	약 7억 년
라듐(Ra-226)	알파(α)선	약 1620년
폴로늄(Po-218)	알파(α)선	3.05분
폴로늄(Po-210)	알파(α)선	138.4일
칼륨(K-40)	베타(β)선	약 12.5억 년
삼중수소(H-3)	베타(β)선	12년
스트론튬(Sr-90)	베타(β)선	28년
요오드(I-131)	베타(β)선/감마(γ)선	8일
코발트(Co-60)	베타(β)선/감마(γ)선	5년
크립톤(Kr-85)	베타(β)선/감마(γ)선	11년
세슘(Cs-137)	베타(β)선/감마(γ)선	30년(유효 반감기:108일)

40. 방사선의 종류

현재 알려져 있는 핵종은 약 2,000종에 이르고, 이 중 방사성 핵종은 약 1,700종이 알려져 있다. 방사선은 발견된 순서에 따라 알파(α)선, 베타(β)선, 감마(γ)선이라고 이름 붙여졌으며, 종류에 따라 투과력과 위험도가 다르다(표 7-2)(그림 7-12). 의료분야에서 많이 쓰이는 X-선은 일반적으로 감마선보다 파장이 길고 빛보다는 짧은 전자기파로 물질을 뚫고 지나가는 성질(투과성)이 있으며, 성질은 감마선과 거의 같다. 중성자선은 원자의 중성자가 빛처럼 나아가는 방사선의 종류 중 하나이며, 원자로를 가동할 때나 중성자 폭탄이 폭발할 때도 나온다.

표 7-2. 방사선 종류에 따른 인체 침투정도와 위험도

	알파(α)선	베타(β)선	감마(γ)선
특징	알파선은 헬륨의 원자핵이 고속으로 방출된 것으로 공기 중에서도 몇 cm 정도 밖에 날아가지 못하기 때문에 종이 한 장으로도 차단됨. - 플루토늄 238	베타선은 전자의 흐름으로 알려져 있고, 속도가 매우 빠르지만, 투과력은 강하지 않아서 얇은 금속판으로도 막을 수 있다. - 요오드 131	감마선은 X-선이나 빛과 같은 전자기파이며, 원자핵이 에너지가 높은 상태에서 낮은 상태로 될 때 방출된다. 파장은 짧지만, 물질을 투과하는 능력이 보통 X-선보다 훨씬 강하다.
인체 침투 정도	옷이나 피부에 가로막혀 몸속 침투는 불가	피부에 닿을 경우 화상 또는 유사 상처 발생 가능	몸속을 통과
위험도	위험도는 낮으나 인접부근의 세포는 손상	공기 중에서 수 m까지 진행하지만, 플라스틱 정도로 차단 가능	공기 중에서 수백 m까지 진행하고, 인체에 쉽게 투과

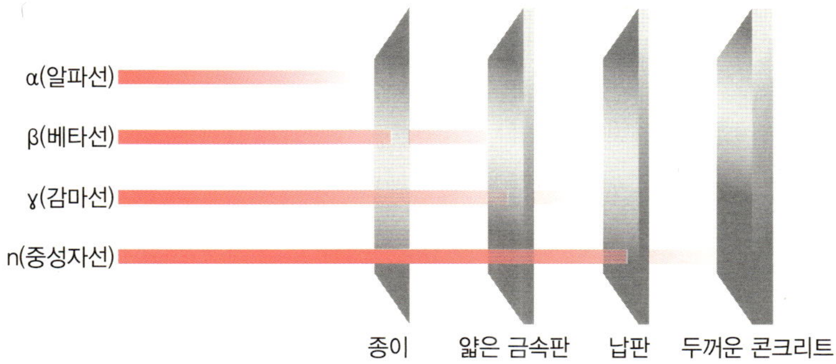

그림 7-12. 방사선의 종류에 따른 투과력

41. 방사능에 의한 연간 피폭량

방사능이 인체에 미치는 영향의 정도를 나타내는 단위인 '시버트'는 방사능 노출 측정 및 생물학적 영향을 연구한 스웨덴의 유명한 의학 및 물리학자인 롤프 막시밀리안 시버트(Rolf Maximilian Sievert)의 이름에서 유래되었다. 밀리시버트(mSv)는 X-선이나 핵의학, 양전자 단층 촬영, 컴퓨터 단층 촬영 등과 같은 의료 검사에서 발생하는 유효 노출을 측정할 때 사용된다. 방사능에 의한 피폭량은 상황에 따라 다르게 나타나는데, 핵관련 종사자 연간 허용치는 50mSv(분기별은 20mSv)이지만, 20mSv를 넘지 않아야 하고, 발암 최저 한계치는 연간 100mSv 그리고 체르노빌 사태 후 이주를 결정한 근거는 평생 350mSv이다.

42. 방사능과 방사선량을 나타내는 단위

방사선이 공기 또는 인체 등으로 들어오면 인체 조직과 상호작용하며, 인체에 미치는 영향의 정도는 조사선량, 흡수선량, 유효선량 등으로 나타낸다

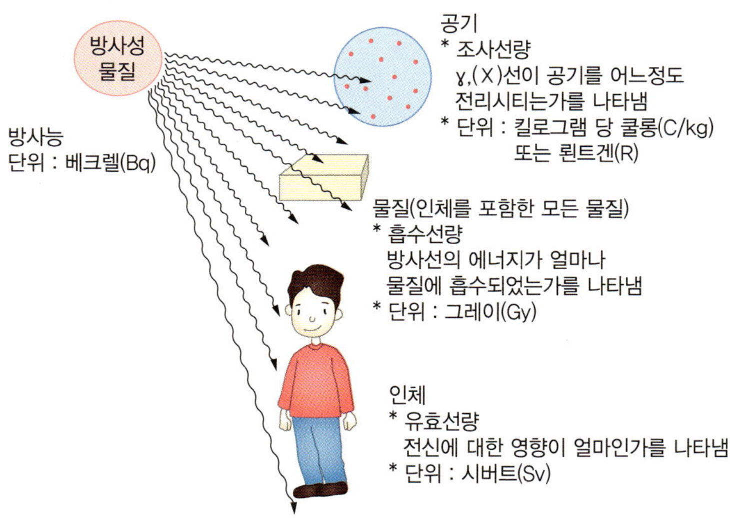

그림 7-13. 방사능과 방사선량의 단위

(그림 7-13). 방사능은 방사성물질의 원자핵이 단위시간당 붕괴되는 수를 의미하며, 측정 단위로는 베크렐(Bq)을 사용한다.

43. 방사선이 인체에 미치는 영향

방사선이 인체에 미치는 영향은 요오드, 세슘, 제논, 스트론튬, 플루토늄 등 방사성 핵종에 따라 다르며, 에너지, 선량, 시간, 부위 등에 따라 여러 가지 복잡한 과정을 거치면서 그 영향이 다르게 나타난다. 세포분열이 왕성한 조직이나 장기는 방사선 감수성이 높고 골수, 피부 등 재생조직이 비재생 조직인 신경이나 근육보다 감수성이 높게 나타난다(그림 7-14). 그리고 방사선이 인체에 미치는 영향은 방사선을 받은 본인에게 나타나는 신체적 영향과 자손에게 나타나는 유전적 영향으로 나눌 수도 있다.

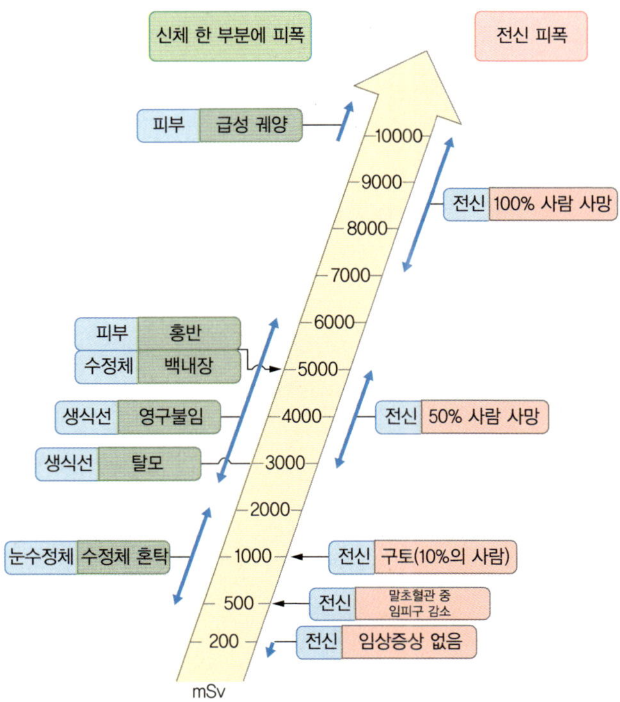

그림 7-14. 방사선을 일시에 받았을 경우 인체의 영향

44. 방사선의 결정론적 영향과 확률론적 영향

방사선이 인체에 미치는 영향은 피폭선량과 발현관계에 따라 크게 '결정론적 영향'과 '확률론적 영향'으로 구분될 수 있다. 결정론적 영향이란 최소 100mSv 이상에서 발생하는 것으로 보고되고 있으며, 방사선 피폭으로 세포 사멸이나 임상적 변화가 나타나는 것으로 피폭 후 수주일 이내에 나타나지만, 수정체의 혼탁, 백내장, 피부장애 등 6개월~수년 후에 나타나는 경우도 있다. 대표적인 예로는 식욕부진, 오심, 구토, 두통, 어지러움증, 쇠약감, 통증, 설사, 저혈압, 체온상승 등을 나타내는 급성방사성증후군이 있다.

반면에 확률적인 영향이란 방사선에 피폭된 세포가 사멸하지 않고 돌연변이 상태로 존재하면서 세포의 이상 증식이나 세포 유전과정에 영향을 미치는 것을 의미하는 것으로 오랜 시간이 지난 후에 증상이 나타나며, 모든 장기에 발생할 가능성이 있고 주로 암과 유전질환이 이에 해당한다. 그리고 확률적인 영향은 다른 원인에 의해서 발생한 장해와 구별이 되지 않기 때문에 방사선 피폭에 의한 평가는 하기 어렵다.

45. 방사선 피폭에 의한 태아 기형의 발생 확률

방사선 피폭에 의한 태아 기형의 발생은 결정론적 영향에 속하며, 50mSv 이하의 방사선 피폭은 태아의 기형이나 유산의 확률을 증가시키지 않는다고 알려져 있다. 그러나 한 번의 진단적 X-선 검사는 태아에게 영향이 거의 없지만, 임신시기에 따라 영향이 다르게 나타난다. 임신 2주까지 100mSv의 선량을 받았다면 유산할 수 있고, 18주 이전에 5,000mSv를 받는다면 태아는 100% 사망한다. 임신 8~15주 사이에 방사선량이 1000mSv일 경우 지능(IQ)은 25점 정도 떨어지고, 16~25주에는 700mSv 이상의 피폭을 받는다면 지능이 13~21점 떨어진다고 한다. 하지만 일반적으로 산모가 100mSv 이상의 방사선에 노출되는 경우는 거의 없기 때문에 방사선 피폭으로 인한 기형아 출산은 거의 없었다. 임신 초기 방사선 노출에 대한 유의성은 확인되지 않았으므로 임산부는 불필요한 방사선 노출을 조심해야 할 것이다.

46. 일본 원전사고 후 주목 받는 요오드와 세슘

방사선이 인체에 미치는 영향은 요오드, 세슘, 제논, 플루토늄 등 방사성 핵종에 따라 다른데, 일본 원전사고 이후 국내에서는 요오드, 세슘, 제논 등이 검출되고 있다. 특히 요오드나 세슘이 주목을 받는 이유는 '내부피폭'의 위험성 때문으로 내부피폭이란 방사능 물질이 체내에 들어와 세포들 사이에 들러붙게 되면 몸 안에서 방사선을 지속적으로 내뿜는 것을 의미한다. 알파(α)선이나 베타(β)선은 피부를 통과하지는 못하지만, 체내에서는 조직이나 장기에서 방사선이 나오므로 그 영향이 매우 크다. 특히 알파(α)선은 국소적으로 나쁜 영향을 끼치기 때문에 생물에 대한 영향은 베타(β)선의 20배 정도 크다고 알려졌다.

47. 갑상선(샘)에 집중되는 방사성 요오드

기체형태로 존재하는 방사성 요오드(I-131)를 흡입하거나 오염된 식품 또는 지하수 등을 통해 섭취한 경우는 인체에 유입되어 주로 갑상선에 모이게 되고, 갑상선이 집중적으로 피폭된다. 뿐만 아니라 체내에 흡수된 방사성 요오드는 몸속에서는 요오드와 마찬가지로 갑상선에서 호르몬을 만드는 역할을 할 수 있다. 이러한 이유로 체르노빌 원전 사고당시(1986년) 방사성 요오드에 오염된 우유를 섭취한 아동들의 갑상선암 발생률이 높아졌다고 한다. 요오드는 종류와 상관없이 일정량 이상이면 몸 밖으로 자연히 배출되기 때문에 방사성이 아닌 요오드약물을 미리 섭취하면 방사성 요오드의 축적을 막을 수 있다. 그러나 방사성 요오드로 인한 피폭이 100mSv 이상인 경우에만 요오드화칼륨정을 복용하여야 하고, 단순히 요오드가 함유된 식품류를 먹는 것은 현실적으로 효과가 없다. 오히려 필요 이상으로 요오드를 과다 섭취하는 경우에는 갑상선 호르몬 생산이나 분비를 억제시켜 갑상선 기능을 악화시키고, 특히 갑상선 질환자에게는 매우 위험할 수 있다.

48. 암세포를 죽이는 세슘-137

세슘-137은 핵분열 시 발생하는 방사성 동위원소 중 하나로, 자연 상태에서는 존재하지 않으며 핵실험 등의 결과로 발생한 인공원소이다. 방사성 세슘은 호흡기나 오염된 음식, 음용수에 의해 유입될 수 있고, 위장관을 통해 흡수되는데, 일본 후쿠시마 원전사고 이후 국내에서 여전히 극미량 검출되고 있다. 수용성의 유독물질로 몸에 들어온 세슘은 근육 등에 모여, 유해한 감마선(γ)을 방출한다.

세슘-137의 주 에너지는 감마선(γ)과 베타선(β)이며 반감기가 30년으로 체내에 오래 남아 위험도가 높다고는 하지만, 정상적인 대사과정으로 방출되기 때문에 몸에 남는 양은 극히 작아 실제 생물학적 반감기는 3개월 정도이다. 방사성 세슘에 피폭된 경우 프루시안 블루캡슐을 복용하면 위장관계에서 방사성 세슘을 포획하여 대변으로 배출시키는 역할을 한다. 뿐만 아니라 기준치를 초과해 섭취하더라도 직접적으로 병이 생기는 게 아니라 10년~20년 후 발병 가능성이 약간 높아지는 정도라는 것이다. 반면에 세슘-137은 강력한 감마선(γ)으로 암세포를 사멸하기 때문에 병원에서 암 치료에 사용되기도 하는데, 정상세포가 노출이 되었을 때는 암을 유발할 수도 있다.

49. 담배속의 방사성 물질 폴로늄 210

폴로늄은 자연 방사성 물질인 라돈에서 생성되며, 라듐 F라고도 부르는데,

1898년 마리 퀴리와 피에르 퀴리 부부가 처음 발견하였다. 폴로늄이라는 이름은 마리 퀴리의 조국인 폴란드의 이름을 딴 것으로 정치적 논쟁이 따르는 이름을 붙인 첫 번째 원소이다.

담배 속에 방사성 물질이 있다는 사실은 1960년대부터 알려졌으며, 방사성 폴로늄(Po-210)과 방사성 납(Pb-210)이 극미량 들어 있다는 보고가 있었다. 주로 인회석을 원료로 사용하는 인공비료를 사용하면 담배로 흡수되어 농축된다. 폴로늄이 극미량일지라도 흡연을 하면 주로 기관지에 축적이 되는데, 폴로늄에서 나오는 방사선은 알파선으로 X-레이에 비해 세포나 DNA를 파괴하는 정도가 20배 정도로 강하기 때문에 담배를 많이 피우면 폐암에 걸릴 가능성이 높아지질 수 있다. 1982년에는 담배를 하루에 1.5갑 피우는 사람의 폐 조직 검사에서 나온 폴로늄 방사선량이 1년간 300회 정도의 가슴 X-선 검사를 한 것과 같은 수준이라는 결과가 보고되기도 하였다.

50. 흡연과 방사선의 암 발생 확률

담배 한 개비를 피우는 것은 10~40 마이크로시버트(μSv)의 방사선량 쪼임과 같은 정도로 담배를 하루 20개비씩 1년간 계속 피운 사람은 73~292mSv의 방사선을 받은 사람의 발암 확률과 같다고 한다(그림 7-15).

그림 7-15. 흡연과 방사선의 선량

51. 방사선 피폭에서 가장 예민한 조혈장기와 림프 계통

인체 내에서 방사선에 대해서 가장 민감한 조혈 장기는 그 변화를 쉽게 관찰할 수 있는데, 피폭 수 시간 후에는 백혈구 수의 감소가 나타난다. 백혈구 수(정상치 4000~10000mm^3)가 3000~4000mm^{3}가 되면 메스꺼움, 전신권태 등의 자각증상이 나타난다. 그러나 방사선 조사를 중지하면 수주일 내에 정상으로 회복한다. 급성 방사선증후군은 모든 골수세포에 손상을 입히지만, 제일 처음 손상되는 혈액세포는 순환혈액 중의 림프구이다. 급성 전신피폭이 있은 지 24시간 후에 림프구는 감소하므로 그러한 소견은 유용한 생물학적 선량평가지표이다(표 7-3). 따라서 림프구 수가 mm^{3}당 500개 이하일 때는 회복이 거의 불가능하다.

표 7-3. 피폭 48시간 후 림프구 수와 예후 평가

절대 림프구 수/mm^3	예후 평가
1500 ~ 3000	정상
1000 ~ 1500	중증도 손상 : 예후 좋음
500 ~ 1000	중증 손상 : 예후 보통
100 ~ 500	극히 중증 손상 : 예후 나쁨
100 미만	치명적

출처 : 한국수력원자력㈜ 방사선보건연구원

52. 우리 몸속에도 존재하는 방사성 동위원소

사람들은 누구나 방사성 원소 칼륨-40을 몸속에 지니고 있는데, 이 원소는 음식물과 함께 우리 몸에 유입되며, 우리 몸속에서 베타붕괴를 진행함에 따라 인체가 받는 방사선은 연간 0.17mSv에 달한다.

53. 의료 진단기기에 의한 방사선의 노출

의료용 방사선 피폭은 질병의 진단이나 치료를 목적으로 하며, 특히 CT 촬영의 절대적 피폭선량은 기기 종류 등에 따라 병원별로 달라질 수 있으며, 피폭선량이 높은 편이지만(그림 7-16), 환자가 얻게 되는 진단적 이익이 손해보다 클 때 이루어진다. 그러나 단순히 아픈 데가 없는지 살피기 위해 건강한 사람이 방사선 피폭에 노출된다는 것은 다시 생각해 봐야 할 것이다.

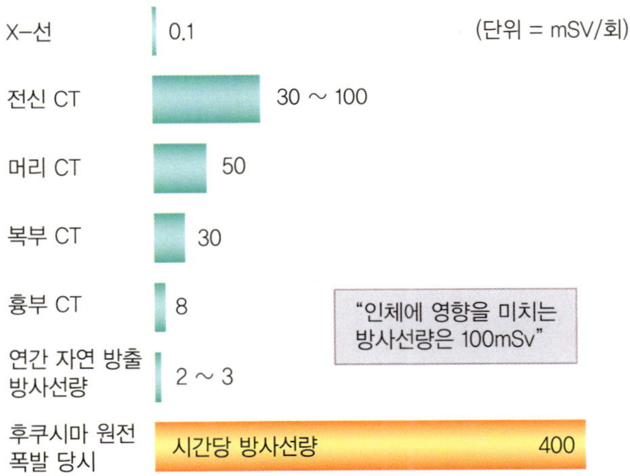

그림 7-16. CT 촬영 때 노출되는 방사선량

54. CT 검사 4번이면, 히로시마 원폭 생존자에 노출된 방사선량

CT 촬영을 한 번 시행했을 때 부위별로 방사선 노출량이 다르긴 하지만, 일반적으로 2~15mSv이며, PET-CT 검사는 이보다 많은 15~20mSv이다. 원자폭탄이 투하된 일본의 히로시마 생존자들의 방사선 노출량이 50~150mSV였다는 점을 감안했을 경우, CT 촬영을 4회 받으면 히로시마 생존자들에게 노출된 방사선량을 받았다고 할 수도 있다. 또한 CT 촬영을 1~2주 간격으로 연속 2회 실시했을 경우에 유전자가 돌연변이 될 가능성이 있으며, 1년에 5

회 이상은 치명적인 영향을 초래할 수 있다고 알려져 있다. 따라서 전신 CT 촬영을 하거나, 매년 CT 검사를 받았을 때의 방사선량을 비교한다면, 원폭지 근처에 있는 것이라고 볼 수도 있을 것이다.

55. 1901년 제1회 노벨물리학상을 수상한 렌트겐

렌트겐(W.C Roentgen)은 1895년 11월 8일 크룩스관을 이용하여 기체의 방전 현상을 연구하고 있을 때, 방전관 옆에 검은 종이로 덮어놓은 사진 건판이 감광되어 있었다는 사실에서 미지의 광선에 의해 형광작용이 생기는 것을 확인하고 이를 X-선이라고 명명하였다. 이 우연한 발견을 1895년 12월에 논문으로 발표하였고, 1901년에 제1회 노벨물리학상을 수상하였다.

56. X-선의 사용용도

알 수 없는 유형의 방사선을 의미하는 X-선은 파장이 짧고 투과성이 강해 물체의 내부를 잘 볼 수 있기 때문에 응용범위는 매우 넓다. X-선 회절의 패턴을 기록하고 분석하여 그 결정의 격자구조를 파악함으로써 그 물질만의 특성을 분석할 수 있으며, 부품이나 용접 부분에 X-선 촬영을 실시해 부품, 용접 부위의 무결성을 검사할 수 있다. 또한 공항 안전 수하물 스캐너는 수하물의 내부를 X-선으로 투영함으로써 위험 물질이나 무기 등을 검색할 수 있다. 그리고 의료분야에서 X-선의 회절을 이용하여 물질의 구조를 결정하거나 조영제를 사용하여 인체 내부의 이상을 알아보는 데도 중요하게 쓰인다.

57. X-선의 영향

X-선은 염색체가 응축된 상태에 있을 때 손상을 입힐 수 있으며, 정자의 기원세포를 포함하여 분열 중에 있는 세포에 가장 해로운 영향을 끼칠 수 있다. 배아발생 후 최초 7일 동안에 X-선에 의해 돌연변이가 유발되거나 치명적인 영향을 받을 수 있고, 소아백혈병은 임신 8~40주 때 X-선에 노출되었을 경우에 발생할 수 있으며, 방사선에 의한 손상은 축적이 되기 때문에 방사선의 영향과 관련하여 최소 기준치는 없다.

100라드(rad)의 X-선은 백혈구 수를 50% 정도 감소시키며, 450라드 정도의 X-선이 전신에 노출되면 사망할 수도 있는데, 암세포를 죽이는 데 쓰이는 X-선량은 1,000라드를 사용하기도 한다. DNA 복구에 결핍이 있는 환자는 절대로 X-선 촬영을 받으면 안 된다. 우리가 진단을 위해 찍는 X-선은 활성산소 발생의 원인이며, 이 중 흉부촬영은 1.5일, 위 투시는 1.5년, CT촬영은 150일의 수명을 단축시킬 수 있다는 보고도 있다.

58. 방사능의 위험성을 알리는 데 앞장선 '멀러'

1927년 미국의 유전학자 멀러(Hermann Muller)는 초파리에 X-선을 쪼이면 날개가 짧은 초파리와 눈의 색깔이 변한 초파리 등이 생겨나는 등 유전적 영향이 생기는 것을 발견하고 「유전자의 인공돌연변이(Artificial transmutation of the gene)」라는 논문을 발표하였다. 유전자에서 인공적으로 돌연변이를 유도한 업적으로 1946년 노벨 생리 · 의학상을 수상했다. 이후로 돌연변이 산물의 결실이 끼치는 영향에 대한 연구가 가능해졌고, 후에는 X-선이 모든 생명체의 돌연변이 유발원이라는 사실도 밝혀졌다. 특히, 그는 다음 세대에게 다가올 방사능의 위험을 일반 대중에게 알리는 데 앞장섰으며, 우생학과 관련하여 남자의 정자를 기증받아 냉동 · 보관하는 일에 대해서는 반대하였다.

59. 비정상적인 혼란 상태를 의미하는 '블랙아웃'

2011년 9월에 발생한 전국적인 정전 대란 이후 '블랙아웃(blackout)'이란 생소한 전문용어가 언론에 자주 등장하였다. 일반적으로 블랙아웃이란 흔히 술을 많이 마신 뒤 단기 기억상실을 의미하는 '필름이 끊긴다'고 표현되는 현상을 의미하며, 전투기가 급상승할 때 원심력에 의해 조종사 몸의 피가 아래로 쏠리면서 순간적으로 눈앞이 캄캄해지는 현상도 블랙아웃이라고 한다.

60. 최악의 정전 사태 '블랙아웃'

보통 전력 수요와 공급의 불균형이나 전력망 설계의 취약성에 의해 도시나 넓은 지역의 전기가 동시에 모두 끊기는 최악의 정전사태를 블랙아웃이라고 하였다. 2006년 4월에는 제주도 전체 전기 수요의 40%를 맡고 있던 해저케이블이 갑자기 고장나면서 전기 공급이 크게 줄어들어 도내 소규모 발전시설에 과부하가 걸리면서 전기 공급이 모두 끊기는 블랙아웃 사태가 발생한 적이 있다. 2011년 9월의 블랙아웃 사태는 한국전력에서 수요 예측을 잘못하는 바람에 실제로 발생하였으며, 이후로 전력의 중요성이 급격하게 높아짐으로써 정부는 일정규모 이상의 상가에 문을 열고 냉난방을 하지 못하도록 강제규정을 정하였고, 공공기관의 냉방온도를 28℃로 제한하는 등 각종 시책이 쏟아지고 있다. 또한 2012년 6월 21일 오후 2시에는 전국적으로 20분 동안 정전대비 비상훈련도 실시하였다.

61. '블랙아웃' 사태를 경험한 후에

우리 부모님 시대만 해도 전기가 부족해서 불편한 생활을 하셨지만, 전기의 편리함을 이미 알아버린 현대사회는 전기가 없으면 거의 모든 일을 할 수 없을 것이다. 나부터도 그랬고, 대부분의 사람들은 전력 부족에 대해 생각해 본 경우가 없을 것이다. 그러나 IEA(International Energy Agency: 국제에너지기구)자료(2010)에 의하면, 전 세계에 걸쳐 에너지 사용이 증가함에도 불구하고 개발도상국 내 많은 빈곤가구들은 현대식 에너지서비스를 이용하지 못하고 있다. 현재 세계인구의 14억 명(20%)에게 전력이 공급되지 않고, 27억 명(47%)은 취사 시 바이오매스 연료를 전통적 방식으로 사용하고 있으며, 더욱 심각한 것은, 이러한 상황이 장기적으로 지속될 것이라고 하였는데, 이들 중 대부분은 아프리카의 사하라 이남지역, 인도, 그리고 중국을 제외한 아시아 지역의 개발도상국에 거주할 것이라고 하였다.

작년의 '블랙아웃'의 사태를 경험한 후에 에너지 절약의 필요성을 공감하게 되었고, 이와 함께 사회적 이슈로 떠오른 원자력 발전에 대한 이해가 필요하게 되었다.

62. 환경위기에서 원자력의 필요성

21세기 들어 세계는 산업혁명 이후 화석연료의 과잉 소비로 지구촌 곳곳에서 지구온난화와 온실가스배출 등 기후변화 문제가 심각해지고, 화석 연료의 유한성이 갈수록 명백하게 드러나는 상황 속에서 원자력은 에너지공급 문제를 해결해 줄 수 있는 방편으로, CO_2를 발생시키지 않으며 깨끗하고 값싼 에너지로 큰 관심을 받았다. 석유나 천연가스 그리고 석탄은 국제정세에 따라 수급에 차질이 생길 수 있지만, 원자력의 원료인 우라늄은 전 세계에 골고루 분포되어 있기 때문에 수급이 안정적이다. 또한 우라늄 1g에서 석유 9드럼, 석탄 3톤의 열량을 내는 고밀도 에너지로(그림 7-17) 석유, 석탄 등 화석연료에 비해 수송이나 저장이 비교적 용이하다.

그림 7-17. 에너지 경쟁력 비교

63. 원자번호가 가장 큰 원소 우라늄

'천왕성(Uranus)'에서 유래되어 이름 붙여진 우라늄(Uranium)은 1789년에 발견된 은회색의 방사성 금속 원소이며, 원소기호는 U, 원자번호 92로 자연에서 발견되는 원소 중에서 가장 크다. 우라늄보다 원자 번호가 큰 넵투늄과 플루토늄이 있긴 하지만, 이 두 원소는 자연에 존재하는 양이 매우 극미량이며, 인공적으로 만드는 경우가 대부분이다. 천연 우라늄은 자연 속에 존재하는 방사성 물질의 하나로, 지구 표층에 많이 있고, 암석이나 해수 중에도 광범위하게 들어 있다. 자연에서 발견되는 가장 풍부한 우라늄 원자는 우라늄-238이며 99% 이상을 차지하고, 원자력 발전소의 원료와 핵폭탄 제조에 많이 쓰이는 우라늄-235는 0.7% 정도를 차지한다.

64. 핵분열을 할 수 있는 우라늄-235

유일하게 핵분열을 할 수 있는 우라늄-235는 중성자와 충돌해 쉽게 핵분열을 일으키므로 원자로와 핵무기에 쓰이는 우라늄의 방사성 동위 원소이며, 235는 동위원소의 질량수를 나타낸다. 우라늄-235는 천연 우라늄에 함유된 양이 0.7%에 불과하므로 정련하여 '옐로케이크'라는 농축우라늄을 만들어

연료로 사용한다(그림 7-18). 우라늄-235의 반감기는 약 7억 년이며, 1945년에 일본의 히로시마에 투하되었던 원자폭탄도 우라늄-235를 이용한 것이다.

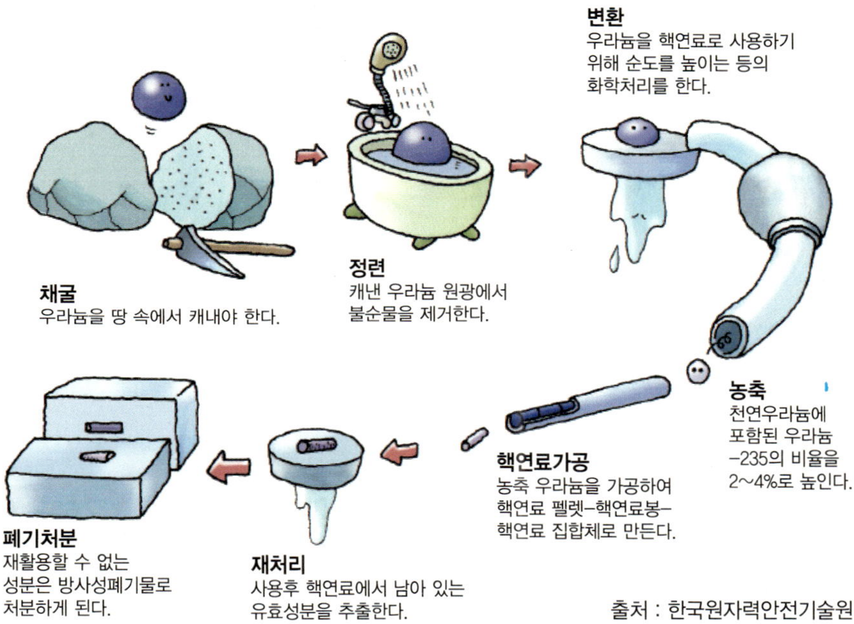

그림 7-18. 우라늄의 일생

65. 원자력 발전의 원리

모든 물질을 구성하는 원자는 양성자와 중성자로 된 원자핵과, 그 주위를 돌고 있는 전자로 구성된다. 그리고 우라늄과 같이 무거운 원자핵이 중성자를 흡수하면 원자핵이 쪼개지는데, 이를 핵분열이라고 한다. 원자핵이 분열하면 많은 에너지와 함께 2~3개의 중성자가 나오는데, 이 중성자가 다른 원자핵과 부딪치면 또 다시 핵분열이 일어나고, 이런 식으로 계속해서 핵분열이 이어지는 과정에서 생기는 막대한 에너지가 원자력이다(그림 7-19). 원자력 발전이란 핵분열을 통해 수천 도로 달구어진 핵 연료봉을 냉각수로 식

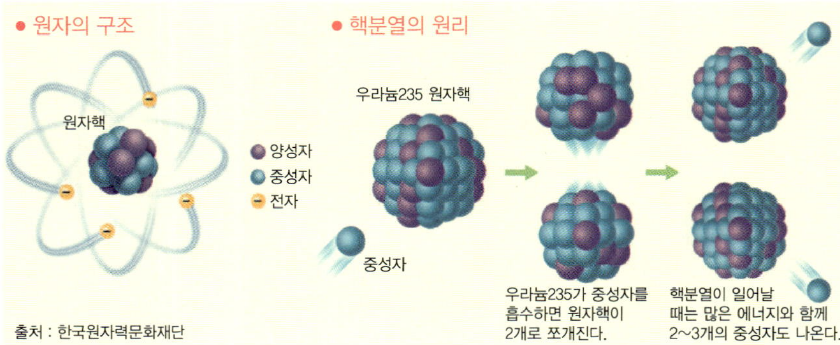

그림 7-19. 원자력 발전의 원리

히는 과정에서 발생하는 증기로 터빈을 돌려 전기를 얻는 방식을 의미한다.

66. 원자력 에너지의 이용

원자력 에너지의 이용은 1953년 미국의 아이젠하워(D. Eisenhower) 대통령이 국제연합 총회에서 파괴력이 강한 무기인 원자폭탄을 산업의 원동력인 평화적 에너지로 이용할 것을 주장하면서 시작되었다. 이와 함께 핵물질의 저장과 보호 및 핵물질의 평화적 사용을 목적으로 하는 국제기구의 창설을 제안하였으며, 1957년 국제연합회원국 80개국이 국제원자력기구(IAEA : International Atomic Energy Agency)가 발족되었다.

67. 우리나라 원자력발전소의 시작과 현재

우리나라는 전쟁 이후 1960년대 들어 경제개발 5개년 계획이 성과를 거두면서 전력수요가 급증하였고, 1973년과 1978년에 있었던 두 차례의 석유파동으로 인해 에너지안보의 필요성이 커짐에 따라 원자력발전소에 대한 본격적인 개발이 시작되었다. 1978년 4월 고리1호기가 최초로 가동한 이후 원전 수와 전력생산 규모에서 이미 세계 5위의 위치를 차지하고 있다. 우리나라는 현재 석유, 석탄, 천연가스 등 사용하는 에너지의 97% 정도를 수입에 의존하고 있는 반면, 에너지 소비량은 세계 10위이며 전력소비는 해마다 크게 증가하고 있다. 이와 같은 상황에서 원자력은 2011년 말을 기준으로 전체 발전량의 31.2%를 차지하고 있으며(그림 7-20), 현재 21기의 원자력 발전소가 가동 중이다. 이처럼 원자력은 우리 생활에서 매우 중요한 에너지 공

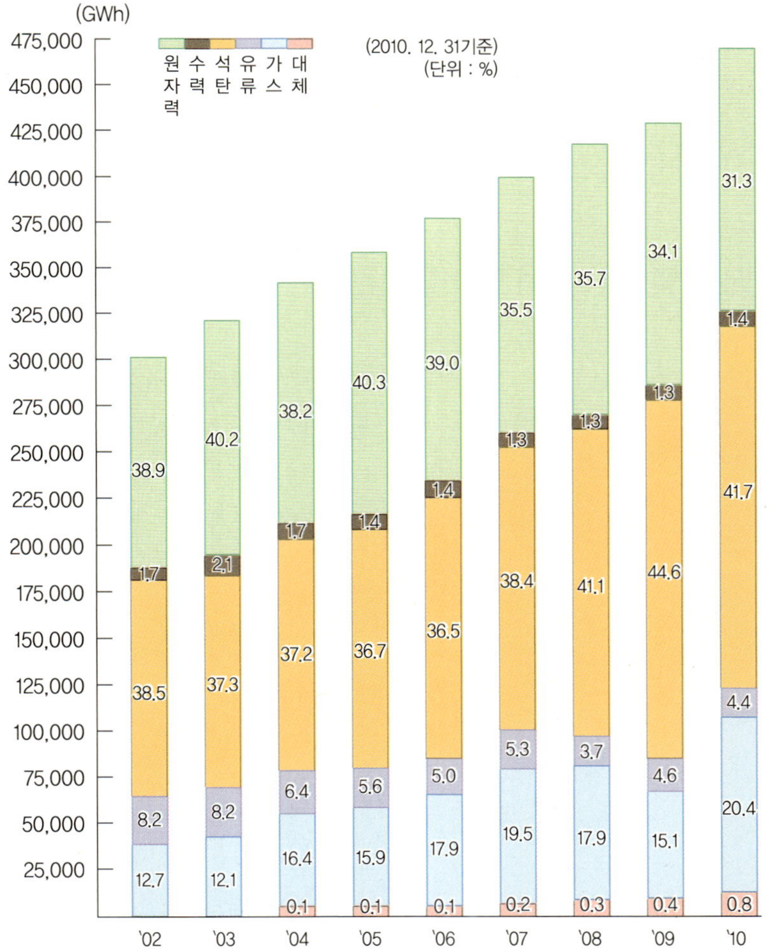

그림 7-20. 에너지원별 발전전력량(출처:2011원자력발전백서)

급원으로 자리 잡았다.

68. 우리나라에서 원자력 발전의 양면성

원자력 발전은 화석 연료와 달리 이산화탄소와 같은 환경오염물질을 배출하지 않을 뿐만 아니라 소량의 원료로 막대한 에너지를 얻을 수 있다는 점에서 우리나라를 포함하여 세계 여러 나라들이 원자력 발전에 의존하고 있다. 그러나 1986년에 발생했던 체르노빌 사건이나 2011년 3월에 일본에서 발생한 원자로 폭발 사건 등은 전 세계인들로 하여금 핵의 공포를 떠올리게 하였다. 또한 최근에 우리나라의 원자력 발전소에서도 크고 작은 사고들이 연속적으로 발생하면서 원자력 발전의 안전성에 대한 논쟁이 끊이질 않고 있다.

69. 매우 열악한 에너지 이용환경

세계적으로 화석연료의 경우 매장량이 얼마 남지 않았을 뿐만 아니라 우리나라는 부존자원이 거의 없는 자원 빈국에다 이산화탄소 배출량 증가율은 OECD 국가 중 1위를 차지할 만큼 고탄소형 사회이다. 이에 비해 원자력은 환경오염이 적고, 에너지 효율은 높지만, 핵분열과정의 위험성과 방사능 폐기물의 처리방법 등 때문에 반대 입장도 만만치 않다. 한편으론 청정에너지인 태양광, 풍력, 조력 등 신재생에너지에 대한 필요성이 부각되고는 있지만, 우리나라는 아직 기술이 미비하고 비용이 많이 드는 만큼 효율성이 떨어져 국내의 에너지 수요를 맞추기엔 역부족이다. 이러한 상황에서 원자력 발전에 계속 투자를 해야 하는지에 대한 문제는 특정 기술자나 과학자에게 국한되는 것이 아니라 우리 모두가 풀어나가야 할 것이다.

70. 전 세계 전력의 약 16%에 해당되는 원자력

2012년 기준 31개국에 436개의 원자로가 가동되고 있으며, 전 세계 6%의 상업용 에너지와 16%의 전력을 생산하고 있다. IAEA PRIS(2012년 3월 1일 현재) 자료에 의하면 미국(104기), 프랑스(58기), 일본(50기), 러시아(33기), 대한민국(21), 인도(20기), 영국(18기), 캐나다(18기), 중국(16기), 우크라이나(15기), 독일(9기) 등이다.

71. 우리나라 총 발전량 기준 31.2%를 차지하는 원자력 발전

2012년 현재 부산광역시에 5기, 영광군에 6기, 경주시에 4기, 울진군에 6기 등 총 21기의 원자로가 가동되고 있으며, 신고리 2호기 등 7기가 추가로 건설되고 있다. 그러나 1978년 4월부터 가동된 고리원자력발전소 1호기가 설계수명 30년을 넘어섰지만, 2007년 6월 안전 검사를 거쳐 10년간 수명연장에 들어가면서 재가동과 폐쇄의 논란이 계속되고 있다. 그리고 올 11월 설계수명이 끝나는 월성1호기도 10년 수명연장 운전이 추진되고 있는 상황에서 재가동과 폐쇄의 논란은 계속 될 것이다.

72. 원자력 발전의 문제점

원자력 발전이 파괴적 이용의 핵폭탄과는 전혀 다르지만, 원자력이 핵폭탄으로부터 시작했기 때문에 핵무기나 핵폭탄과 같은 핵 이미지로 먼저 생각하기 쉽고, 핵이라는 부정적인 측면이 최대의 단점이라고 할 수 있다. 원자력 에너지가 황산화물, 질소산화물 등을 배출하지 않는 환경 친화적 에너지이고, 기본 연료인 우라늄은 석유나 천연가스에 비해 월등히 저렴하며 발전량이 많기 때문에 경제적이라고 한다. 하지만 원자력발전 과정에서 발생하는 고체,

액체, 기체 형태의 각종 방사성 폐기물들의 완벽한 처리가 불가능하고, 방사능 유출의 위험이 있으며, 발전 중 사고의 가능성도 있다. 원자력 발전소에서 일어날 수 있는 최악의 사고는 냉각수의 공급이 원활하지 못해 원자로의 핵연료가 녹아내리는 노심용해이다. 노심용해가 일어나면 원자로 안 바닥에 핵연료가 녹아서 쌓이게 되며 지하수를 오염시켜 엄청난 환경오염을 초래하게 된다. 체르노빌이나 일본 후쿠시마의 사태에서도 노심용해가 관련되었다.

73. 원자력 발전의 대가 '방사성 폐기물'

원자력 발전은 소량의 연료로 막대한 에너지를 생산할 수 있지만, 그 대가로 '방사성 폐기물'이 생긴다. 방사성 폐기물은 원자력발전소 또는 방사성동위원소를 이용하는 병원, 연구기관, 산업체 등에서 원자력을 이용하는 과정에서 발생하며, 분류나 처리기준은 나라마다 조금씩 다르다. 우리나라는 방사능이 높고 낮음에 따라 고준위, 중준위 및 저준위폐기물로, 폐기물의 상태에 따라 기체, 액체, 고체 폐기물로 분류한다(그림 7-21).

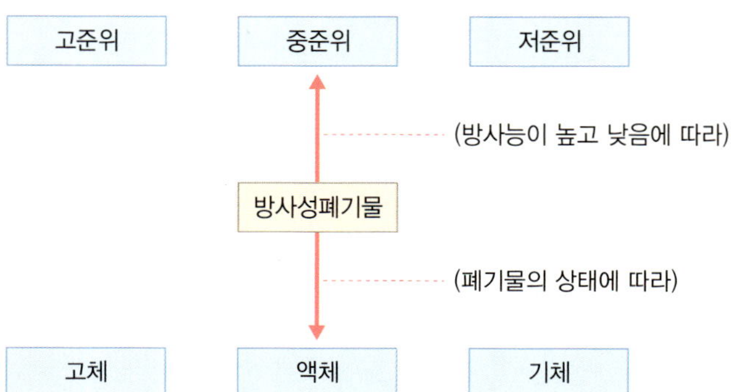

그림 7-21. 방사성 폐기물의 분류

74. 방사성 폐기물 처리방법

고준위 방사성 폐기물은 사용이 끝난 핵연료로 그 속에 포함된 핵분열생성물 때문에 원자로에서 꺼낸 이후에도 오랜 기간 동안 방사선과 열이 발생한다. 따라서 재활용 또는 영구처분이 결정될 때까지 발전소의 원전연료취급건물 안의 수조지 내에서 임시 저장하고 있다. 중 · 저준위 방사성 폐기물은 작업복, 장갑, 덧신, 걸레 그리고 기기 교체품을 의미하며, 원전 부지 내에 보관하고 있다. 기체 방사성 폐기물은 밀폐 탱크에 저장한 후 방사능 기준치 이하로 떨어졌을 때 여과 등의 방법으로 처리한다. 액체 방사성 폐기물은 저장탱크에 모았다가 여과, 이온교환, 증발농축 등의 방법을 이용해 깨끗한 물과 찌꺼기로 분류한 다음 물은 재사용하고, 찌꺼기는 철제 드럼통에 넣어 밀봉해 저장한다. 고체 방사성 폐기물은 압축, 시멘트 고화 등의 방법으로 처리하여 저장 · 처분한다(그림 7-22).

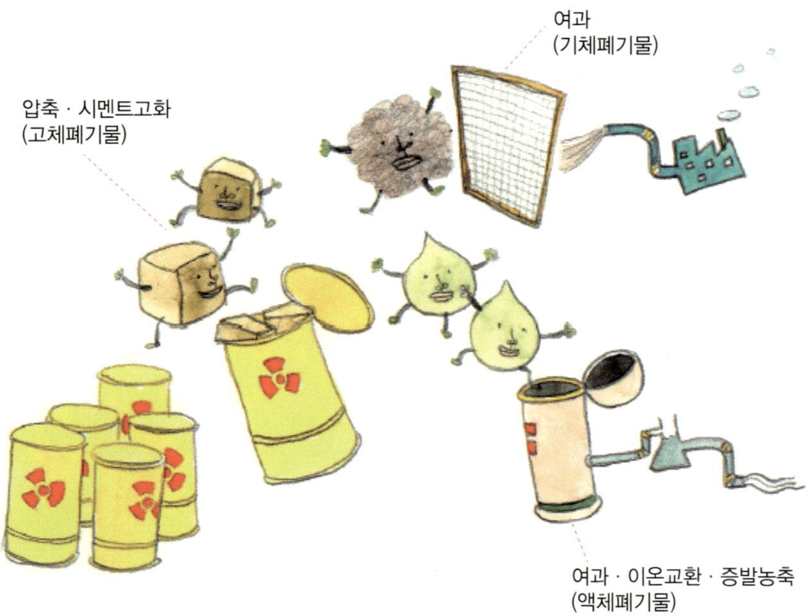

출처 : 한 권으로 풀어보는 원자력 안전규제

그림 7-22. 방사성 폐기물 처리방법

75. 방사성 폐기물 처리장이 자리 잡은 '경주'

신라 천 년의 고도를 자랑하는 경주시는 도시 곳곳이 유적지나 고대 유물들로 채워진 거리 박물관이라고 할 수 있어서 외국 관광객들이 선망하는 대한민국의 주요 관광지이다. 그러나 그 곳에 방사성 폐기물 처리장이 위치한다고 알려졌을 때 과연 어떤 반응들을 보일지 의문스럽다. 방사성 폐기물은 사람과 생태계로부터 영구히 격리시켜야 하는데, 현재 경주시에 공사 중인 중·저준위 방사성 폐기물 처리장은 완공 후 60년간 운영된다고 알려졌다. 그리고 운영기간 동안 10만 드럼의 용량이 꽉 찬 처분고는 완전히 봉쇄돼 사람의 생활권과 격리되며 100~300년간 부지감시, 환경감시, 출입통제, 토지사용 제한 등 안전관리를 받는다고 한다.

학창시절에 누구나 한번쯤은 수학여행으로 방문하고, 여전히 우리 문화의 우수성을 알리고 있는 경주에서, 주민들의 89.5%의 가장 높은 찬성률로 방사성 폐기물 처리장이 위치하는 아이러니한 현실에 우리는 살고 있다. 이러한 상황은 진행형으로 원점으로의 수정은 불가피하다. 따라서 우리는 찬란한 문화유산들을 잘 보전하는 것은 물론 방사능에서 안전하게 지켜내야 하는 사명을 가져야만 할 것이다.

76. 사람의 부주의로 발생한 체르노빌 사고

1986년 체르노빌 원전 사고는 직원의 부주의로 인해 원자로가 정지될 정도로 출력이 낮아진 상태에서 급히 출력을 올리자 핵연료가 순간적으로 파열되면서 발생했는데, 대응책이 전혀 없었으며, 사람의 부주의가 만들어낸 완벽한 인재였다. 체르노빌 원전은 고온에서 불이 잘 붙고 폭발성이 높은 흑연을 감속재로 사용하였으며, 별도의 격납용기가 존재하지 않았기 때문에 피해가 컸다. 이 사고로 엄청난 양의 방사성 물질이 한꺼번에 쏟아졌고, 25년이 흐른 지금까지도 원전 반경 48km 일대는 출입금지 구역이다. 사고 당시 발생한 방사능 낙진은 체르노빌 주변에 있는 러시아, 벨라루스, 우크라이나 세 나라뿐만 아니라, 유럽 곳곳으로 퍼져 많은 지역을 오염시켰다(표 7-4).

표 7-4. 체르노빌과 후쿠시마 사고의 비교

	체르노빌	후쿠시마
INES 등급	7	4 → 5 → 7로 조정
사고 원인	원자로 가동 중단 실험 중 증기폭발로 노심용해	지진 · 쓰나미로 냉각 장치에 전력 공급 중단. 원자로 폭발과 노심 용해
방사성 물질 배출량	사고 후 10일간 세슘137 8.5경 베크렐. 요오드131 176경 베크렐	사고 후 18일간 세슘137 9~90경 베크렐. 요오드131 180경 베크렐. 현재 배출 누적량은 체르노빌의 10%로 추정
피해 규모와 여파	20만 명 피폭. 2만 5000명 이상 사망. 북유럽까지 낙진 피해. 인근 유령 도시화.	한 달간 사고 서서히 진행. 인근 소개 가능. 대기 · 해수 · 식품오염 공포 확산

77. 천재지변으로 발생한 일본 후쿠시마 사고

2011년 3월 12일, 태평양 앞바다 지진과 그로 인한 쓰나미의 여파로 후쿠시마 제1원자력 발전소의 냉각 시스템이 고장 나면서 발생한 원전 사고는 1979년 발생한 미국의 스리마일섬 원전 사고와 유사하며, 천재지변에 의해 발생하였다. 실제로 1~4호기에서 잇따라 일어난 폭발은 지진 후에 덮친 거대 쓰나미 영향으로 기존의 냉각시스템이 멈추면서 원자로의 냉각이 이루어지지 않아 대형사고가 발생한 것이다.

원자력 강국임을 자처하던 일본은 후쿠시마 원전사고가 난 지 1년이 넘었지만, 아직도 현재 진행형으로 사고 현장에서는 방사성 물질이 계속 새어 나오고 있으며 원자로 4호기의 '사용 후 핵연료' 저장소는 붕괴 위험에 처해 있다. 또한 방사성 세슘의 유출량이 히로시마에 떨어진 원자폭탄에서 나온 양의 168배에 이르고 있으며, 최종적으로 원자로를 해체하고 처분한다는 '폐로'가 결정되었지만, 오랜 시간과 노력이 필요할 것이다.

78. 원자력 포기가 불가능한 우리의 현실

원자력이 아무리 안전한 에너지원이라 해도 원자폭탄 제조와 원리가 동일한 원자력 발전의 특성상 군사적 목적으로부터 완전히 분리될 수는 없다. 그리고 핵폐기물은 사람과 환경에 치명적인 영향을 미치는 방사성 물질을 함유하고 있기 때문에 많은 비용과 시간이 필요한데, 처리 시설은 점점 포화상태가 될 것이다. 뿐만 아니라 원자력 사고는 일본 후쿠시마 사고처럼 천재지변에 의해서도 언제든지 일어날 수 있다. 그럼에도 불구하고 원자력 발전이 우리나라 전체 발전량의 31.2%를 차지하고 현재의 상황에서 원자력을 당장 포기할 수는 없을 것이다. 따라서 이러한 에너지 문제를 인식하고 좀 더 효율적인 에너지 절약과 활용 방법을 모색해야 하며, 나아가 안전한 대체 에너지를 개발함으로써 원자력 발전소의 의존도를 적절하게 유지하는 정책이 필요할 것이다.

08
생명공학기술과 유전자원

들어가며

"20세기 후반이 IT(정보기술)가 주도하는 시대였다면, 우리는 현재 BT(생명공학기술)가 전면에 나서는 시대"에 살고 있다. 흔히 생명공학기술은 미래의 신기술로 표상되면서 인류를 위협하는 질병의 치료와 노화문제, 갈수록 심화되어가는 식량자원의 안정적 확보문제 그리고 환경문제 등의 과제들을 해결할 수 있는 핵심기술로써 부각되었다. 1982년 최초의 생명공학기술로 탄생된 '인슐린'이나 최근에 주목받고 있는 '줄기세포 치료제' 등은 생명공학기술의 대표적 산물이며, 우리가 먹는 기능성 식품이나 각종 곡물과 음식 가운데도 첨단 생명공학기술이 적용된 경우도 많다. 또한 기존의 석유화학 및 공업과 디지털경제를 넘어 21세기에 새로운 고부가가치 산업 창출의 원동력으로 주목되고 있다.

그러나 생명공학기술은 많은 사람들에게 어려운 분야로 알려져 있으며, 유전자변형생물(GMO)이나 게놈프로젝트(유전체 사업), 생물복제 등에서 생명공학기술이 지닌 양면성에 대해서도 제대로 인식하지 못하는 실정이다. 뿐만 아니라 생명공학기술은 유전자원의 이용이 바탕이 되어야 하는데, 세계적으로 유전자원의 이용이 점점 자유롭지 못하게 되는 상황이다. 하지만 유전자원 이용에 관한 패러다임의 변화 속에서도 유전자원의 무한한 경제적 가치를 인식하고, 유전자원의 확보와 체계적 관리 그리고 적극적인 활용을 통해 미래의 생명공학산업을 주도할 수 있기를 기대해본다.

한편으론 우리나라의 김치나 된장, 젓갈 등도 전통 생명공학기술의 산물이라 할 수 있을 만큼 이미 오래전부터 생명공학기술이 우리 일상생활 속에 친숙하게 자리 잡은 기술임을 알아야 할 것이다. 게다가 우리 민족은 질병의 예방 및 치료에 한방이나 민간요법으로 전해져 내려오는 약용식물을 많이 사용하였는데, 이러한 약용식물들의 약효와 현대의학 그리고 첨단의 생명공학기술이 접목되면서 항암제를 비롯하여 비만치료제나 아토피성 피부 치료제 등의 천연물 신약들이 나오고 있다. 이와 같은 기능성의약품이나 천연물 신약들이 식물에서 유래됨에 따라 우리나라 자생식물의 다양성과 경제적 활용 가치에 대해서도 새롭게 인식되어야 할 것이다.

1. 현대사회에서의 생명공학기술

현대의 생명공학기술은 1950년대 DNA의 이중나선 구조가 밝혀지고, 1970년대 유전자재조합기술이 등장하면서 눈부신 발전을 거듭하고 있다. 특히 생명공학기술은 '유전자'나 '줄기세포' 등을 연상시키게 하면서 언젠가부터 일반인들도 친숙하게 이해하고 있다. 생명공학기술은 생물을 조작하는 모든 기술을 의미하는 것으로, 생물이나 그 일부분을 변형함으로써 사람들에게 이로운 생산물을 만드는 것이다. 이러한 생명공학기술은 사람의 질병에 따른 새로운 치료법을 개발하고, 질병 예방과 진단방법을 디자인하고, 농업의 여러 측면을 향상시키고, 환경을 정화하는 등 인류가 당면하고 미래에도 극복해야 할 공통의 문제를 해결할 수 있는 주요 기술로 인류의 발전에 중요한 기회를 제공할 것이라 기대한다. 과학기술혁신본부 자료에 따르면 생명공학의 범위를 생명의약/의약, 농림축산/식품, 생물전자/정보, 생물공정/화학으로 분류하고 있다(그림 8-1).

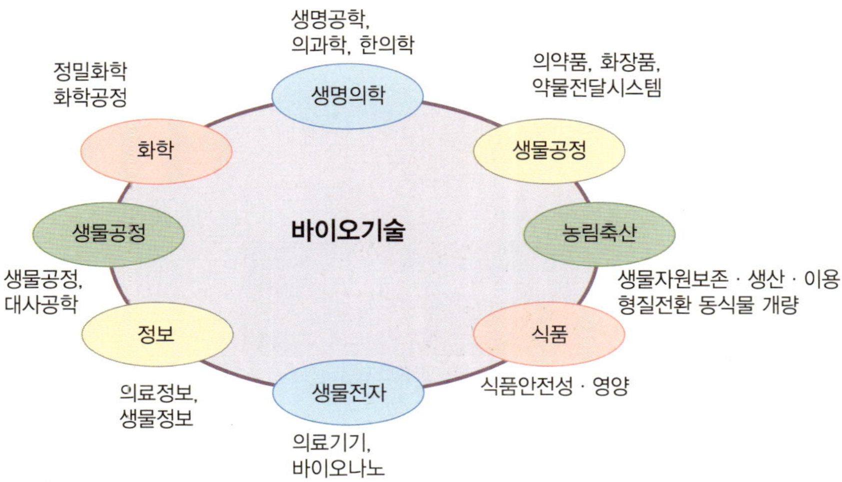

그림 8-1. 생명공학의 범위

2. 기대와 희망을 불러일으킨 '바이오테크 시대'

많은 사람들이 21세기는 '바이오테크 시대'로 칭하면서 바이오테크 시대에는 생명공학기술의 발달로 인해 모든 질병이 극복되고, 환경오염이 사라지며, 식량문제를 걱정할 필요가 없게 될 것이라는 희망적인 전망을 앞 다투어 내놓았다. 무엇보다 의약 분야에서 한 단계 도약할 수 있는 계기를 만들었다. 이처럼 생명공학기술은 농업, 에너지 및 석유 대체 산업, 보건산업 등의 분야에 응용되면서 산업화가 진행되고 있으며, 특히 생명공학기술(BT), 나노기술(NT), 환경공학기술(ET) 등과 융합이 활발해지며 의약, 식품 중심에서 화학, 농업, 에너지, 전자, 환경 등으로 응용분야가 확대되고 있다(그림 8-2).

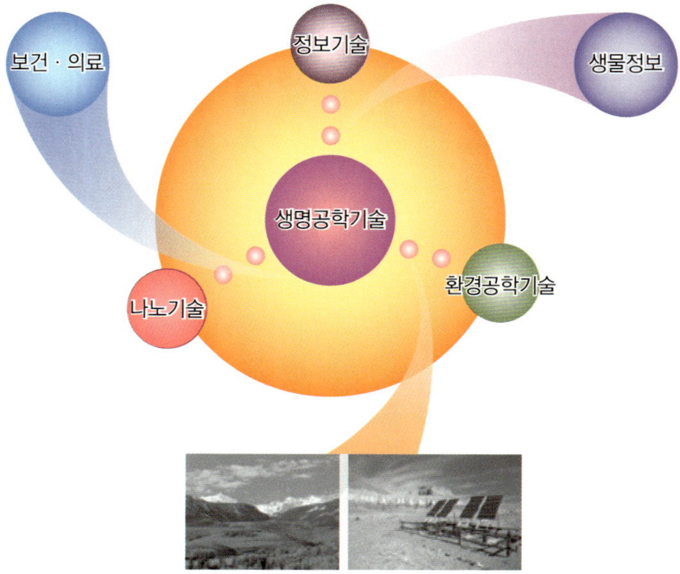

그림 8-2. 생명공학기술의 응용 분야의 확대

3. 생명공학기술의 역사

여러 문헌에 의하면 생명공학기술의 역사는 기원전 8000년부터 시작되었다고 본다. 수만 년 전부터 농업이 발달하게 됨에 따라 충분한 양식의 수확이 가능하게 되었고 이후 미생물이나 효모를 이용하여 빵이나 술을 만들거나 서양에서는 요구르트, 치즈 등의 발효식품들이 등장하였다.

현대의 생물학적인 지식의 발달로 바이러스와 박테리아를 이용한 백신과 항생제 생산을 비롯해 세제나 식품의 가공에 사용되는 효소 및 재조합 단백질 등을 생산할 수 있게 되었으며, 폐수 및 하수처리에도 미생물을 이용하고 있다. 따라서 현재의 생물공학 기술은 전통적인 발효에 뿌리를 두고 최근에 생물공학 분야의 기술 혁신에 힘입어 다양한 종류의 기술이 개발되어 사용되고 있다(그림 8-3).

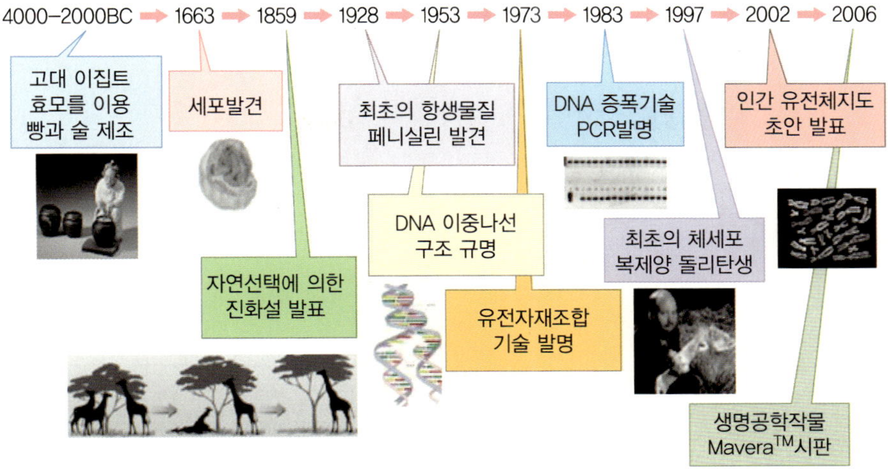

그림 8-3. 생명공학기술의 발달

4. 생명공학기술의 미래

현재 우리사회는 화석연료의 고갈에 의한 에너지 문제, 원인이 밝혀지지 않은 새로운 질병의 창궐 그리고 대기 오염 등의 환경파괴로 인한 지구 온난화 현상 등 새로운 도전에 직면해 있다. 이러한 시기에 생명공학은 우리가 당면하고 있는 많은 고민을 해결할 수 있는 핵심기술 분야로 인식되고 있다. 또한 생명공학기술을 중심으로 정보기술, 나노기술 등과의 융합을 통해 보다 나은 인류의 삶을 유지할 수 있는 환경을 만들고 사회적으로 바이오 경제의 시대로 이끌 것으로 기대하고 있다. 아울러 지금까지의 배움뿐만 아니라, 앞으로도 더 많은 것을 배우게 될 것이다.

5. 생명공학산업 분야

생명공학산업은 정보기술(IT)에 이어 21세기를 이끌어 갈 핵심 원천기술의 하나로 꼽히고 있으며 주로 생물의약, 생물화학, 생물환경, 바이오식품, 에너지 등으로 구분한다(표 8-1). 녹색산업이라고도 부르는 생명공학산업은 의약산업을 포함하여 식량문제 해결이나 환경문제 해결, 고갈되어 가고 있는 화석에너지 자원을 대체할 바이오 에너지 개발, 바이오전자산업 등 모든 산업군에 적용될 것으로 예측되고 있다.

표 8-1. 생명공학산업 분야

분야	범위
생물의약	호르몬제, 항암제, 항생제, 면역제 등 치료제, 백신, 진단시약, 유전자요법 등
생물화학	생분해성 고분자, 아미노산, 유기산, 기능성 다당류, 향료, 색소 등
생물환경	환경정화용 미생물제 및 공정, 대기탈황, 탈취제, 응집제
바이오 식품	저칼로리형 대체감미료, 기능성 지질, 식품첨가물, 발효식품 등
바이오 에너지, 자원	연료용 에탄올, 메탄발효, 이산화탄소 공정화, 광합성, 바이오 가스 등
생물농업, 해양	인공종자, 동물백신 및 진단제, 미생물농약, 해양생물자원, 사료제 등
생물공정, 엔지니어링	발효공정, 동식물 세포 배양, 생물반응기, 생물전환기술
생물학적 측정 시스템	안전성과 효능 평가기술, 바이오센서, 바이오칩, 진단기술 등

6. DNA의 염기서열을 밝혀낸 사람유전체 사업

사람의 몸을 구성하는 대부분의 세포핵에는 23쌍의 염색체가 존재하며, 46개의 염색체는 약 30억 쌍 염기서열로 구성된 유전자로 이루어져있다(그림 8-4). 사람유전체 사업을 시작할 당시만 해도 과학자들은 유전자 1개가 단백질 1개를 만든다고 생각했기 때문에 사람의 유전자수는 10만 개 정도일 것이라고 예상했다. 그러나 놀랍게도 2만~2만 5천 개로 확인되었고, 초파리(1만 3600개)나 꼬마선충(1만 9500개)과 비교해도 큰 차이가 없었다. 사람의 유전자 서열이 밝혀지고 10년이 지난 오늘날, 과학계에서는 사람유전체 사업이 과학의 발전에 크게 공헌했다고 평가한다. 반면에 유전자 서열을 해독하는 방식은 급속도로 발전했지만, 사람의 생리활동을 조절하는 단백질의 구조나 기능 그리고 상호작용 등의 연구는 충분하지 못했기에 사람유전체 사업의 당초 목적인 사람의 건강증진에는 직접적인 영향을 미치지 못했다는 평가도 있다. 즉 사람유전체 사업은 DNA의 염기서열을 밝혀낸 것이며 그 기능까지 알아낸 것은 아니다.

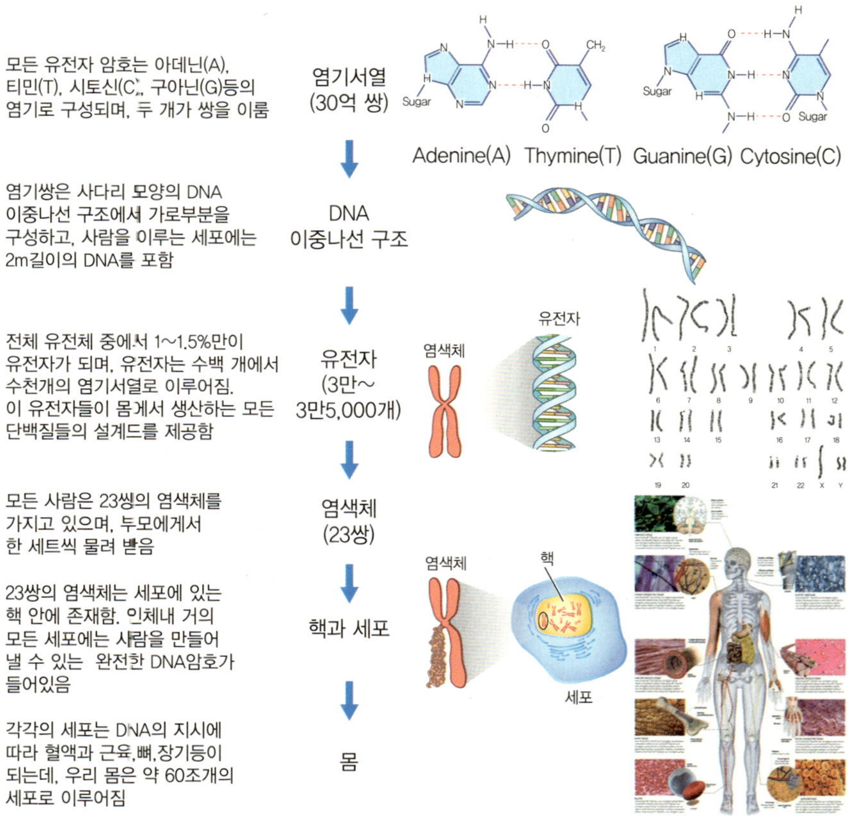

그림 8-4. DNA에서 사람의 몸까지

7. 사람유전체 사업의 시작

사람유전체 사업은 1990년 미국의 국립보건원(National Institutes of Health, NIH)과 에너지국(U.S. Department of Energy, DOE)이 공동 주관하여 1차 목표로 2005년까지 사람유전체를 서열화하고 지도를 만드는 것과 다섯 가지 다른 생물들(세균, 효모, 선충, 초파리, 쥐)의 유전체를 서열화하는 것을 제2의 목표로 미국의 여러 연구소에서 시작되었다. 그러나 1993년 영국의 비영리 재단인 웰컴 트러스트(Well-come Trust)의 지원을 받은 Sanger Center의 합류를 시작으로 프랑스와 일본 그리고 그 뒤를 이어서 독일과 중국이 참여함으로써 사람유전체 사업단(Human Genome Organization, HUGO)이란 컨소시엄이 설립되기에 이르렀고, 그 후 DNA의 구조를 발견하여 노벨상을 받은 왓슨이 초대 단장으로 참여하는 등 세 계적인 연구자들이 속속 가세함으로써 과학 분야에서 국제적인 대규모 연구 사업으로 변모되었다.

8. 사람유전체 사업의 목적

사람유전체 사업은 단순히 사람유전체의 DNA 염기서열만을 결정하는 것이 아니라 유전자지도 및 물리적지도의 작성, DNA 염기서열 분석기술의 개발, 모델 생명체의 유전체연구, 생물정보학, 유전체연구의 윤리적 · 법적 및 사회적 연관성 연구 등 인류의 건강 증진 추구라는 포괄적인 목적을 가지고 있었다. 당초 2005년을 목표로 시작되었던 사람유전체 사업은 염기서열 분석기술의 급속한 발전과 함께 국제 컨소시엄과 미국의 벤처기업 셀레라(Celera Genomics)와의 경쟁으로 가속화되어 사람유전체 초안이 2001년 네이처(Nature)지에 발표되었고, 같은 주에 셀레라는 자신들의 초안 서열을 사이언스(Science)지에 발표하면서(그림 8-5) 염기서열과 유전체지도가 4년이나 앞당겨져 완성되었다. 사람유전체 사업은 사람 생물학에서의 주요한 이정표가 되었다. 의학유전학의 급속한 발달로 유전의료시대를 직면하고 있지

그림 8-5. 사람유전체 초안서열이 발표된 사이언스와 네이처

만, 공적지원을 받는 컨소시엄 내부 실험실끼리의 특허권 경쟁이나, 셀레라 같은 사립 회사가 사람유전자의 구조와 같은 공적인 자원에 대한 소유권을 행사하는 권리에 대한 논쟁들은 해결되지 않고 여전히 남아있다.

9. 유전체 연구의 현실

유전체 연구란, 살아 움직이는 모든 생명체를 구성하고 생존하는 데 근본적으로 필요한 요소를 합성하기까지 필요한 암호화된 DNA를 발굴하고, 이들의 염기서열을 밝히고 분석하여 궁극적으로 생명현상 연구에 활용하는 것을 의미한다. 오늘날 유전체 연구를 통한 생명공학연구의 패러다임이 변화되고 있는데, 보건의료, 환경, 에너지, 화학, 농·식품 등 광범위한 분야에서 활용 중이며 산업은 물론 우리의 삶에도 막대한 파급 효과를 줄 것으로 기대되고 있다(그림 8-6). 하지만 유전 물질인 DNA 집단(염색체)이 기능적인 유전자로 발현되는 엑손과 유전자로 발현되지 못하는 인트론으로 구성되어

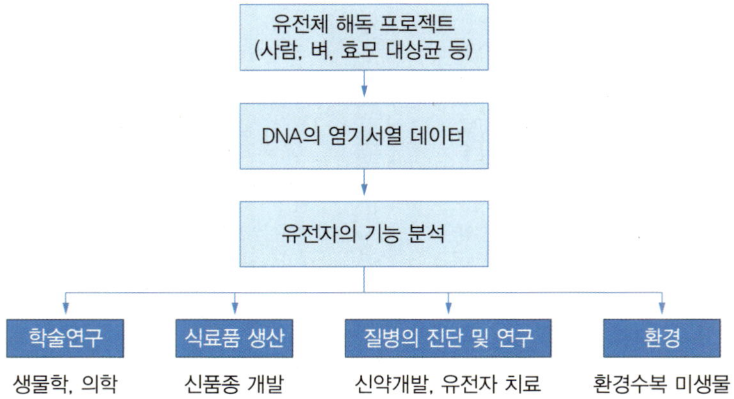

그림 8-6. 유전체 해독 프로젝트의 파급효과

있기 때문에 전체 유전체에서 유전자만을 분리해서 해독하기는 현실적으로 거의 불가능한 일이다. 특히 사람유전체 사업의 결과는 사람의 질병에 대한 약물 발견에서의 새로운 표적을 제공할 것이라고 발표했지만, 질병과 연관되어 있는 단백질의 연구는 아직도 많이 미흡하다.

10. 유전체 연구에서 맞춤의학의 현실

2014년에 사람 유전체 해독 비용이 1,000달러 수준으로 하락할 것으로 전망됨에 따라 개인별 유전자 변이와 질병 간 상호 관계 분석을 통해 개인별 '맞춤의학'이 실용화될 것이라는 기대감이 증대되고 있다. 그러나 질병과 상관관계가 있을 것으로 추정되는 각종 유전자 지표 후보는 기하급수적으로 증가하였지만, 유전자 지표의 임상적 확인 작업이 매우 느리게 진행되기 때문에 유전자 정보와 임상 정보와의 연관 관계 규명이 매우 미흡한 실정이다. 그리고 유전체 연구의 결과로 알게 된 유전자의 서열과 질환별 유전체 발현의 비교분석 등을 활용하여 신약개발을 하기까지 정작 필요한 것은 독립적으로 존재하는 각각의 유전자들이 아니라 서로서로 상호작용을 하는 네트워크의 구조를 밝히는 것이다.

11. 생명공학기술로 만들어지는 신약들

지금까지 없었던 새로운 구조의 약을 '신약'이라고 하며, 약물소재에 따라 합성신약, 바이오신약, 천연물신약으로 분류할 수 있다. 글리벡이나 타미플루 같은 합성신약은 실험실에서 유기화학에 기초하여 인위적으로 새롭게 합성하였기 때문에 인체 내에 투여했을 때 독성이 가장 큰 문제점이며, 임상시험에서 예상하지 못했던 독성문제가 발생할 수 있다. 반면에 바이오신약(바이오의약품)은 화학식에 의해 합성되는 물질이 아니라, 유전자재조합이나 세포융합, 세포배양 등의 생명공학기술을 직접 활용하여 생산되는 치료용 단백질이나 호르몬 등을 뜻하며, 기존의 생체 내에 존재하는 물질을 사용하는 의약품도 포함한다. 주목에서 추출한 '탁솔'은 항암제로 사용되는데, 이와 같이 약용식물 등 천연물에 이미 존재하는 것으로부터 약효를 가진 성분만을 분리 · 정제하여 만든 신약을 천연물신약이라고 한다.

12. 바이오신약의 종류

바이오신약은 치료 및 예방을 목적으로 하며, 치료용 단백질, 백신, 단일클론 항체로 구분할 수 있다. 이밖에도 유전자 치료제와 세포치료제 등이 새로운 분야로 개발되고 있지만, 현재 바이오신약에서의 비중은 크지 않다. 단백질 의약품으로는 세포조절 단백질(호르몬, 성장인자, 혈액 관련효소 등), 면역조절 단백질(싸이토카인, 케모카인, 항체 등), 예방용 단백질, 효소대체 단백질 등으로 나눌 수 있다. 백신은 독성을 줄인 병원체 또는 병원체 일부를 이용하여 항원에 대한 특이적 반응을 유발시켜 생체 내에서 항체를 유도할 수 있는 생물학적 제제를 의미하며, 예방용 백신과 치료용 백신으로 구분된다. 항체의약품은 난치성질환 치료를 위해서 대부분 표적 지향적인 치료제로 개발이 되고 있다.

13. 장밋빛 그림과 회색빛 현실의 바이오신약

흔히 신약을 '황금알을 낳는 거위'라고 표현하는데, 1853년 독일에서 처음 제조하여 1899년 바이엘 사에서 가루약으로 발매하기 시작한 아스피린이 황금알에 해당된다. 아스피린은 전 세계에서 가장 널리 이용되는 대표약이며, 바이엘 사는 아스피린 하나로 세계 제약업계에서 최고의 명성을 갖게 되었다. 의약업계에서는 연 매출 10억 달러를 넘어서는 제품을 '블록버스터(blockbuster)'라고 하며, 일단 좋은 약을 개발하면 천문학적인 수익을 얻을 수 있기 때문에 황금알을 낳을 수 있다는 의약산업은 언제나 장밋빛으로 그려질 수 있다. 하지만 우리나라는 세계가 주목한 획기적인 연구 성과들이 상아탑에만 갇혀 있다가 상업화로 이어지지 못한 채 사장되기 일쑤이며, 연구개발이 사업화로 연결되는 비율은 전체의 10%에도 미치지 못하는 회색빛 현실이다. 결국 학계의 원천기술과 산업계의 상용화 능력이 조화로운 균형을 이루었을 때 황금알의 신화가 창조될 것이다.

14. 0.02%의 신약개발 성공률

새로운 약 하나가 탄생하기 위해서는 약 1만여 개의 후보물질을 탐색해야 하는데, 통상적으로 최소 10년의 기간과 12~17억불 이상의 엄청난 자본이 투입된다(그림 8-7). 금광개발 확률 10%, 유전(油田)개발 확률 5%에 비하면 신약개발 0.02%는 그야말로 '무모한 도전'이다. 하지만 개발에 성공한 신약은 약 10~20년간 매출이 발생해 투자대비 10배 이상의 천문학적 수익을 안겨주며, 사람의 생명을 살릴 수 있기 때문에 그만한 가치가 있다. 이런 까

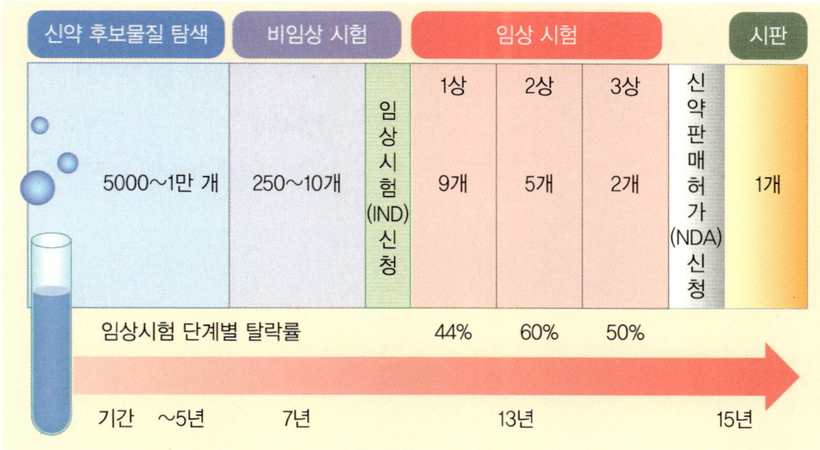

그림 8-7. 신약개발과정과 성공률

닭으로 지금 이 순간에도 전 세계 수백만 명의 연구진들이 신약개발 프로젝트에 전념하고 있다.

15. 이론상으로는 간단한 유전자 치료

유전자 치료는 병의 결과를 치료하는 것이 아니라 그 원인을 유전자를 이용하여 직접 치료한다는 개념이다. 현재 암이나 유전병, 신경계 질환 등에서의 난치병들은 기존의 치료방법으로는 만족할 만큼의 치료효과를 거두지 못하기 때문에 유전자 치료에 대한 기대는 지대하다. 하지만, 유전자를 전달하는 도구들에 대한 안정성과 효율성의 문제를 비롯하여 치료 대상 질환에 대한 이해와 지식의 축적 그리고 많은 전임상(독성실험) 동물실험을 통한 생체 효과의 증명과 기타 부작용에 대한 연구의 선행 등 아직 해결해야 할 과제들이 많다. 뿐만 아니라 환자의 생명과 인권을 중시하는 절대적 윤리 하에 임상시험이 수행되어야 하며, 사회 · 법률 · 윤리적 측면을 충분히 고려한 제도적 장치가 뒷받침되어야 할 것이다. 이처럼 유전자 치료가 이론상으로는 간단하고, 현재 각광을 받고 있는 줄기세포치료와 함께 맞춤의학시대의 궁극적인 치료법 중의 하나가 될 수 있지만, 암 유발 가능성의 제기와 기술적인 제약점들의 해결 등 실제로는 매우 많은 노력과 시간을 필요로 하는 어려운 치료법이다.

16. '유전자원'을 이용하는 생명공학기술

생명공학기술은 유전자원의 이용을 바탕으로 하고 있으며, 유전자원(생명자원)은 인류가 접할 수 있는 모든 생물종을 포함하는 것으로 지구와 함께 40억 년 동안 진화를 거치며 변화하고 축척된 생명체라고 할 수 있다. 즉 인류를 위하여 실제적이거나 잠재적인 가치를 지닌 유전물질로 자신의 고유특성을 다음 세대로 전달해 줄 수 있는 능력을 가진 동물, 식물, 미생물 그리고 DNA를 의미한다.

17. 유전자원의 중요성과 가치

유전자원은 바이오산업의 씨앗이라고 할 수 있으며, 생물다양성, 생물소재 및 생명정보를 통틀어 규정한 용어로서 유전자원은 의약품 생물농약 바이오에너지 생물정화 등 바이오산업의 핵심 인프라이다(그림 8-8). 오늘날 바이오산업은 21세기 국가 경쟁력을 주도할 핵심 산업으로 부각되고 있는 만큼 고부가가치 유전자원의 확보를 통해 바이오산업의 국제 경쟁력을 증대시킴은 물론 이들의 확보와 관리 및 활용이 매우 중요하다.

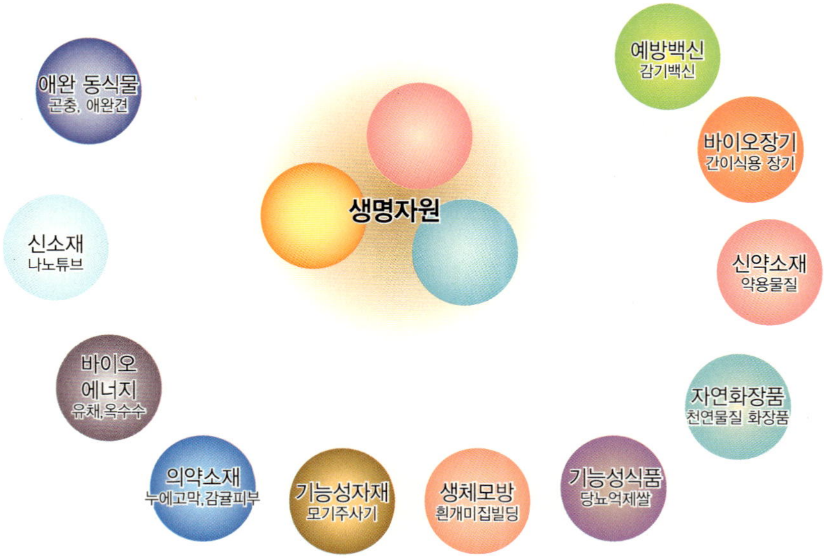

그림 8-8. 생명자원을 활용한 고부가가치 생명산업

18. 유전자원 이용에 관한 최초의 국제조약

"인류 공동의 자산"으로 인식되었던 유전자원은 누구나 이를 자유롭게 이용하여 왔다. 하지만 2010년 10월 30일, 제10차 생물다양성협약 당사국총회에서 유전자원의 이용에 관한 최초의 국제조약인 「나고야 의정서」가 채택됨에 따라 유전자원을 취득하거나 이용하는데 제약을 받게 되었다. 나고야 의정서는 소리 없는 전쟁이라고 불리는 생물자원전쟁의 본격적인 시작을 알리는 것으로 내용은 유전자원의 이용자가 외국의 유전자원을 취득할 경우에는 해당 유전자원을 제공하는 국가로부터 취득 및 사용에 대한 사전승인을 받아야 하고, 그 유전자원을 이용함으로써 발생하는 이익을 상호 합의한 조건에 따라 공유하도록 하는 것이다.

19. 21세기는 소리 없는 '자원 전쟁'

오늘날 세계는 동·식물 등 유전자원이 가진 경제적 가치가 갈수록 커지면서 세계 각국의 생명자원 경쟁이 치열해지는 등 생명자원과의 전쟁 중이다. 특히 생명과학의 발달과 함께 유전자원의 보전과 확보, 그리고 활용을 둘러싼 국가 간 경쟁이 치열해지고 있다. 어느 나라가 얼마만큼의 생명자원을 보유하고 있으며, 그 자원을 잘 활용하는지의 여부에 따라 국가경쟁력으로 이어지는 시대이다. 우리나라는 삼면이 바다이고, 사계절이 뚜렷하며, 온대지역 국가 중 유전자원이 상대적으로 풍부하다. 이처럼 풍부한 유전자원을 보유했음에도 불구하고 선진국에 비해 유전자원의 보전과 이용을 위한 노력은 상대적으로 부족하다는 지적을 받아왔다. 그러나 지난 2010년 나고야 의정서가 채택된 이후, 유전자원 활용 때 발생하는 이익을 자원보유국은 물론 연구국도 공유하는 길이 열렸기 때문에 해외 유전자원 선점은 더 중요해졌다. 따라서 우리나라도 해외 유전자원 확보에 적극 나서고 있으며, 우리나라에 서식하는 생물종 파악을 마치고 보존하는 데 힘을 쏟고 있다.

20. 지구 최후의 날 저장고

핵전쟁이나 소행성 충돌, 생물 전쟁, 지구 온난화로 인한 기상이변 등 지구의 대재앙 후에도 식량의 기본 재료인 유전자원을 안전하게 보존하여 인류 후손에게 식량을 공급하기 위해 식량의 씨앗을 저장하는 '스발바르 국제종자 저장고'가 있다(그림 8-9). 이 저장고는 노르웨이령 스피츠베르겐 섬에 위치하며 북극으로부터 1,000킬로미터 아래에 있는 영구동토층이며, 저장소의 내부 온도는 영하 18도로 유지된다. 성서에서 노아의 방주가 대홍수 동안 지구의 동식물을 지켜낸 것에 비유하여 '최후의 날 저장고(doomsday vault)'라고 부르기도 한다.

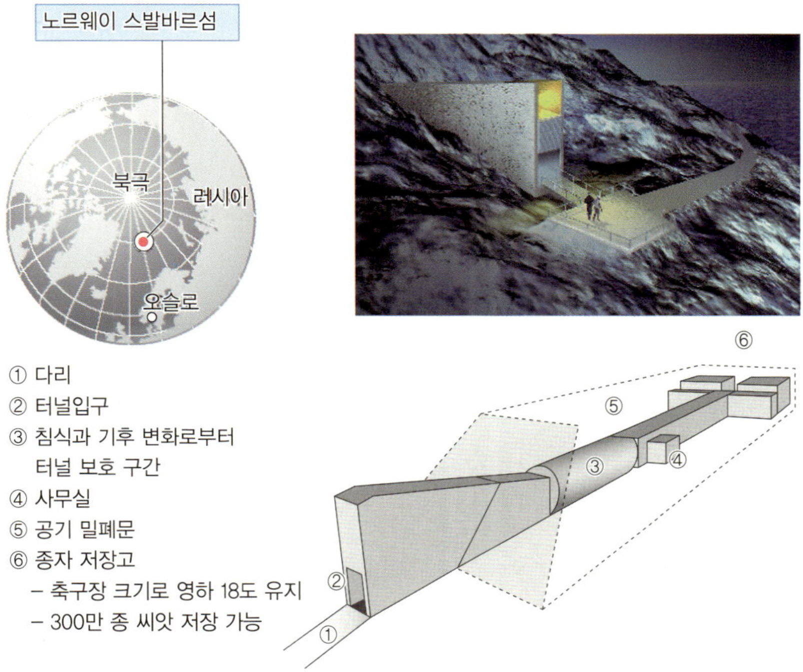

그림 8-9. 스발바르 국제 종자 저장고

21. 농업생명공학기술과 유전자변형식품

농업생명공학기술을 활용하여 개발되어 상용화된 '유전자변형식품(GMO)'이란 생산성 향상과 상품의 질 강화를 위해 본래의 유전자를 변형시켜 생산된 농산물이다. 2011년 10월 세계인구가 70억을 돌파하였고, 인구의 증가로 인한 식량부족 문제가 현실로 다가옴에 따라 지속가능한 농산물 생산을 위해 GMO가 대안으로 제시되고 있지만, 안전성에 대한 찬반 논란이 계속되고 있으며 사람들의 인식 속에는 기대와 우려가 교차하고 있는 상황으로 여전히 해결해야 할 문제들이 남아있다.

22. 생명공학기술을 이용한 작물

1994년 미국 칼젠사가 잘 물러지지 않는 토마토를 처음으로 상업화했으며 1996년에는 몬산토사가 대두를, 노바티스사가 옥수수를 각각 상품화했다(그림 8-10). 이처럼 GM 작물이 상업화된 이후, GM 작물의 재배면적은 꾸준히 증가했으며 재배국가도 29개국에 이를 정도로 세계적으로 많이 이용이 되고 있다. 그러나 상업화된 지 10여 년이 지났음에도 GMO의 안전성에 대한 의문과 이에 대한 논쟁은 계속되고 있다.

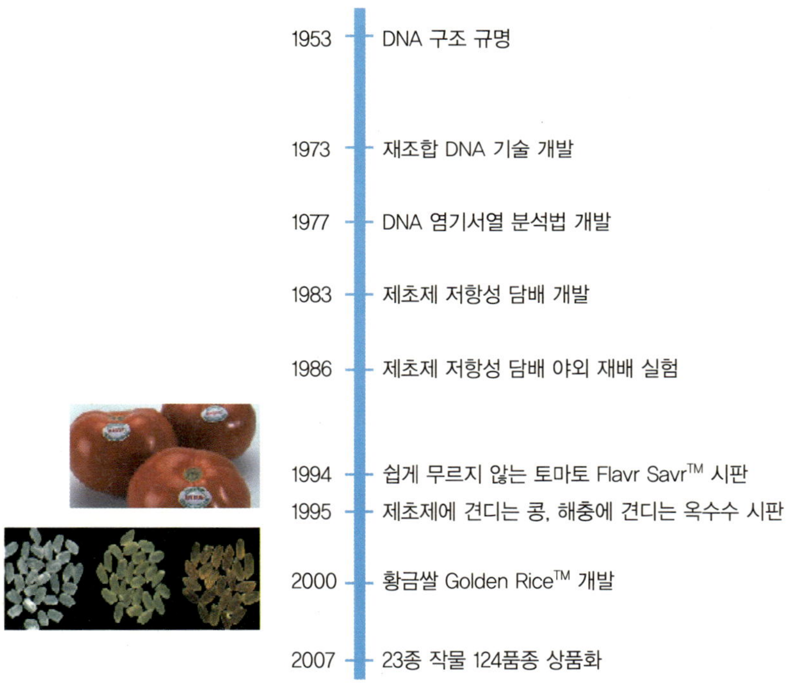

그림 8-10. 생명공학 작물의 역사

23. 우리 주변의 유전자변형작물

우리 식탁에서 없어서는 안 될 두부 · 콩나물 · 유부 · 식용유 등과 같은 먹거리들의 원료인 콩은 대표적인 유전자변형식품으로 농림수산식품부의 자료에 의하면 2009년에 수입된 대두의 81.37%가 GMO 농산물이라고 하였다. 그리고 2010년에 안전성 심사를 거쳐 승인된 GM 농산물은 콩, 옥수수, 면화, 유채 등 7개 작물, 67개 품목이다. 아직까지 GM 작물의 재배가 허용되지 않는 우리나라는 쌀을 제외한 다른 농산물의 자급률이 매우 낮고, 옥수수와 대두의 경우는 거의 대부분을 수입에 의존하고 있으며, 수입되는 농산물의 대부분은 사료용과 가공용으로 이용되고 있다.

24. 로열티 내는 청양 고추와 금싸라기 참외

한국인이 즐겨먹는 청양 고추는 국내 종묘회사가 자체 개발한 토종 종자이지만, 이 회사가 IMF 위기 때인 98년 미국 기업 몬산토에 인수 합병되면서 종자를 역수입하고 있다. 이밖에도 금싸라기 참외, 불암 배추 등 외국 기업에 넘어간 우리의 품종은 2천여 개 이상으로, 외국 종자회사들은 꾸준히 국내 시장을 파고들어 현재 점유율이 60%를 넘고 있으며, 종자비용이 재배원가에서 차지하는 비율은 약 10% 정도이다. 이처럼 종자 산업은 식량 안보와 직결되기 때문에 세계 각국에서 치열한 특허경쟁을 벌이고 있다.

25. 도라지의 푸른색 유전자와 파란장미

'꽃의 여왕'이라고 일컫는 장미에는 파란색이 없기 때문에 영어사전에서 '파란 장미(Blue rose)'는 '있을 수 없는 것' 또는 '불가능한 것'이라고 설명되어 있다. 꽃 색깔은 주로 안토시아닌 계열의 색소가 조합돼 결정되는데, 안토시아닌 색소에는 빨간색을 내는 시아니딘, 주황색을 내는 펠라고니딘, 파란색을 내는 델피니딘이 있다. 그러나 장미에는 델피니딘으로 바꿔주는 효소가 없기 때문에 파란장미가 없었다. 따라서 80년대 후반 이후 생명공학자들에 의해 식물의 유전인자 자체를 바꿔 꽃의 색을 변화시키는 연구가 시작되었고, 2004년 일본 주류업체인 산토리사에 의해 팬지의 블루진을 이용하여 파란 장미를 만드는 데 성공하였다. 한편 우리나라는 파란 장미를 만들기 위하여 90년대 말부터 도라지꽃에서 유전자를 분리하여 연구 중이다(그림 8-11).

그림 8-11. 도라지와 파란장미

26. 천연물 의약품

최근 들어 천연물 의약품에 대한 연구개발이 활발해지고 있는데, 이는 전반적인 소득 수준의 향상과 고령화 사회로 인한 당뇨, 고혈압 등 만성질환의 증가와 질병의 치료보다는 예방 위주의 의료체계로 변화되었기 때문이다. 이러한 변화와 더불어 합성의약품보다는 생약이나 한약과 같이 오랜 임상 경험을 통해 그 효능이 알려지고, 비교적 안전하다고 여겨지고 있는 천연의약품의 사용이 급속도로 증가하면서 그에 대한 관심도 높아지고 있다. 뿐만 아니라 합성신약에 비해 투자비와 개발기간이 적고, 높은 수익을 올릴 수 있는 장점과 글로벌 시장에서 무한가치를 창출할 수 있다는 기대감으로 천연물 의약품 개발에 많은 투자를 하고 있다. 오늘날 판매되는 의약품의 50% 정도가 천연물의약품이거나 천연물에서 유래된 단일물질이며, 대표적인 사례로는 아스피린, 타미플루, 탁솔 등이 있다(표 8-2).

표 8-2. 대표적인 천연물 의약품

약물명	기원	용도
아스피린(Aspirin)	버드나무	해열진통제
탁솔(Taxol)	주목	항암제
빈블라스틴(Vinblastine)	일일초	소염제
컴펙틴(Compactin)	곰팡이	콜레스테롤 저하
은행잎 엑스(Ginko Leaf Extract)	은행나무	혈액순환 개선
차전차 엑스(Plantago Seed Extract)	질경이	정장제
캡토프릴(Captopril)	브라질산 뱀독	고혈압치료제

27. 천연물 의약품의 안전성

일반적으로 천연물 의약품은 합성의약품에 비해 안전한 것으로 알려져 있지만, 임상적으로 부작용이 나타나는 사례가 적지 않다. 이러한 천연물이나 천연물의약품의 독성은 천연물 자체에서 유래할 수 있지만, 재배과정에서 농약이나 중금속의 오염 또는 고의적인 약물의 첨가에 의해 야기되는 경우도 있다. 또한 천연약물은 기원식물이 동일한 생약의 경우에도 기후, 산지, 재배방법, 채집시기와 건조, 수치 등의 가공방법이 달라짐에 따라 성분이나 함량이 크게 달라질 수 있기 때문에 약효와 안전성에 대한 과학적인 연구 성과뿐만 아니라 합리적이고 체계적인 품질관리 시스템이 확립되어야 할 것이다.

28. 버드나무와 '아스피린'

기원전 5세기 '의학의 아버지'라고 불리는 히포크라테스가 산모의 통증을 완화하는데 사용하였던 버드나무는 아프리카 원주민들의 치아를 하얗게 만들어주는 막대였고, 한방과 민간요법에서는 관상동맥경화로 인한 심장병이나 소변이 나오지 않을 때 기관지염 등이 있을 때 약재로 쓰였다. 버드나무 껍질에서 분리된 살리실산은 대표적인 진통제로 사용되었지만, 맛이 고약하면서 위벽을 자극하고 설사를 일으키는 등 부작용이 있었다. 1897년 독일의 바이엘 사 연구원 호프만(Felix Hoffman)은 류머티즘으로 고생하는 아버지를 위해 살리실산의 부작용을 크게 줄인 최초의 합성 의약품인 아스피린을 만들었다. 오늘날 아스피린은 뇌졸중이나 심근경색을 예방하는 약으로 주목받고 있으며, 매일 한 알씩 먹으면 뇌졸중, 암, 심장병을 예방할 수 있다는 연구결과가 발표되면서 마치 건강기능식품처럼 활용되고 있다. 그러나 위 점막에 손상을 주어 위장 출혈을 일으킬 수 있으므로 위장장애가 있는 사람은 피해야 하며, 특히 피를 묽게 하기 때문에 출혈이 시작되면 피가 잘 응고되지 않는 특성이 있어서 수술을 앞둔 환자는 아스피린 복용을 중단해야 한다. 그리고 살리실산이 여드름 치료에 사용되는 성분이긴 하지만 복용하는 약이기 때문에 피부에는 반응하지 않는다.

29. 스타아니스와 '타미플루'

중국 토착 식물 중에 '스타아니스'라는 별 모양의 열매는 약 3천 년 전부터 돼지고기나 오리고기 요리할 때 첨가하여 나쁜 냄새를 제거하는 대신 독특한 향으로 요리의 맛을 살리는 역할을 한다. 이 열매가 생명공학기술 의해 조류인플루엔자(AI) 치료제인 '타미플루'로 개발돼 스위스 제약회사 로슈가 특허권을 가지고 세계에서 유일하게 독점생산하고 있다(그림 8-12).

그림 8-12. 스타아니스와 타미플루

30. 초강력진통제 '프리알트'

모르핀의 1,000배의 약효를 내는 '프리알트'는 필리핀의 바다 달팽이인 바다 고둥(Conus magus)에서 만들어지는 천연 코노펩타이드 독소를 화학 합성한 것이며, 이 독소는 뉴우런에 특이적인 N형 칼슘 채널에 작용하여 진통 효과를 낸다(그림 8-13).

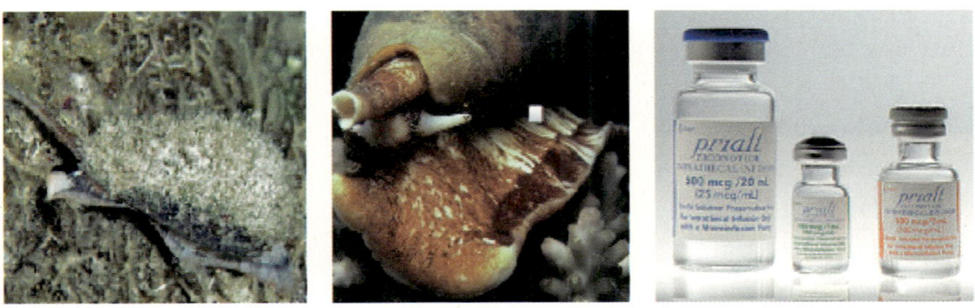

그림 8-13. 바다 달팽이와 프리알트

참 고 문 헌

1. 유전학의 이해와 기법 / 김경희, 조경진, 고 용 공저. 서울 : 고려의학, 2011.
2. (대한의사협회 의학용어에 따른) 지제근 의학용어사전 = Medical dictionary / 지제근 엮음. 서울 : 아카데미아, 2006.
3. 생명공학 백서 = Biotechnology / 과학기술부, 한국생명 공학연구원 공편. 과천 : 과학기술부, 2011 .
4. 원자력발전백서 / 지식경제부, 한국수력원자력(주). 과천 : 지식경제부, 2011.
5. 종양학 = Oncology / 박재갑, 박찬일, 김노경 공편저. 서울 : 일조각, 2003.
6. 질병 유전체 분석법 2 = Genetic variation and diseases / 이종극 지음. 서울 : 월드사이언스, 2010.
7. 한권으로 풀어보는 원자력안전규제 / 한국원자력안전기술원. 대전 : 한국원자력안전기술원, 2011.
8. (핵심) 인체발생학 / Keith L. Moore, T. V. N. Persaud 공저 ; 대한체질인류학회 옮김. 서울 : 이퍼블릭, 2010.
9. http://www.knef.or.kr.
10. http://www.ncbi.nlm.nih.gov/

색 인

INDEX

엄마의 유전학이야기

2013년 1월 10일 발 행
2014년 5월 1일 2쇄 인 쇄
2014년 5월 7일 2쇄 발 행

정가 16,000원

저 자 : 김 경 희
발 행 자 : 최 병 진

편집 : 전상희
교정 : 정유진
표지 : 서상석
제작 : 이창용

발 행 처 : 도서출판 **고 려 의 학**
(136-821) 서울 성북구 성북동1가 115-24 보문빌딩 3층
Tel. 765-0333, 0337
Fax. 743-2288
등록번호 : 제 1-519호 1978. 6. 29.

ISDN 978-89-7043-902-0